港口储罐安全风险与应急管理

谢天生　胡玉昌　韩　超　陈风云　姜丽莉　编著

人民交通出版社股份有限公司

北　京

内 容 提 要

本书在介绍港口储罐的现状、主要储运货种和安全风险管理状况基础上，从储罐事故类型、事故演变规律、事故统计与事故案例、安全风险和事故危害后果等方面，分析论述了港口储罐安全风险，提出了储罐安全风险管理方案。从港口应急救援的基本任务出发，基于不同事故类型处置要点，阐述了港口储罐事故应急处置技术以及各应急处置技术实施需要配备的设备设施。本书还介绍了事故危害后果模拟模型和算法，港口储罐安全风险管理与应急平台，以及在港口储罐安全风险管控和应急处置中的示例和应用。

本书可供从事港口储罐经营的企业、相关管理部门等有关人员参考使用。

图书在版编目(CIP)数据

港口储罐安全风险与应急管理/谢天生等编著.—北京：人民交通出版社股份有限公司，2022.7

ISBN 978-7-114-18126-9

Ⅰ.①港… Ⅱ.①谢… Ⅲ.①港口—储罐—安全管理 Ⅳ.①TE972

中国版本图书馆 CIP 数据核字(2022)第 137842 号

Gangkou Chuguan Anquan Fengxian yu Yingji Guanli

书　　名：港口储罐安全风险与应急管理
著 作 者：谢天生　胡玉昌　韩　超　陈风云　姜丽莉
责任编辑：崔　建
责任校对：席少楠　卢　弦
责任印制：刘高彤
出版发行：人民交通出版社股份有限公司
地　　址：(100011)北京市朝阳区安定门外外馆斜街 3 号
网　　址：http://www.ccpcl.com.cn
销售电话：(010)59757973
总 经 销：人民交通出版社股份有限公司发行部
经　　销：各地新华书店
印　　刷：北京建宏印刷有限公司
开　　本：720×960　1/16
印　　张：16.25
字　　数：301 千
版　　次：2022 年 7 月　第 1 版
印　　次：2022 年 7 月　第 1 次印刷
书　　号：ISBN 978-7-114-18126-9
定　　价：58.00 元
（有印刷、装订质量问题的图书由本公司负责调换）

前　　言

随着我国经济快速发展,我国水路危险货物运输量不断稳步增长。目前,我国已建成港口危险货物储罐8000多个,总罐容$1\times10^{8}m^{3}$,年周转量5亿多吨。储运货种主要包括原油、成品油、天然气和液体化工产品等。港口储罐储运货种一般具有易燃、易爆、有毒、易泄漏扩散等危险性,同时港口储罐储运设施多、装卸作业量大、存储区域相对集中,已形成了400多个重大危险源,潜藏着较大的安全风险和隐患,一旦发生事故,后果十分严重。例如中石油国际储运有限公司“7·16”特别重大输油管道爆炸火灾事故、江苏德桥仓储有限公司“4·22”较大火灾事故等,均造成了人员伤亡、重大经济损失或严重的环境污染,危害公共安全,产生了严重不良社会影响。

危险化学品生产、储存、经营、运输、使用作为安全生产的重点关注领域,得到了党中央、国务院的高度重视,制定了一系列的法规标准制度。2020年2月,中共中央办公厅、国务院办公厅印发了《关于全面加强危险化学品安全生产工作的意见》(厅字〔2020〕3号),将储运作为重点环节进行安全管控。为适应我国严峻的港口储罐储运安全生产管理形势,需要压实企业主体责任,织密安全监管体系,构建超前预测、主动预警、综合防治的智能实时的预防控制体系,建立快速可靠的应急救援体系,实现安全生产事故隐患及安全风险的智能识别、预测、预警、研判、评估、处置和事故快速应急救援,切实防范重大风险,遏制重特大事故的发生,为实现中国特色交通强国保驾护航。

本书以国家科技支撑计划项目“长江水运安全风险防控技术与示范”(2015BAG20B00)研究成果为基础,针对港口储罐安全风险与应急管理进行了系统论述。全书共分五章:第一章概述,介绍了港口储罐的现状、主要储运货种和安全风险管理状况。第二章港口储罐安全风险，从储罐事故类型、事故演变规律、事故统计与事故案例、安全风险和事故危害后果分析等方面分析论述了港口储罐安全风险。第三章港口储罐安全风险管理，针对港口储罐的安全风险，从基础管理、设备管理、技术管理、人员管理、风险分级管理、隐患排查治理和应急管理进行研究论述，提出了储罐安全风险管理方案。第四章港口储罐事故应急与管理，从港口应急救援的基本任务出发，基于不同事故类型处置要点，介绍了港口储罐事故应急处置技术以及各应急处置技术实施需要配备的设备设施。第五章港口储罐安全风险管理与应急平台，系统介绍了泄漏、火灾爆炸事故危害后果模拟模型和算法，基于基础信息数据库、储罐及管线检测监测信息、GIS 平台、闭路电视视频监控系统建立的港口储罐安全风险管理与应急平台，以及在港口储罐安全风险管控和应急处置中的应用。

本书在编写过程中，得到了朱建华、蒋文新、陈轩、李莉等同志的大力支持和帮助，在此一并表示衷心的感谢。

由于作者水平有限，书中可能存在错误和不足，敬请批评指正。

作者

2021 年 10 月

目　　录

第一章　概　　述

第一节　港口储罐现状

我国经济的快速增长促进了港口建设的快速发展和危险货物港口储运量的持续增长,促使国内一些港口建设了大量的油气化工码头储罐区,港口危险货物储罐区呈现出量大、点多、分布广、危险性高等特点。危险货物储罐是储存油品、液体化学品、液化天然气、液化烃的专用设备,主要由罐体、罐体附件、管线等组成。储罐按几何形状分为立式圆筒形储罐、卧式圆筒形储罐和球形储罐。立式圆筒形储罐用来储存压力较低的物质,储存容量大;卧式圆筒形储罐常用来储存压力较高的物质,储存容量小;球形储罐适用于储存容量较大且有一定压力的液体,如液氨、液化石油气等。目前常见的储罐为立式圆筒形储罐,按罐顶的结构形式分为固定顶储罐、内浮顶储罐和外浮顶储罐。各类立式圆筒形储罐类型及特点见表1-1。

立式圆筒形储罐类型及特点　　表1-1

类　型	储存物质	特　点
固定顶储罐	柴油、润滑油、电器用油、液压油、燃料油以及性质相似的油品	使用广泛,设计、制造和安全技术较为成熟。由于受拱顶建造工艺技术的限制,只适用于直径小于40m的储罐,不适用于大型储罐
内浮顶储罐	航空汽油、喷气燃料,原油、汽油等油品	固定顶内设有浮顶,既可以很好地避免外部环境对浮顶的影响,同时也避免了油品的挥发。由于受固定顶建造技术的限制,储罐容量不超过50000m^3,不适用于大型储罐
外浮顶储罐	原油、汽油或煤油等有挥发性的油品	技术成熟,储罐容量可达到100000m^3

根据交通运输部统计资料,截至2020年底,全国港口危险货物作业集中的17个省(自治区、直辖市)港口行政管理部门监管范围内的危险货物储罐共有8380多个,总罐容约$1\times10^8m^3$,其中,江苏、广东、浙江三省储罐数量合计占全国60%以上,辽宁、广东、山东三省的罐容约$6\times10^7m^3$,占全国总量的60%。

从单个储罐的容积来看，50000m^3以上的储罐有400多个，约占总数的5%；10000～50000m^3之间的储罐有1100多个，约占总数的13%；1000～10000m^3之间的储罐有5500多个，约占总数的66%；1000m^3以下的储罐有1300多个，约占总数的16%。全国容积最大的储罐位于广东省，为$5.022\times10^5m^3$。全国17个省市港区内共有管线9000多根，总长约6000km，输送能力近12亿吨/年。其中江苏、广东、辽宁、山东、上海5个省市的管线长度约5000km，占全国港区内管线长度的80%以上。

港区内油品（汽油、柴油等）储罐最多，共有4800多个，罐容约$7.8\times10^7m^3$，约占总罐容的79%；其次是液体化学品储罐，共有3200多个，罐容约$1.7\times10^7m^3$，占总罐容的17%；其余为液化气[液化天然气（Liquefied Natural Gas，简称LNG）、液化石油气（Liquefied Petroleum Gas，简称LPG）、烃类]储罐，共有300多个，罐容约$4.3\times10^6m^3$，约占总罐容的4%。同时，港区内油品（汽油、柴油、燃料油等）输送管线也最长，共有5000多根，长约3500km，占全部管线长度的58%，年输送能力约10亿吨；其次是液体化学品输送管线，共有3000多根，长约2000km，约占全部管线长度的33%，年输送货物约2亿多吨；其余为液化气（LNG、LPG、烃类）输送管线，共有500多根，长约500km，约占全部管线长度的9%，年输送货物约1亿吨。另有少量管线用于临时使用。具体统计情况如图1-1、图1-2所示。

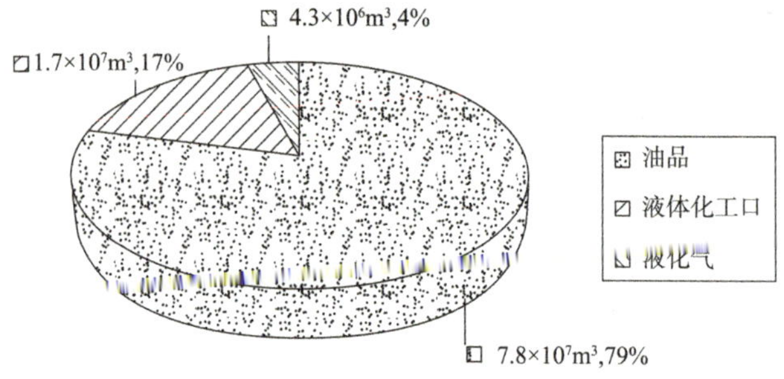

图1-1　港区内储罐总罐容按货种组成占比分布

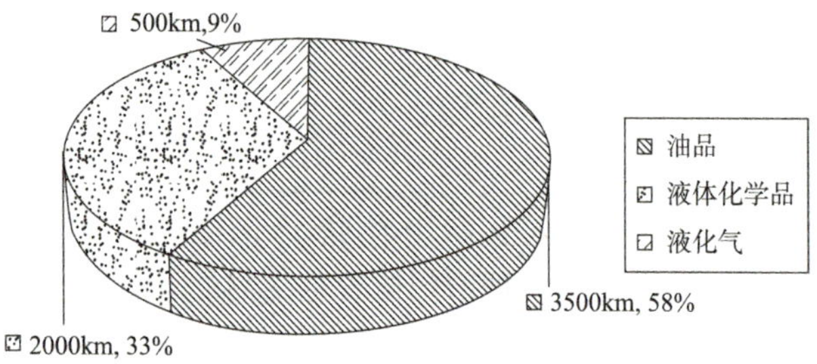

图1-2　港区内管线长度按货种组成占比分布

从储罐的区域分布来看，危险货物储罐区多集中于经济发达、人口密度较大的区域，其中渤海湾、长三角、珠三角危险货物储罐区远多于其他区域。从单独港区分析，我国已经形成了大连新港港区、天津南疆港区、日照岚山港区、宁波大榭港区、南京仪征港区、东莞沙田港区、张家港港区、连云港港区、镇江港港区等危险货物集中储存区域。这些港区主要依托大中城市建设，港口储罐区一旦发生事故会对周边环境，甚至整个城市造成重大影响。

第二节 港口储罐主要储运货种

一、主要储运危险货物

根据《港口危险货物安全管理规定》(中华人民共和国交通运输部令 2019 年第 34 号)，危险货物是指具有爆炸、易燃、毒害、腐蚀、放射性等危险特性，在港口作业过程中容易造成人身伤亡、财产毁损或者环境污染而需要特别防护的物质、材料或者物品，包括：

(1)《国际海运危险货物规则》(IMDG code)第 3 部分危险货物一览表中列明的包装危险货物，以及未列明但经评估具有安全危险的其他包装货物。

(2)《国际海运固体散装货物规则》(IMSBC code)附录一 B 组中含有联合国危险货物编号的固体散装货物，以及经评估具有安全危险的其他固体散装货物。

(3)《经 1978 年议定书修订的 1973 年国际防止船舶造成污染公约》(MARPOL73/78 公约)附则 I 附录 1 中列明的散装油类。

(4)《国际散装危险化学品船舶构造和设备规则》(IBC code)第 17 章中列明的散装液体化学品，以及未列明但经评估具有安全危险的其他散装液体化学品，港口储存环节仅包含上述中具有安全危害性的散装液体化学品。

(5)《国际散装液化气体船舶构造和设备规则》(IGC code)第 19 章列明的散装液化气体，以及未列明但经评估具有安全危险的其他散装液化气体。

(6)我国加入或者缔结的国际条约、国家标准规定的其他危险货物。

(7)《危险化学品目录》中列明的危险化学品。

危险货物的定义包含三个含义：

(1)“具有爆炸、易燃、毒害、感染、腐蚀、放射性等危险特性”是指危险货物本身所具有的一些特殊性质。这些固有特性是造成泄漏、火灾、爆炸、中毒等事故发生的先决条件。

(2)“容易造成人身伤亡、财产损毁或环境污染”是指由危险货物的特殊性质所决定，其在受到摩擦、撞击、振动、接触高温、火源或遇到与其性质相抵触的其他物质等外界因素的影响时，将发生化学变化而产生的危险效应。

(3)“需要特别防护的物质和物品”是针对危险货物的危险特性而采取的特别防护措施，如运输中在包装、配载、温度和添加抑制剂等方面的要求等。

根据《危险货物分类和品名编号》(GB 6944—2012)，危险货物按其具有的危险性或最主要的危险性分为9个类别，具体分类见表1-2。

危险货物分类 表1-2

序号	类别	分项
1	第1类 爆炸品	第1.1项 有整体爆炸危险的物质和物品
2		第1.2项 有迸射危险，但无整体爆炸危险的物质和物品
3		第1.3项 有燃烧危险并有局部爆炸危险或局部迸射危险或这两种危险都有，但无整体爆炸危险的物质和物品
4		第1.4项 不呈现重大危险的物质和物品
5		第1.5项 有整体爆炸危险的非常不敏感物质
6		第1.6项 无整体爆炸危险的极端不敏感物品
7	第2类 气体	第2.1项 易燃气体
8		第2.2项 非易燃无毒气体
9		第2.3项 毒性气体
10	第3类 易燃液体	
11	第4类 易燃固体、易于自燃的物质、遇水放出易燃气体的物质	第4.1项 易燃固体、自反应物质和固态退敏爆炸品
12		第4.2项 易于自燃的物质
13		第4.3项 遇水放出易燃气体的物质
14	第5类 氧化性物质和有机过氧化物	第5.1项 氧化性物质
15		第5.2项 有机过氧化物
16	第6类 毒性物质和感染性物质	第6.1项 毒性物质
17		第6.2项 感染性物质
18	第7类 放射性物质	
19	第8类 腐蚀性物质	
20	第9类 杂项危险物质和物品，包括危害环境物质	

目前,港口储运的危险货物货种繁多,主要储运的危险货物名称及分类见表1-3。

港口主要储运危险货物　　表1-3

类 别	危险货物名称	UN	类 别	危险货物名称	UN
第2.1项 易燃气体	液化石油气	1075	第3类 易燃液体	丙烯酸丁酯	2348
	丁烷	1101		甲基叔丁基醚	2398
	丙烯	1077		丙烯腈	1093
	液化天然气	1972		乙酸戊酯	1104
第3类 易燃液体	丙酮	1090		丁醇	1120
	丙烯醇	1098		二硫化碳	1131
	苯	1114		煤焦油	1136
	乙酸丁酯	1123		乙醇	1170
	氯苯	1134		乙酸乙二醇-乙醚酯	1172
	环已烷	1145		乙苯	1175
	乙二醇-乙醚	1171		乙基甲基酮	1193
	乙酸乙酯	1173		燃料油	1202
	二氯化乙烯	1184		已烷	1208
	甲醛(溶液)	1198		甲醇	1230
	汽油	1203		甲酸甲酯	1243
	异丙醇	1219		原油	1256
	乙酸甲酯	1231		环氧丙烷	1280
	单体丙烯酸甲酯	1247		乙酸乙烯酯	1301
	正丙醇	1274		丙酸丁酯	1914
	甲苯	1294		丙烯酸乙酯	1917
	二甲苯	1307		丙烯酸甲酯	1919
	环已酮	1915		辛醇	1993
	异丙基苯	1918		二聚异丁烯异构物	2050
	乙二醇丁醚	1986		二甲基甲酰胺	2265
	沥青	1999		辛二烯	2309
	苯乙烯	2055		1,1-二氯乙烷	2362
	甲基丙烯酸乙酯	2277		柴油	2924

续上表

类　别	危险货物名称	UN	类　别	危险货物名称	UN
第6.1项 毒性物质	二氯甲烷	1593	第8类 腐蚀性物质	丙烯酸	2218
	三氯甲烷(氯仿)	1888		冰醋酸(乙酸)	2789
	邻苯二甲酸二辛酯	2810		二乙醇胺	1760
	三氯乙烯	1710		盐酸	1789
	环氧氯丙烷	2033		氢氧化钠溶液	1824
	苯酚溶液	2821		丙酸	1848
第8类 腐蚀性物质	醋酸酐(乙酸酐)	1715		乙醇胺	2491
	甲酸	1779		杂酚油	2922
	磷酸溶液	1805	第9类　杂项危险物质和物品	壬基酚聚氧乙烯醚	3082
	硫酸	1830		二溴二氟甲烷	1914

根据《中国港口年鉴》的数据统计，2006-2018年，我国港口液体散货吞吐量从5.97亿t增长到13.19亿t，增长1倍多，年均增长率约为10%，增速相对较快，其中在2011-2013年滞长，2013年以后市场开始恢复增长，复苏较为明显。2019年出现下降。具体情况如图1-3所示。随着经济发展的需求，我国港口液体散货吞吐量还将持续增长。

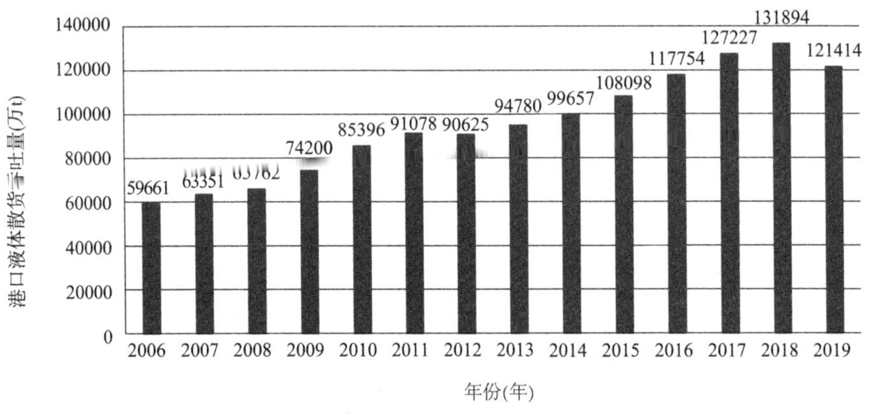

图1-3　2006-2019年我国港口液体散货吞吐量

二、危险货物的危险特性

危险货物一般具有燃烧、爆炸、蒸发、产生和积聚静电、流动、扩散、热膨胀、腐蚀、有毒和沸溢等特性,容易引发泄漏、火灾、爆炸、中毒等事故。危险货物的危险特性是危险货物导致泄漏、火灾、爆炸、中毒等事故的内在根本原因,也是构成第一类危险源的本质特征。充分认识危险货物的危险特性,对预防、控制危险货物导致的泄漏、火灾、爆炸、中毒等事故发生,以及事故的预测、预警和应急处置具有重要的意义。

1. 燃烧性

危险货物种类繁多,根据《油气化工码头设计防火规范》(JTS 158—2019)、《石油化工企业设计防火规范》(GB 50160—2018)等规定,在港口常见的装卸、储运的危险货物中,第 2.1 项易燃气体 LPG、LNG、丙烯、丁二烯等液化气均属于甲 A 类火灾危险物质。第 3 类易燃液体原油、汽油、石脑油和大部分常见液体化学品都属于甲 B 类火灾危险物质。甲类火灾危险物质闪点低、挥发性强,在空气中只要有很小的点燃能量就会着火燃烧,而且燃烧速率快,火灾危险性较大。

2. 爆炸性

爆炸是指可燃物与空气(或氧气)在一定的浓度范围内均匀混合后形成预混气,遇着火源,使可燃物得到足够的能量迅速分解,生成大量高温高压的气体,迅速膨胀做功,并伴有声、光效应的现象。一定的浓度范围称为爆炸极限范围,爆炸极限范围越宽、下限越低、上限越高,其爆炸危险性越大。当液化气、油品、液体化学品挥发产生的蒸气或汽化后的气体与空气混合,且浓度处于爆炸极限范围内时,遇到火源,即发生爆炸。大部分液化烃、油品、液体化学品的爆炸下限都较低,爆炸危险性较大。在装卸储运过程中,燃烧和爆炸经常同时出现,并相互转化。

3. 蒸发性

液化烃、油品、液体化学品大多是蒸气压较大的气体或液体,易产生能引起燃烧或爆炸所需最低限度的蒸气量。此外,温度对蒸气压影响较大,温度升高,蒸气压快速增大。因此,储存液化烃、油品、液体化学品的储罐应有足够的强度,并采取温度补偿措施或设置安全容量、呼吸阀、泄压装置等,防止设备胀裂。同时也应防止因温度骤降而导致容器被吸瘪。

4. 产生和积聚静电

大多数液化烃、油品、液体化学品具有易产生静电的特性。在装卸、输送、储存的过程中,由于油气化工品与管道、阀门、计量装置、罐壁之间发生摩擦,油气化工品喷溅或受到搅拌、扰动,以及油气化工品本身含有水分或杂质等诸多原因,易产生和积聚静电荷。电荷聚积速度与设备、物料、操作等因素有关,如管道的长度,管道内壁的粗糙度，管道进出口形状，物料的流速、温度、杂质与水分的含量等。如果未采取有效的防静电或导静电措施，有可能发生静电放电，进而导致火灾、爆炸事故发生。静电放电是引发火灾爆炸事故的重要原因之一。

5. 流动和扩散性

液化烃、轻质原油、汽油以及大部分液体化学品的黏度一般较小，容易流动，一旦泄漏，将向四周扩散，扩大危害面积。除 LNG 等少数货物外，绝大部分油气化工品的蒸气密度比空气大，容易滞留在地表、水沟及凹坑低洼处，且贴着地面易向四周流淌、蔓延，并在风速、风向、气温等环境因素作用下不断蒸发，蒸发产生的气体与空气混合之后将向周围扩散，在较大范围内造成环境污染，对人体健康产生危害，往往在预想不到的地方遇火发生火灾、爆炸，并有可能形成回火，导致储罐区着火。

6. 热膨胀性

液化烃、油品、液体化学品具有受热易膨胀性，一旦受热，温度升高，体积就会膨胀。若作业完毕管道不及时排空，又无泄压装置，便会导致管道及附件的损坏，有可能引起渗漏、外溢。若在着火现场附近，储罐内储存物质受到火焰辐射的高热时，如不及时冷却，可能因膨胀爆裂增加火势，扩大灾害范围。因此，储罐在不同的季节都应规定有安全容量，输油管段上应设有泄压装置。高温夏季，在超过物质适宜储存温度时，应及时对储罐冷却喷淋洒水降温。为控制储存物质膨胀，夏季装卸作业过程应避免高温时段作业，以防管线等受热爆裂。

7. 腐蚀性

硫酸、硝酸、醋酸、液碱等强酸、强碱类以及部分液体化学品为强腐蚀性液体。这些腐蚀性液体不仅能与大多数货物发生剧烈反应，释放大量热，引起火灾、爆炸事故，而且会腐蚀设备设施，使金属板（管）穿透，导致物料泄漏，在焊缝及钝化膜被破坏之处，金属很可能被腐蚀穿透，引发事故。

原油通常含有一定的硫，对储罐、输油臂、输油管道、输油泵、阀门等设备的腐蚀作用较为明显，若设备防腐措施不落实或效果不佳，投产一段时期后可能发生腐蚀穿孔及漏油等事故。

8. 毒性

油品及大多数液体化学品对人体具有毒害作用，其中丙烯腈、丙烯醛、四乙基铅、甲苯二异氰酸酯等为剧毒物品；己二腈、1,2－二氯乙烷、环氧丙烷、苯、甲苯、苯酚、甲醇、叔丁醇、异丙醇、间二甲苯、对二甲苯、邻二甲苯、2－丁氧基乙醇等，为中度毒害的物品。长期接触有毒液体或吸入有毒气体，将对人体健康造成危害；短期吸入大量高浓度的有毒气体，则可能造成人员急性中毒。此外，部分货种的毒性还表现在氧化分解产物上，如氯仿在光的作用下，能在空气中被氧化，生成氯化氢及有剧毒的光气。

9. 沸溢性

储罐内含有水分的原油、重柴油、燃料油和部分可燃液体化学品，着火燃烧时，在辐射热、热波及水蒸气的作用下，可能发生沸腾突溢现象，向容器外喷溅，形成巨大的火柱，扩大着火面积。发生沸溢及喷溅时，易造成人员伤亡，使灾情扩大，给灭火工作带来较大的困难。

10. 聚合性

苯乙烯、丙烯腈、环氧乙烷、甲基丙烯酸甲酯、丙烯酸、丙烯酸甲酯等液体化学品有聚合危险特性，在有氧条件下，遇光和热发生聚合。当发生火灾时，这些危险货物在火场高温作用下能发生聚合，使储罐或管道爆裂，且在聚合过程中产生热量，增大火灾、爆炸的危险性，因此在储运过程中，应采取添加阻聚剂等措施。另外，发生聚合反应后，物料可能堵塞阀门、管道等，影响正常作业。

11. 禁忌物及相互反应

液化烃、油品、液体化学品遇氧化剂或强酸时，会发生剧烈反应而引起燃烧。因此，在储运上述物品时，应注意与强酸或氧化剂的有效隔离。此外有一些危险货物有禁用材料，例如丁二烯在储运过程中禁用含铜、水银、镁、银、乙炔化合物等储运材料。

第三节 港口储罐安全风险管理现状

港口储罐储存的危险货物往往具有易燃、易爆、有毒、易挥发、易流动扩散、受热膨胀、易产生静电、强腐蚀性和聚合等危险特性，一旦储罐发生事故，若前期应急处置不当，极易引起连锁反应，造成更大规模的事故。储罐存在的主要风险因素为危险货物泄漏扩散、火灾爆炸、中毒、环境污染等事故危险。导致这些事故发生的主要原因可能是设备设施存在质量缺陷或出现故障、人的不安全行为和管理因素等。

一、国外港口储罐安全风险管理现状

风险管理起源于20世纪30年代的美国，并于20世纪50年代发展成为一门学科，它强调以风险为核心，把安全管理有机融入企业管理，其基本目标是以最小的成本收获最大的安全保障。风险管理作为一门新兴的管理学科，在形成和发展的过程中，涌现出许多不同的定义方式，并且随着时代的发展而不断演变。美国当

代风险管理先驱威廉姆斯和汉斯在1964年合著出版的《风险管理和保险》、学者罗森布朗在1972年出版的《风险管理案例研究》、琼斯与胡德在1996年合著出版的《意外事件与设计》、美国当代风险管理与保险学权威人士威斯凯柏教授在1998年出版的《国际风险与保险》中均有关于风险管理的定义。

国外在港口储罐安全风险管理方面的技术发展，主要体现在储罐安全风险评估技术、储罐监控预警和应急响应系统、区域安全风险防控技术上。

1. 储罐安全风险评估技术现状

挪威船级社(DNV)的ORBIT，法国船级社(BV)的RB. eye，英国焊接协会(TWI)的RiskWise和LifeWise，TISCHUK公司的T-OCA，APTECH公司的RDMIP，Hyprotech公司的Axsys. Integrity，Credosoft公司的Credopro，LMP Technical Services公司的PRIME软件中包含了化工设备风险的模块。这些软件根据API 581的原则开发，风险的基本要素基本相同，但具体软件系统的技术特点和实施流程不同，以满足不同用户的需求，可以分别计算罐底板和壁板的风险等级，并根据风险排序，自动制订相应的检验策略。

TWI的RiskWise是根据API 580标准开发的，在考虑设备风险和剩余寿命对检测影响的基础上，给出优化检验方案，并比较了不同检验与日常维护措施对风险的影响，使检验结果更加直观。TWI还开发了基于储罐风险的检测应用模块，RiskWise可用于优化储罐检测和维护，该软件可获得每个罐的潜在损伤机理，分析评估7种故障因素的概率和9种故障因素的后果，为每个故障机制提供风险分析结果，并根据风险等级和剩余寿命提供检验策略。RB. eye和T-OCA等软件也在国内外得到了广泛的应用，但没有开发专门的储罐风险评估软件或评估模块。

以上这些软件均不含应急决策内容，而且只针对单一用户，不具备平台作用。

2. 储罐监控预警和应急响应系统现状

国际上已建立了多种化学品泄漏扩散应急响应系统和应急模型。欧盟建立了一套重大危险源监控系统，该系统可以处理危险源地图信息，制订风险评价、风险管理和应急救援计划，实现不同企业监控人员、专家和公众之间良好的风险信息交流。2002年，美国的SAFER公司发布了第9版Real－Time应急系统，可以准确地预测污染扩散情况，确定事故影响范围和程度，并将监控分析与应急处理相结合。此外，SAFER公司还开发了针对不同场合的应急响应系统，如化学品泄漏毒性分析系统(TRACE)和运输事故应急系统(STAR)。美国和沙特阿拉伯联合开发了天然气监督管理系统，该系统收集地形地图、天气和气流条件、气体传感器数据、天然气储罐和管道等参数，通过地理信息系统(GIS)技术和美国的SAFER实时数据采集技术，将其实时传输到控制中心并立即进行分析处理，从而实现事故预测和报警。此外,该系统能够在事故发生后及时提供相应的应急救援计划和决策支持。国外公司主要通过监控和预警应对危险货物事故的发生,并建立了相应的应急响应系统,这些系统大多安全应急处置技术相对成熟,但对环境污染应急处置技术的研究不足。

3. 区域安全风险防控技术现状

1928 年,美国国家防火协会的化学危险品和爆炸物品委员会协同化学学会编辑了常用化学危险品表(NFPA49)。美国道化学公司开发了火灾爆炸指数。随后,美国政府先后颁布了《有毒物质控制法》《职业安全卫生法》《消费产品安全法》《高度危险化学品处理过程的安全管理》《危险物品运输法》《有害物质包装危害预防法》《资源保护和回收法》《联邦环境污染控制法》和《食品、药物和化妆品法》等法律法规。1967 年,欧盟颁布了第一部指令 67/548/EEC。2001 年 2 月,欧盟发布《未来化学品政策战略白皮书》。2004 年 1 月,欧盟向世界贸易组织/技术性贸易壁垒(WTO /TBT)委员会发布了"关于化学品注册、评估、许可和限制,建立欧洲化学品管理局并修订 1999/45/EC 指令和法规(EC)(有关持久性有机污染物)的欧州议会和理事会法规提案"的通知。2007 年 6 月 1 日,欧洲委员会开始全面实施新的化学品安全风险防控管理政策。墨西哥、泰国和菲律宾等国家也建立了区域安全风险预防和控制管理体系。美国、欧盟和日本等发达国家和地区都先后制订了比较完善的区域安全风险防控体系。发展中国家也提出了相关的区域安全防控管理措施,但是和发达国家相比,仍存在一定的差距。

二、国内港口储罐安全风险管理现状

我国港口储罐安全风险管理的现状反映在以下 3 个层面。

1. 国家安全管理政策层面

《中共中央 国务院关于推进安全生产领域改革发展的意见》(中发〔2016〕32 号)要求"坚持源头防范,构建风险分级管控和隐患排查治理双重预防工作机制,严防风险演变、隐患升级导致生产安全事故发生。""建立安全预防控制体系,加强安全风险管控。构建国家、省、市、县四级重大危险源信息管理体系,对重点行业、重点区域、重点企业实行风险预警控制,有效防范重特大生产安全事故。""企业要强化预防措施,开展经常性的应急演练和人员避险自救培训,着力提升现场应急处置能力。"《国务院安委会办公室关于实施遏制重特大事故工作指南构建双重预防机制的意见》(安委办〔2016〕11 号)明确提出"各地区要组织对公共区域内的安全风险进行全面辨识和评估,根据风险分布情况和可能造成的危害程度,确定区域安全风险等级,对不同等级的安全风险,要采取有针对性的管控措施,实行差异化管理。""各地区、各有关部门要抓紧建立功能齐全的安全生产监管综合智能化平台,实现政府、企业、部门及社会服务组织之间的互联互通、信息共享，为构建双重预防机制提供信息化支撑。要督促企业加强内部智能化、信息化管理平台建设，将所有辨识出的风险和排查出的隐患全部录入管理平台，逐步实现对企业风险管控和隐患排查治理情况的信息化管理。"《国务院办公厅关于印发危险化学品安全综合治理方案的通知》(国办发〔2016〕88 号)要求"全面摸排危险化学品安全风险，各有关部门按职责分工负责重点摸排危险化学品生产、储存、使用、经营、运输和废弃处置以及涉及危险化学品的港口、码头等的使用等各环节、各领域的安全风险，建立危险化学品安全风险分布档案。""加强化工园区和涉及危险化学品重大风险功能区及危险化学品罐区的风险管控。"《国务院办公厅关于印发推进长江危险化学品运输安全保障体系建设工作方案的通知》(国办函〔2014〕54 号)中明确指出"开展已建沿江化工园区以及危险化学品装卸、仓储设施的安全风险与应急能力评估，建立完善安全管理和应急处置体系，提高风险控制能力。"

2. 综合安全监管方面

《国务院办公厅转发安全监管总局等部门关于加强企业应急管理工作意见的通知》(国办发〔2007〕13 号)要求"县级人民政府要全面掌握本行政区域内的高危行业企业分布、企业重点危险源、应急队伍、救援基地、应急物资、道路交通等基本情况，加强与企业联系，组织建立政府与企业、企业与企业、企业与关联单位之间的应急联动机制，形成统一指挥、相互支持、密切配合、协同应对各类突发公共事件的合力，协调有序地开展应急管理工作"。《国家安全监管总局关于进一步加强化学品罐区安全管理的通知》(安监总管三〔2014〕68 号)明确要求"有关企业和地方各级安全监管部门要进一步提高对加强化学品罐区安全生产工作重要性的认识，切实落实企业安全生产主体责任，严格监督检查，及时排查消除各类隐患，切实强化化学品罐区安全生产工作"。《危险化学品重大危险源监督管理暂行规定》(国家安全生产监督管理总局令第 40 号)明确提出"推进安全生产监督管理部门重大危险源安全监管的信息化建设。""危险化学品单位应当根据构成重大危险源的危险化学品种类、数量、生产、使用工艺(方式)或者相关设备、设施等实际情况，按照有关要求建立健全安全监测监控体系，完善控制措施"。《国家安全监管总局关于进一步加强安全生产应急平台体系建设的意见》(安监总应急〔2012〕114 号)对安全生产应急平台体系建设，从建设的目标要求、建设重点、运行管理机制、建设的综合效益等方面提出了具体的要求和指导。

3. 行业安全风险与应急管理方面

中共中央、国务院 2019 年 9 月印发了《交通强国建设纲要》，提出"要加强科技创新、智慧引领、安全发展，推动大数据、互联网、人工智能、区块链、超级计算等新技术与交通行业深度融合;增强科技兴安能力,加强基础设施运行监测检测,提高港口安全生产专业化、信息化水平,提升关键基础设施安全防护能力,完善安全生产预防控制体系,有效防控系统性风险,推进精细管理”。交通运输部2014年提出了集中力量加快推进“四个交通”,即:综合交通、智慧交通、绿色交通、平安交通的发展,明确了交通运输行业安全的重要性。交通运输部《关于推进港口转型升级的指导意见》(交水发〔2014〕112号)明确提出“切实落实客运码头、滚装码头、油气液体化学品码头及库区、油气危险货物输送管线等安全生产的企业主体责任和港口行政管理部门职责范围内的监管责任”,进一步明确了港口储罐及管线的安全监管职责。《交通运输部安委会关于印发交通运输安全生产隐患排查治理攻坚行动方案的通知》(交安委〔2015〕7号)中要求全面落实安全生产隐患排查治理和安全风险管控主体责任,深入推进“平安交通”和安全体系建设,并对港口危险化学品罐区、港口码头作业等重点领域开展安全生产隐患排查治理提出了具体要求。《交通运输部关于加强危险品运输安全监督管理的若干意见》(交安监发〔2014〕211号)明确要求港口危险品罐区(储罐)、库(堆)场、危险品码头应按相关规定做到监测监控全覆盖,安排专人实时监控,加快推进港口危险品码头和港口危险品罐区监测监控等信息系统建设和完善。《交通运输部关于推进安全生产风险管理工作的意见》(交安监发〔2014〕120号)提出“重点对危险货物港口作业、港口危险化学品罐区储运等进行风险源辨识、评估、优化管理、有效控制,完善港口作业安全措施”,表明港口储罐及管线的安全问题已经成为交通运输行业安全监管重点。交通运输部《港口危险货物重大危险源监督管理办法》(交水发〔2021〕6号)提出“港口经营人应当对港口重大危险源进行监测监控,根据危险货物种类、数量、储存工艺或相关设备、设施等实际情况,建立健全港口重大危险源安全监测监控体系,完善控制措施。”“所在地港口行政管理部门应建立健全港口重大危险源安全监管制度,完善本辖区港口重大危险源档案,建立港口重大危险源安全监管系统,掌握辖区内港口重大危险源和应急队伍、应急资源等基本信息”。

我国主要采用安全检查表法对港口储罐进行定性评价,采用爆炸危险指数法、美国道化学公司的火灾、ICI蒙德法进行定量评价。对单个储油罐进行安全状态评价时,通过层次分析(AHP)模糊综合评价法建立储油罐安全现状评价的模型。大型储罐区通常采用DCS(Distributed Control System)或PLC(Programmable Logic Controller)工业控制系统对储罐以及原油输送过程中的温度、压力、流量、液位等参数进行监控,对石油输送进行统一调配,并对罐区工艺设备故障及事故进行报警,以保证运输过程安全。华东理工大学化工机械研究所通过分析大量的石化系统储罐失效事故案例,确定了储罐的损伤机理和失效模式,并分析其事故树。基于API

580 和 W. kent Muhlbauer 的管道风险评估方法，提出储罐 RBI 定性评价方法，并根据该方法开发了储罐 RBI 软件，应用于某石化装置的大型地上储罐，取得了良好效果。中国特种设备检测研究院对储罐 RBI 技术进行了广泛的试点研究。

从我国港口罐区安全监控系统的总体发展历程来看，虽然起步较晚，但发展迅速。20 世纪 90 年代，应用系统建设水平有了很大提高，近年来国产化程度也逐步提高和成熟，缩小了与国外先进水平的差距。虽然国内港口罐区预警研究已经取得了很多阶段性成果，但国内港口罐区所采用的监控预警系统主要是作为事故防范控制技术手段，以工艺控制和技术处置为主，将生产管理、过程控制、安全监控、环境数据自动采集、模拟量限位报警与视频联动和智能分析处理相结合，尚未与消防系统等应急响应技术联动。而且由于受到监控传感装置以及预警分析技术的制约，现有监控预警系统通常缺乏对事故征兆演化规律的动态过程分析，普遍存在监测参数不完备、测量误差大、预警信息分析不准确、预警响应滞后等问题。在对监测和预警信息分析提取与事故预测分析等方面，目前开发和使用的预警系统功能还存在一定欠缺，尤其在监测的历史数据动态分析与事故预测模拟和应急响应联动方面还存在许多不完善的地方。就储罐和储罐集中区域的安全风险控制与应急而言，尚未形成系统性、先进性、针对性、可操作性的安全风险管理体系。

为了提高港口危险货物储罐区本质安全技术水平，降低危险源或隐患造成的危害程度，我国陆续颁布了《易燃易爆罐区安全监控预警系统验收技术要求》(GB 17681—1999)、《危险化学品重大危险源安全监控通用技术规范》(AQ 3035—2010)以及《危险化学品重大危险源罐区现场安全监控装备设置规范》(AQ 3036—2010)等系列标准，要求对港口罐区重大危险源场所建立独立的安全监控预警系统，并规定了监控预警系统的设置、施工以及验收。目前，广泛应用的监控预警系统主要利用自动检测与传感器技术以及计算机仿真通信等技术手段，监测危险区域的关键工艺、设备状态参数，一旦参数发生变化或超出临界值，系统将发出警示信号，并在紧急情况下进行联动应急控制。其关键技术主要包括传感器、二次检测仪表、逻辑控制器、执行器、报警设备和工业数据通信网络等，通过参数检测及数据分析以确定现场的安全状况，同时通过连锁装备在危险出现时采取相应措施，实现自动预警、联网声光报警、监控信息显示、控制、数据传输以及安全数据或状态记录储存等功能。

第二章　港口储罐安全风险

第一节　储罐事故类型

一、泄漏事故

在危险货物的装卸储运过程中，储罐、管道、阀门等部位易发生泄漏。危险货物泄漏扩散除造成财产损失外，其危害还包括：为火灾爆炸事故的发生提供物质基础，即生成了处于燃烧或爆炸极限范围的液化烃、油品或液体化学品与空气的混合物；也可能因液化烃、油品或液体化学品浓度较高，导致某一区域内人员急性中毒，同时造成环境污染。因此，应预防和控制危险货物泄漏事故发生。

二、火灾事故

当易燃、易爆气体或液体发生泄漏后，如果遇到点火源就会被点燃引发火灾。火灾一旦发生，首先是处于液池中且火焰所触及的人员将遭受致命伤害，其次是液池周围的人员和设备设施将遭受一定程度的火焰热辐射危害，引发多米诺效应，甚至造成爆炸事故。根据燃烧方式的不同，可以将火灾分为池火、喷射火、火球和闪火。

1. 池火

池火是指液池被点燃形成的大火，形式包括液体在地面流淌以及储罐泄漏形成的液池被点燃等。池火灾是一种特殊的液体燃烧火灾形式，由于液化烃、油品或液体化学品着火前在表面已经蒸发了一层蒸气，所以池火灾的实质是液化烃、油品或液体化学品的蒸气和空气发生的非预混燃烧。储罐发生的池火灾引发“多米诺效应”有两种情况：一种是储罐完全或部分被包围在火焰内，大多数池火灾引发的“多米诺效应”是这种情况造成的；另一种情况是火焰不直接接触储罐，通过热辐射对池火周边储罐造成影响，热辐射造成设备破坏需要一定的辐射强度和时间。

2. 喷射火

喷射火是指压力储罐或管道储存运输的危险货物发生连续泄漏后，在泄漏处遇到火源，如摩擦静电、电气火花、明火等，被立即点燃，形成喷射火焰。这些泄漏的物质往往具有很高的动量，造成的火灾危害范围较广。喷射火引发的“多米诺效应”主要是通过火焰的直接接触，如喷射火接触容器壁。同时，目标容器在水喷淋和隔热层作用的情况下，可能形成热点，进而导致沸腾液体扩展蒸气爆炸（Boiled Liquid Evaporate Vapor Explosion，BLEVE）或容器物理爆炸。

3. 火球

储罐在外界热量的作用下，使罐壁强度下降并突然破坏，存储的过热液体或液化气体突然释放并被点燃，就会形成巨大火球。火球的危害主要是热辐射而不是爆炸冲击波，强烈的热辐射可能造成严重的人员伤亡和财产损失。液化石油气储罐发生 BLEVE 后往往会产生火球。火球燃烧过程不会产生冲击波，但是燃烧过程中高强度的热辐射会带来极大的危险。火球持续的时间不长，但是如果其他储罐位于火球半径范围内，则有可能导致“多米诺事故”发生。

4. 闪火

闪火是指储罐或管道泄漏后的泄漏物没有被立即点燃，发生累积后被点燃导致的。闪火是可燃蒸气云的非爆炸燃烧，燃烧速度虽然很快但比爆炸慢很多，因此发生闪火时不会产生爆炸冲击波，其危害主要是热辐射。由于闪火产生的热辐射量比较低，且持续时间不长，一般不会导致“多米诺事故”发生，但是可能发生闪火火焰直接接触易燃物质并将其点燃的“多米诺事故”。

二、爆炸事故

1. 蒸气云爆炸

当储罐和管道储存运输的液化烃、油品或液体化学品发生泄漏后，没有发生沸腾液体扩展蒸气爆炸或立即引发大火，液化烃、油品或液体化学品的低沸点组分就会与空气充分混合，在一定范围聚集起来，形成预混蒸气云，一经点燃就会形成爆燃，将化学能转化为热能，产生巨大破坏。危险货物蒸气云爆炸比其他事故更容易引发“多米诺效应”。爆炸产生的强冲击波在空气中传播是造成附近建筑物、设备等破坏以及人员伤亡的重要原因。一旦发生爆炸事故，其产生的冲击波可能对附近的储罐、管线等设备造成破坏，从而引发事故的“多米诺效应”。

2. 沸腾液体扩展蒸气爆炸(BLEVE)

沸腾液体扩展蒸气爆炸是指储存液化烃的储罐在外部火焰的烘烤下突然破裂,压力平衡遭破坏,液体急速气化并且随即被火焰点燃而产生的爆炸。在这一爆炸过程里,会产生碎片、爆炸波以及火球热辐射三种危害,其中火球热辐射危害是沸腾液体扩展蒸气爆炸事故的主要危害。

3. 物理爆炸

物理爆炸是指由物理变化而引起的爆炸,例如液化烃、压缩气体的超压而引起的爆炸。物理爆炸影响是局部的,无论从爆炸事故发生的可能性、影响范围与伤害程度来讲,沸腾液体扩展蒸气爆炸和无约束蒸气云爆炸影响都要比它大得多。当危险货物储罐或管线发生物理爆炸时,除了产生冲击波外,设备会破裂,产生碎片飞出。这种碎片的飞行速度快、飞行距离远以及穿透力非常大,可能会造成较远距离的人员伤亡,建筑物、设备等破坏。

四、瘪罐、胀罐和浮顶沉盘事故

当储罐内压力突然增大或减小时,由于罐体内外压力不平衡,会引起罐体变形,造成瘪罐、胀罐事故。一般造成瘪罐、胀罐事故的原因主要有以下几点:①呼吸阀、安全阀同时被凝结、锈死或阻火器堵塞,储罐不能正常进行大、小“呼吸”;②进油的输送速度过快,超过呼吸阀的工作负荷,引起管线、罐体压力增大,引发胀罐;③油品的输送速度过快,超过呼吸阀口径允许的进气速度,使罐内出现负压,超过设计规定,引发瘪罐。

浮顶储罐应用十分广泛,浮顶是指覆盖在液面上,并随液面升降的盘状结构物,又称浮盘。浮顶在长期频繁运行过程中,受多种因素的影响,其几何形状和尺寸发生变化,逐渐变形,浮顶表面出现凹凸不平。变形后的浮顶在运行中,由于表面各处受到的浮力不同,以致浮顶倾斜,浮顶量油导向管卡住,油品从密封圈及自动呼吸阀孔跑漏到浮顶上导致浮顶沉盘。造成储罐浮顶沉盘事故的主要原因有:浮顶安全系数过小、导向柱安装超公差、罐体圆度不合要求、罐内壁凹凸不平、浮盘密封圈损坏并撕裂翻转、浮盘变形歪斜、物料装卸超过安全限度、进货速度过快损坏浮盘、浮盘腐蚀等。

五、凝管事故

凝管事故是指在管道伴热输送易凝高黏性质油品的过程中,由于输量过小或输油温度过低、自然或人为因素使管道散热太快、计划检修、事故抢修以及采用间歇输油工艺等原因，造成油品停流凝管。如原油、燃料油、沥青以及部分液体化学品等在管道输送过程中需要加热，一旦加热保温系统失效，有可能发生管道凝管事故。凝管事故不仅导致管道停输，影响港口装卸作业，造成经济损失，采取措施解堵的过程中还会产生相应的安全隐患。

六、中毒事故

中毒是指有毒物质进入人体而导致人体某些生理功能或器官组织受损的现象。人接触有毒物质会发生急性或者慢性中毒。急性中毒表现为刺激、窒息、麻醉与系统损害四个方面，人体的受损程度主要取决于有毒物质的浓度、毒性以及与人员接触的时间长短等因素。急性中毒类似于氢氰酸中毒，伴有上呼吸道和眼睛刺激等症状，如头晕、头痛、乏力、上腹部不适、恶心、呕吐、胸闷、手脚麻木、意识混乱、眼结膜及鼻、咽部充血、嘴唇紫绀等。严重者除上述症状加重外，还会出现四肢阵发性强制抽搐、昏迷等症状。港口储运的部分危险货物，如己二腈、1,2-二氯乙烷、环氧丙烷、苯、甲苯、苯酚、甲醇等，具有较高的毒性。港区作业人员在进行输油臂、软管及管道凸缘的安装与拆卸作业、储罐罐顶检尺作业或清罐作业时，由于腐蚀、密封不严、误操作等原因造成有毒危险货物的泄漏或浓度较高，就会引发中毒事故。

七、缺氧窒息事故

罐内作业属于有限空间作业，与外界相对隔离，出入口较为狭窄，自然通风不良，易形成空间内有毒有害、易燃易爆物质积聚或者氧含量不足。人员处于这种缺氧的危险作业场所中，容易发生窒息事故，严重的会造成死亡。储罐检测维修时缺氧窒息风险最大，例如清洗储罐前未对罐内气体进行有效置换，有可能造成窒息事故，并往往伴随中毒事故。没有强制排风设施、未定期排风、没有开展连续检测是引起罐内作业发生缺氧窒息事故的重要因素。缺氧窒息事故往往是由于忽视了常识性的安全防范措施而导致的，为避免事故的发生，应采用气体置换、空气检测、穿戴防护用品等安全防护措施。

八、伤害事故

伤害事故是指人员在进行储罐区的多种作业时，因为工作条件的限制和其他原因，造成高处跌落、触电、物体打击、机械伤害、落水淹溺、烫伤和冻伤等身体伤害事故。

第二节　事故演变规律

储罐泄漏事故一旦发生,不仅会造成经济损失、环境污染,还会为火灾爆炸等事故的发生提供物质基础。危险货物储罐泄漏可根据泄漏发生时间长短和泄漏量的大小分为罐体瞬间整体破裂泄漏和连续性持续泄漏两种情况。其中储罐瞬间整体破裂形成泄漏又可分为储罐热失效引起的泄漏和冷失效引起的泄漏。储罐的热失效即在火灾状态下,储罐受火焰高温作用,储罐超压引起的物理性爆炸导致罐体整体破裂;储罐的冷失效是指储罐受撞击、超压或频繁加压和装卸过程中,应力长期交变作用引起的储罐破裂。下面以液化石油气为例,分析事故演变规律。

储罐破裂后,部分液化石油气闪蒸形成气体和液滴混合的气云,同时湍流的空气被卷入这种气云。由于与地面和周围环境的相互作用,泄漏的液化石油气动量将不断损失,直至最后与周围环境建立平衡关系,随主导风向飘移扩散。如果泄漏物的动量没有损失且没有显著的风流,那么泄漏物可能在动量的驱动下卷入大量空气,将云团稀释到危险货物爆炸下限以下,形成以储罐为中心的气云。气云在点火的情况下,例如遇到摩擦静电、电火花、明火等,会产生 BLEVE 火球或蒸气云爆炸。

储罐发生瞬间整体破裂泄漏后,被立即点燃的可能性较低,大多数情况下将随着主导风向漂移和扩散。若应急处置得当,气云在扩散过程中不会点燃,仅形成浮性云团,不会发生严重的事故后果;此时若应急处置不当,气云在扩散过程中遇到点火源,会发生延迟点火。若气云的质量不足,或火源的能量不高,气体被点燃后,不足以产生显著的爆炸超压,发生层流或近似层流燃烧,形成闪火,闪火是蒸气云的低速燃烧,其危害性仅限于热效应。如果蒸气云在空旷的地方(即未密闭空间)质量足够大、火源的引燃能量足够强,在燃烧传播过程中,由于遇到障碍物或受到局部约束,引起局部紊流,火焰相互作用产生更高的体积燃烧速率,加剧膨胀流,促使紊流变强,导致体积燃烧速率进一步升高,火焰传播速度不断提高,可高达层流燃烧的十几倍至几十倍,引发爆炸反应。若泄漏量大,大量液化石油气来不及气化,形成液池,遇到点火源将发生池火灾。

储罐裂口处连续泄漏也将形成蒸气和液滴混合的气云,随后扩散形成浮性云团。如果发生泄漏的同时,云团遇到摩擦静电、电气火花、明火等被立即点燃,将在泄漏处形成喷射火焰。由于储罐裂口处连续泄漏的量一般较大,如果被立即点燃,视为灾难性的整体热泄漏,会产生 BLEVE 火球;若发生延迟点火,则会产生闪火和蒸气云爆炸。

事故演变如图 2-1 所示。

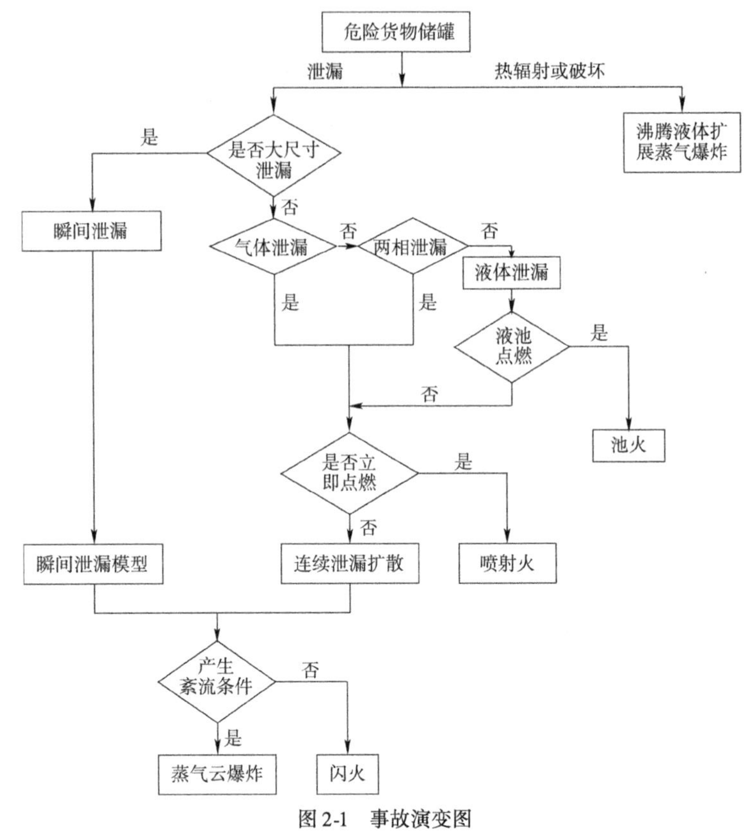

图 2-1　事故演变图

第三节　储罐事故统计分析

储罐储存的介质具有易燃、易爆、腐蚀性等危险特性，由于腐蚀或操作不当等原因，会引发泄漏、火灾或爆炸等事故。同时与其相连的管线由于输送介质的危险特性，以及工作环境温度和压力的交替变化等，也会引发事故，甚至会引起相连储罐的连带事故，造成巨大的损失。

一、美国事故统计

美国外大陆架（Outer Continental Shelf，OCS）有 4000 多台石油和天然气储运设施，管道长度为 33000mi（英里）①。表 2-1 为美国矿产管理局（Minerals Management

① 1mi≈1.61km。

Service,MMS)统计的美国 OCS 泄漏事故数据。

美国 MMS 统计的 OCS 石油泄漏资料　　表 2-1

年份(年)	全部泄漏(泄漏量,bbl)			储罐泄漏(泄漏量,bbl)		
	次数	合计	平均值	次数	合计	平均值
1981	71	5867	82.6	3	20	6.8
1982	74	1150	15.5	5	37	7.5
1983	108	2184	20.2	1	95	95.0
1984	63	409	6.5	1	2	2.4
1985	84	1880	22.4	1	5	5.0
1986	53	612	11.6	1	1	1.3
1987	42	262	6.2	0	0	0.0
1988	37	15955	431.2	0	0	0.0
1989	30	634	21.1	0	0	0.0
1990	43	19375	450.6	2	58	28.8
1991	43	649	15.1	2	42	21.0
1992	32	2501	78.2	1	3	3.0
1993	26	151	5.8	0	0	0.0
1994	28	4932	176.1	4	163	40.8
1995	36	1357	37.7	1	89	89.0
1996	40	563	14.1	4	142	35.4
1997	35	395	11.3	2	19	9.4
1998	38	10486	275.9	2	4	2.1
1999	37	3602	97.3	3	121	40.4
2000	28	2585	92.3	0	0	0.0
2001	37	257	6.9	5	47	9.4
2002	42	1776	42.3	5	25	5.1
2003	20	851	42.5	2	490	245.2
2004	59	4799	81.3	1	2	2.4
2005	146	13552	92.8	2	8	4.2
2006	45	2138	47.5	1	38	37.5

续上表

年份(年)	全部泄漏(泄漏量,bbl)			储罐泄漏(泄漏量,bbl)		
	次数	合计	平均值	次数	合计	平均值
2007	37	350	9.5	4	9	2.2
2008	84	6229	74.2	2	14	7.1
2009	42	1970	46.9	2	9	4.6
2010	22	271	12.3	2	52	25.8
合计	1482	107742	72.7	59	1495	25.3

由表2-1中可知,从1981年到2010年,美国OCS共发生59次储罐泄漏事故,泄漏量为1495bbl,即237705L。储罐泄漏事故次数约占总泄漏事故次数的4%。

表2-2为美国运输部(Department of Transportation,DOT)统计的美国陆上输油管线事故。在美国输油管道事故原因中,因误操作造成的事故占45%,因第三方损害造成的事故占21.5%。

美国陆上输油管线1992—2014年发生的事故统计表 表2-2

年份(年)	数量(次)	死亡(人)	受伤(人)	财产损失(美元)	溢出桶数(bbl)	净失桶数(bbl)
1992	207	5	38	35991062	134074	67004
1993	224	0	10	27770651	116430	57503
1994	241	1	7	61837058	160136	109751
1995	184	3	11	31818689	110230	53106
1996	189	5	13	84331311	153750	94383
1997	161	0	5	42382642	189058	99266
1998	141	2	6	52564979	138227	51253
1999	160	4	20	84352560	163836	101147
2000	138	1	4	131924797	106355	54663
2001	128	0	10	24929751	98347	77455
2002	455	1	0	49738342	97255	77952
2003	431	0	5	67381310	81303	50884
2004	364	5	16	86582763	77395	58548
2005	351	2	2	276947278	137026	45178

续上表

年份(年)	数量(次)	死亡(人)	受伤(人)	财产损失(美元)	溢出桶数(bbl)	净失桶数(bbl)
2006	345	0	2	59586444	137116	53334
2007	329	4	10	60027717	94967	68941
2008	368	2	2	136875358	102044	69478
2009	335	4	4	63112545	53514	31083
2010	345	1	4	1022777790	174924	123413
2011	344	1	2	240338210	138938	108140
2012	361	3	4	138733155	45934	29316
2013	399	1	5	233023142	120362	88953
总计	5768	40	132	3106804989	2257068	1321605
2011—2013平均	368	2	4	206324972	85112	58581
2009—2013平均	357	2	4	371176798	81880	51253
2004—2013平均	354	2	5	247554702	95857	55174

由表2-2中可知，从1992年到2013年，美国陆上输油管线共发生了5768次泄漏事故，年平均事故率约为275次/年。平均每年伤亡人数在8人左右，平均每年财产损失在14794万美元左右。

根据美国化学安全与危害调查委员会(CSB)出版的新闻资料USCSB(2000—2003)的相关数据，按储物类型对近年来的储罐事故进行的统计见表2-3。

发生事故储物类型(次)　　表2-3

年份(年)	原油	油类产品[a]	汽油/石脑油	石油化工产品	LPG[b]	废油水	氨	盐酸	烧碱	熔硫	总计
1960—1969	6	3	0	3	3	2	0	0	0	0	17
1970—1979	8	7	13	3	3	2	0	0	0	0	36
1980—1989	17	14	17	4	1	0	0	0	0	0	53

续上表

年份(年)	原油	油类产品[a]	汽油/石脑油	石油化工产品	LPG[b]	废油水	氨	盐酸	烧碱	熔硫	总计
1990—1999	23	19	21	11	5	4	0	0	0	0	85
2000—2003	12	16	6	6	1	1	3	2	3	1	51
总计	66	59	55	27	15	9	3	3	3	2	242

注:a. 燃油、柴油、煤油、润滑剂。

b. 包括丙烷和丁烷。

由表2-3中可知,发生事故较多的危险货物是石油类产品,其中原油发生事故次数最多。当含有水分的原油着火燃烧时,在辐射热、热波及水蒸气的作用下,可能发生沸腾突溢,造成更严重的损失。

二、欧洲事故统计

欧洲环境安全组织(Conservation of Clean Air and Water in Europe,Concawe)根据泄漏事故发生的原因,统计了2006—2010年欧洲各输油管线的泄漏事故,见表2-4。

欧洲输油管线泄漏事故概率统计 表2-4

统计参数		年份(年)					合计	占比
		2006	2007	2008	2009	2010		
机械失效	结构失效	2	0	2	1	0	5	12%
	材料失效	4	0	5	3	2	14	33%
操作失误	系统失误	0	0	0	0	0	0	—
	人为失误	0	0	0	0	0	0	—
腐蚀	外部	0	1	1	0	1	3	7%
	内部	2	1	0	0	0	3	7%
	应力开裂	0	0	0	0	0	0	—
自然灾害	沉降	0	0	0	0	0	0	—
	洪水	0	0	0	0	0	0	—
	其他	0	0	0	0	0	0	—

续上表

统计参数		年份(年)					合计	占比
		2006	2007	2008	2009	2010		
第三方事故	偶然事故	2	4	4	0	1	11	26%
	恶意事故	2	2	0	0	0	4	10%
	附带事故	0	1	1	0	0	2	5%
管线泄漏合计		12	9	12	5	4	42	100%

由表2-4中可知，欧洲输油管线泄漏量呈现出逐年下降的趋势，引起事故的主要原因分别是第三方事故、机械失效和腐蚀。在机械失效中材料失效以及第三方事故中的偶然事故占有很大的比例。导致这一现象主要是由于欧洲管线建设早，存在运营时间长、管材老化等问题。

三、我国事故统计

1970—1990年，我国共发生泄漏事故628次，具体统计见表2-5。

国内油品储运事故统计　　表2-5

事故原因	次　数	占总事故百分率
设备故障	190	30.3%
腐蚀	134	21.3%
违规操作	129	20.5%
外力破坏	52	8.3%
施工问题	38	6.1%
质量问题	15	2.4%
其他	70	11.1%

由表2-5中可知，造成我国油品储运事故的主要原因为设备故障、腐蚀和违规操作，占总事故发生次数的比例分别为30.3%、21.3%和20.5%。

通过相关文献对国内外发生的83起石油储罐火灾案例进行统计与分析，总结出导致储罐火灾的主要原因为：雷击(22.9%)、溢油或泄漏(19.3%)、检修安全措施不到位(15.7%)、静电(12.0%)、轻组分或高温油进罐(9.6%)、硫化亚铁自燃(6.0%)、违章操作(4.8%)、储罐浮顶沉没(2.4%)、其他诸如未使用防爆灯等(7.3%)。

从以上事故统计可以看出，违规操作、设备故障和制造缺陷在造成储罐事故的因素中比例较高，造成管线事故的主要因素有外力、腐蚀、焊接与材料缺陷、设备与操作等。储罐易发生事故的部位主要集中在罐壁、罐顶和罐内，其中制造缺陷主要有弯头材料缺陷导致的弯头失效、焊接缺陷、凸缘材质问题等，设备故障主要有凸缘垫圈老化、油位自动报警器故障、平衡管阀门爆裂等。

第四节　储罐安全风险分析

一、风险分析评价方法

风险分析与评价研究最初起源于20世纪60年代，应用于美国军事工业，之后逐渐被世界各国引用，在安全领域发挥了巨大作用。风险评价理论被迅速扩展至石油、航空航天及化工等多个领域，形成了多种定性或定量的研究方法，如六阶段安全评价法、安全检查表法（SCA）、预先危险性分析（PHA）、故障模式影响分析（FMEA）、事故树分析法（FTA）、危险与可操作性研究（HAZOP）、致命度分析（CA）、道化学火灾和爆炸危险指数评价法、作业条件危险性评价法（LEC）等。这些定性或定量的分析与评价方法保证了设计阶段到运行阶段的安全。常用风险分析评价方法的特点比较见表2-6。

常用风险分析评价方法比较　　表2-6

方　法	定性定量	评价目标	适用范围	优缺点	评价效果
安全检查表法	定性	危险有害因素分析，安全等级确定	设计、验收、运行、管理、事故调查	简便、易于掌握，编制检查表难度大，工作量大	可发现与规程不符合处
故障模式影响分析	定性定量	评价危险有害因素对系统的影响，划分故障等级	设计阶段	简便易行，受分析评价人员主观因素影响	准确性较高
事故树分析法	定性定量	事故原因，触发条件，引起事故各因素的逻辑关系，事故发生概率	石油生产、储存、运输、处理系统风险分析	复杂、精确、工作量大，若事故树编制有误，容易失真	准确性较高，评价过程客观
道化学火灾和爆炸危险指数评价法	定性定量	火灾爆炸事故危险性等级，事故损失	石油生产、储存、运输、处理的工艺过程	大量使用图表，简洁明了，参数取值宽，因人而异，只能对系统整体宏观评价	综合分析，可评定装置、单元危险性等级

续上表

方　法	定性定量	评价目标	适用范围	优缺点	评价效果
六阶段安全评价法	定性	危险性等级	石油储运企业和相关装置	综合应用几种方法反复评价,工作量大	评价系统危险性等级和危险类别,不能定量结论
作业条件危险性评价法	定性	危险性等级	石油生产作业条件及危险源辨识分析	相对简单,可用于危险源辨识,不能进行定量评价	为后续评价打下基础

由表2-6可以看出,安全检查表法只能进行定性的分析。故障模式影响分析只适用于设计阶段。道化学火灾和爆炸危险指数评价法较为烦琐,评价周期较长,且对企业日常数据采集与设备档案管理工作要求较高。往往许多企业达不到要求,易受主观因素影响,适宜对系统整体宏观评价。六阶段安全评价法和作业条件危险性评价法均为定性分析方法,只能对危险性等级进行评价,不能作定量结论。事故树分析法可用于既定生产系统或作业中可能出现的事故条件及可能导致的灾害后果,按工艺流程或因果关系绘成程序方框图,反映引起事故各因素的逻辑关系。事故树分析法通过计算结构重要度,可客观评价系统风险,为风险防范提供参考和依据。泄漏事故及火灾爆炸事故的事故树如图2-2、2-3所示,各事故树编号代表的事件如表2-7、2-8所示。

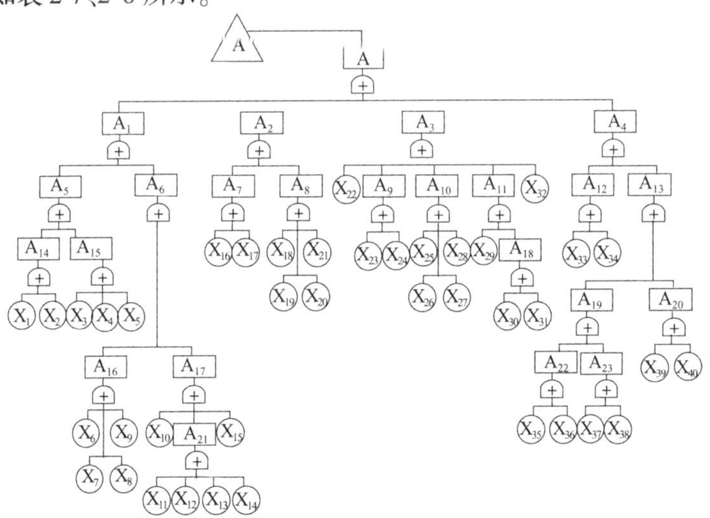

图2-2　泄漏事故树

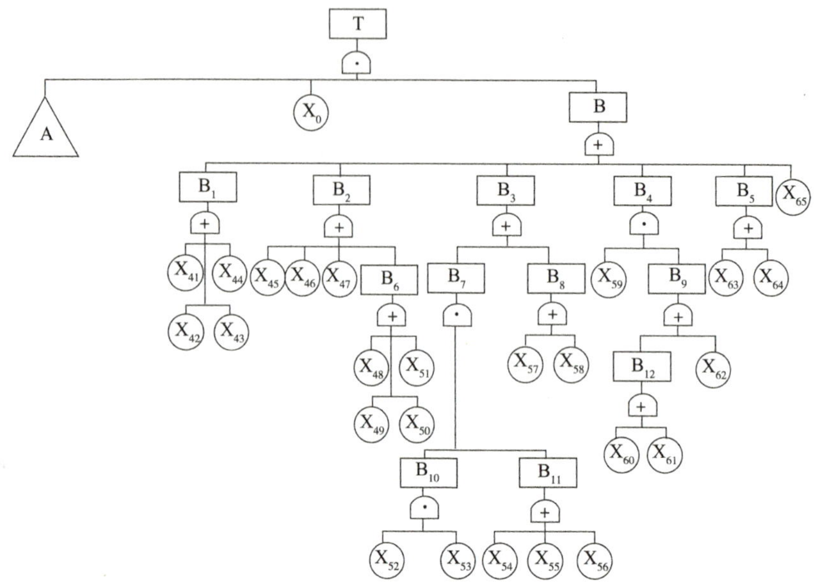

图 2-3　火灾爆炸事故树

泄漏事故事件表　　表 2-7

编号	事　件	编号	事　件
A	储物泄漏	A_{13}	扰性连接器泄漏
A_1	管道泄漏	A_{14}	接头破损
A_2	阀体泄漏	A_{15}	接头填料不合格
A_3	罐体泄漏	A_{16}	破坏泄漏
A_4	燃气泄漏	A_{17}	界面泄漏
A_5	接头泄漏	A_{18}	埋地罐底基下沉
A_6	法兰泄漏	A_{19}	卸车软管泄漏
A_7	阀体泄漏	A_{20}	波纹管泄漏
A_8	阀杆泄漏	A_{21}	密封垫片与法兰密合不严
A_9	外溢	A_{22}	软管接头泄漏
A_{10}	腐蚀	A_{23}	软管脱落泄漏
A_{11}	与管道连接处泄漏	X1	管道内介质腐蚀
A_{12}	泵泄漏	X2	外界环境影响

续上表

编号	事　　件	编号	事　　件
X3	填料老化	X22	操作用力过猛
X4	填料杂论	X23	焊接缺陷
X5	填料过脏	X24	过量充装
X6	法兰中心不在同一线上	X25	外界温度升高导致外溢
X7	法兰连接螺栓松紧不均	X26	地基不合格
X8	密封垫片偏装	X27	外界施工
X9	法兰界面与管子中心线不垂直	X28	储罐材质不合格
X10	法兰结合面粗糙	X29	没有阴极保护
X11	法兰结合面塑性变形回弹力下降	X30	阴极保护失效
X12	热变形	X31	防腐保护层不符合要求
X13	机械振动	X32	槽车罐体受外力撞击
X14	垫片材料老化龟裂及变质	X33	泵和电机不同轴
X15	接口磨损	X34	泵与管道连接不严密
X16	密封垫片压紧力不足	X35	软管接头腐蚀
X17	阀体均匀腐蚀	X36	软管接头磨损
X18	阀体裂纹沙眼	X37	卸车压力过大
X19	阀杆加工不光滑	X38	软管未接好
X20	阀杆弯曲	X39	波纹管接头腐蚀
X21	阀杆腐蚀	X40	波纹管老化未更换

火灾爆炸事故事件表　　表 2-8

编号	事　　件	编号	事　　件
B	点火源	B_7	罐体静电
B_1	明火	B_8	人体静电
B_2	电气火花与高温	B_9	避雷失效
B_3	静电火花	B_{10}	油罐静电积聚
B_4	雷电火花	B_{11}	接地损坏
B_5	撞击火花	B_{12}	避雷器失效
B_6	电气短接	X0	储物达到火灾爆炸极限

续上表

编号	事　　件	编号	事　　件
X41	违章动火	X54	接地电阻不合格
X42	烟头	X55	接地线损坏
X43	汽车排烟带火	X56	未安装接地装置
X44	生活用火	X57	未穿防静电服
X45	电气设备选型不当	X58	作业中与导体接触
X46	防爆设备失灵	X59	雷击
X47	变压器故障火花	X60	接地电阻超标
X48	开关设备短接	X61	接地线损坏
X49	私拉照明电线	X62	防雷设施不齐全
X50	电线短路	X63	使用铁质工具作业
X51	其他电气短路	X64	穿钉鞋进入危险区
X52	液体冲击金属罐壁	X65	其他火源
X53	流速过快		

二、储罐安全风险分析

储罐的特性决定了储罐的风险一直伴随着生产运行过程。为确保安全使用，基于本质安全考虑，在储罐的设计和施工过程中，根据相关国家规范及标准，相应地规避了可能影响安全运行的风险。但是，在实际运行过程中，由于自然力、设计和制造缺陷、维护管理不当及人为失误等原因，不可避免地存在风险，而且有些风险无法从根本上消除。根据实践经验，储罐区域主要存在泄漏、火灾、爆炸、胀罐、瘪罐和浮顶沉盘、凝管、中毒、伤害等安全风险，导致这些安全风险的因素包括设备因素、环境因素、管理因素和人的因素。

1. 设备因素

储罐区的储罐、管线、泵、阀门等都是重要生产设备，一旦出现问题，会影响生产的安全性，因此要实时掌握设备运行情况，保证设备在安全状态下运行。以下针对储罐区生产中的主要设备安全风险影响因素进行分析。

(1)储罐。

储罐是储罐区储运系统的主要设施之一。储罐在长期运行状态下可能存在的风险因素包括：液位计失灵，计量不准确；罐体的变形和渗漏。储罐进出危险货物过程中，需要控制储罐内物质的液位。液位计受危险货物黏度等其他因素影响，有

时不能显示数据或显示错误数据，极易造成液位多留或少留的情况，造成缺货少液或多货浮顶外溢，对安全生产造成极大的威胁。储罐在长时间运行中，部分部件会产生变形，甚至二次密封处可清楚看到油品，如果发生雷暴，会对储罐的安全运行造成威胁。储罐外侧边缘板腐蚀、罐底板腐蚀、罐壁-罐底板焊缝开裂和储罐底板沉降或基础损坏等都会造成储罐渗漏，将会直接危及港区储罐区的安全运行。

(2)管线及附属设施。

管线是输送危险货物的关键设备，管线上的阀门更是关键节点。如果管线和阀门出现问题，就会造成憋压、断裂、泄漏等事故的发生。因此，管线和阀门的正常运行对于港口储运作业安全有重要影响。

泵是港区输送危险货物的动力设备，是整个输运系统的核心。现有泵通常为离心泵或螺杆泵，可能会产生影响安全生产的风险因素。在泵运转情况下，泵体出口压力的变化异常、设备高速运转产生的振动与设备零部件的共振、泵体的抽空，以及联轴器的动态变化异常都会对泵的安全运转造成影响，一旦发生压力过高、共振较大、抽空严重、串轴等现象就会引发安全事故。泵在运转过程中，如果操作与维护不当，容易出现跑、冒、滴、漏等常见的缺陷，不但会影响泵的稳定性，造成设备污染腐蚀，甚至有可能发生设备损坏和人身伤亡事故。

安全设备设施主要包括消防系统、防雷系统、监测系统。消防系统主要有水消防系统、泡沫消防系统，另外还包括消防监测系统。码头及储罐区防雷系统主要指避雷针和良好的接地等。监测系统主要由液位计、压力仪表、温度计等监测设备构成，实时对储罐及管线的各种物理参数进行监测。安全设备设施可以在灾害发生的早期阶段消除事故或最小化事故，保持安全设备设施的正常运行对保障储罐的安全有重要作用。

2.环境因素

(1)自然环境。

我国部分地区昼夜温差较大，温差大容易导致设备和管道出现应力破裂、冻裂。同时，夏季高温不仅会导致储罐温度升高、油气蒸发和沸溢，还可能导致危险货物泄漏、火灾、爆炸事故。此外，雷击、洪水和地震等自然因素也可能对储罐区造成损害。

(2)周边环境。

周边环境因素带来的危害也不容忽略。通常，储罐区与其他生产设施邻近，突发情况下的影响是相互的。部分储罐区周边还存在居民生活区等人员密集场所，学校、医院等公共设施，饮用水源、水厂以及水源保护区，基本农田保护区，渔业水域以及种子、种畜禽、水产苗种等生产基地，河流、湖泊、风景名胜区，自然保护区，或者军事禁区、军事管理区等场所。这些区域通常对动火作业要求并不是很严格，可能存在点火源，对储罐区的安全影响不容忽视。同时储罐区一旦发生泄漏扩散事故或火灾爆炸事故，将对周边环境造成严重破坏和不良影响。

3. 管理因素

安全管理在很大程度上避免了各类事故的发生。但是如果系统不完善、制度不健全、执行力度不够，将导致各种危险隐患滋生和蔓延。具体的操作规程和各项规章制度可以改善以往的不足，并且各层级和岗位都应严格落实。安全管理不善主要表现在：

(1)未制订严格、完整的安全管理规章制度或执行力度不够；

(2)对储存和运输货种的性质(理化性质、危险特性等)以及储运的安全知识缺乏了解；

(3)缺乏对储存、运输以及生产设备设施安全可靠性的检验分析和评估；

(4)对生产设备设施，特别是与危险货物有关的压力容器、压力管道及附件存在的质量缺陷或事故隐患，没有及时检查和治理。

安全管理对于液化烃、油品或液体化学品储运生产尤为重要。如果安全管理不善，随时可能导致液化烃、油品或液体化学品发生泄漏、火灾爆炸等重大事故的发生。

4. 人的因素

据资料统计，70%以上的事故是由于人的不安全行为引起的，因而控制和减少人的不安全行为是防止事故发生的有效途径。人的因素主要包括心理、生理性危险因素和行为性危险因素。

(1)心理、生理性因素。主要表现为负荷超限(体力负荷超限、听力负荷超限、视力负荷超限、其他负荷超限)，健康状况异常，从事禁忌作业，辨识功能缺陷(感知延迟、辨识错误、其他辨识功能缺陷)，心理异常(情绪异常、冒险心理、过度紧张、其他心理异常)等，增加了事故发生的可能性。

(2)行为性危险因素。行为性危险因素主要表现为指挥错误(如指挥失误、违章指挥等)，操作失误(如误操作、违章作业、违反劳动纪律、不熟悉操作规程或不严格按操作规程作业，例如船舶、码头和储罐区之间的通信联络及交流有误或衔接不当)，监护失误(如思想麻痹、粗心大意等)，违反劳动纪律(如作业人员不认真执行设备检修维护及现场巡检等安全管理规章制度，未能及时发现事故隐患并加以解决)等。包括作业人员和管理人员，一旦出现上述失误，随时可能发生危险货物泄漏、火灾、爆炸等重大事故。

三、储罐风险识别

初步危险性分析(简称 PHA)是开始某项工作之前(包括设计、施工、生产、维修等),对系统进行的初步或初始分析以实现系统安全的一种定性评价方法,其目的是识别系统中的潜在危险,确定其危险等级,防止危险发展成事故。

预测可能造成事故的危险或危害程度,确定危险、有害因素后果的危险等级。危险、有害因素后果划分为四个危险等级:

Ⅰ级,安全的,可以忽略的;

Ⅱ级,临界的,处于事故边缘状态,暂时尚不能造成人员伤亡和财产损失,应予排除或采取措施;

Ⅲ级,危险的,会造成人员伤亡和系统破坏,要立即采取防范对策、措施;

Ⅳ级,破坏性的,造成人员重大伤亡和系统严重破坏,必须予以果断排除,并进行重点防范。

1. 设备设施风险识别

在设备设施风险识别中,主要是识别罐体、储罐与管线的连接、排污阀、呼吸阀阻火器、进出罐阀门、量油口、罐体基础、电气设备、配电系统、防雷防静电设备、外来车辆等的风险。这些设施一旦不能发挥原有的功能,就会造成相应的事故发生。设备设施风险见表 2-9。

设备设施风险识别　　表 2-9

设备设施	未达到标准的状态	可能造成的后果	危险等级
罐体基础	基础开裂、下沉	储罐损坏、储物泄漏	Ⅱ
储罐防腐	防腐层涂抹不均匀、鼓泡、有死角	造成罐体腐蚀穿孔、储物泄漏、污染环境和地下水	Ⅱ
储罐罐体保温	低温季节罐内储物黏稠	罐内储物发生凝结,流动性差,经营活动无法正常进行	Ⅱ
储罐管线连接	储罐无挠性连接	地震和罐区不均匀沉降导致管线断裂、泄漏	Ⅱ
储罐量油口	导尺槽采用易产生火花的金属制作	检查过程中可能产生碰撞火花而引起储物燃烧爆炸	Ⅱ
储罐静电接地	接地体接触不良	静电打火可能导致火灾爆炸事故发生	Ⅱ

续上表

设备设施	未达到标准的状态	可能造成的后果	危险等级
液位监测报警系统	故障	发生冒顶等泄漏事故	Ⅱ
防雷防静电等防护措施	故障	发生火灾爆炸事故	Ⅲ
防火堤墙体	墙体松散、不结实、不能有效承受一定的正压，墙体上有孔洞	危险货物大量泄漏或雨水大量聚集时可能造成防火时下体崩裂，泄漏危险货物从孔洞中流出	Ⅱ
防火堤基础	基础开裂、基础下沉	储罐一旦发生泄漏，泄漏储物流出防火堤，造成事故扩大化	Ⅱ
防火堤人行踏步	人行踏步不满足人员正常行走和应急要求	人员伤害或应急时不能正常逃生	Ⅱ
电气设施	不防爆或故障运行	发生火灾爆炸事故	Ⅲ
消防通道	消防通道的设置不能完全满足《石油库设计规范的要求》	应急救援不能有效实施	Ⅱ
汽车	汽车产生火星	发生火灾爆炸事故	Ⅱ

2. 作业活动风险识别

在作业活动风险识别中，主要的高风险活动是储罐清洗作业、开关阀门作业、储物采样作业、计量作业。储罐清洗作业主要涉及入罐操作，风险为罐内残留物和气体、操作人的身体健康和培训情况、人孔盖等。开关阀门作业的风险包括人为原因造成的阀门泄漏储物、使用不防爆的扳手等。储物采样作业的风险涉及人员携带静电、储物的挥发性、人体的带电性、采样工作面积小等。计量作业中的主要风险是人体的带电性、储物的挥发性、计量尺、入孔盖、梯阶、平台积水、结冰、罐体平台小等。主要作业活动风险见表2-10。

作业活动风险识别 表2-10

作业活动	未达到标准的状态	可能造成的后果	危险等级
计量作业进入储罐区	人体带静电	人体静电可能引发火灾和爆炸事故	Ⅲ
计量作业下尺	尺与罐体碰撞，罐内储物和其蒸气有毒	产生碰撞火花，有毒物质造成作业人员中毒	Ⅲ
油品采样作业进入储罐区	油品、人体带静电	人体静电可能引发火灾和爆炸事故	Ⅲ

续上表

作业活动	未达到标准的状态	可能造成的后果	危险等级
罐顶采样	罐顶作业面小，储物蒸气泄漏	高处坠落、中毒，遇点火源发生火灾爆炸事故	Ⅲ
计量作业中揭开量油孔盖	量油孔盖	划伤手、砸伤腿脚、产生碰撞火灾	Ⅳ
计量作业提尺	尺与罐体碰撞，量油尺上带油	发生火灾爆炸事故	Ⅲ
清洗储罐作业中卸下人孔盖	人孔盖与罐体打火、静电打火	火灾爆炸	Ⅲ
清洗储罐作业中管道加盲板封堵	盲板封堵缺陷、储物泄漏	发生泄漏事故和中毒事故	Ⅲ
焊接、切割等动火作业	使用电器不防爆或违章作业	发生火灾爆炸事故	Ⅳ
装卸船工艺	流速过快，储物泄漏，开关阀门作业中取扳手，扳手不防爆	泄漏事故，中毒窒息，产生静电发生火灾爆炸事故	Ⅳ
铁路装卸工艺			
汽车装卸工艺			
扫线工艺			
倒罐工艺			
油气回收工艺			

第五节　港口储罐事故危害后果分析

一、港口储罐事故危害后果

根据港口储罐及管线的工艺流程，对风险辨识及事故类型与特点进行分析，可以看出储罐区事故主要集中在储罐与管线两部分。目前，事故类型可以分为泄漏事故、火灾事故(池火、喷射火、火球)、爆炸事故(蒸气云爆炸、沸腾液体扩展蒸气爆炸、物理爆炸)、中毒事故等。储罐存储的物质往往具有易燃、易爆、有毒等危险特性，当储罐的建设地点及外界条件不同时，可能发生不同类型的安全事故，如图2-4所示。

二、典型港口储罐及管线事故后果和危害

以苯、液化石油气(LPG)作为研究对象进行模拟，分析事故后果及危害。

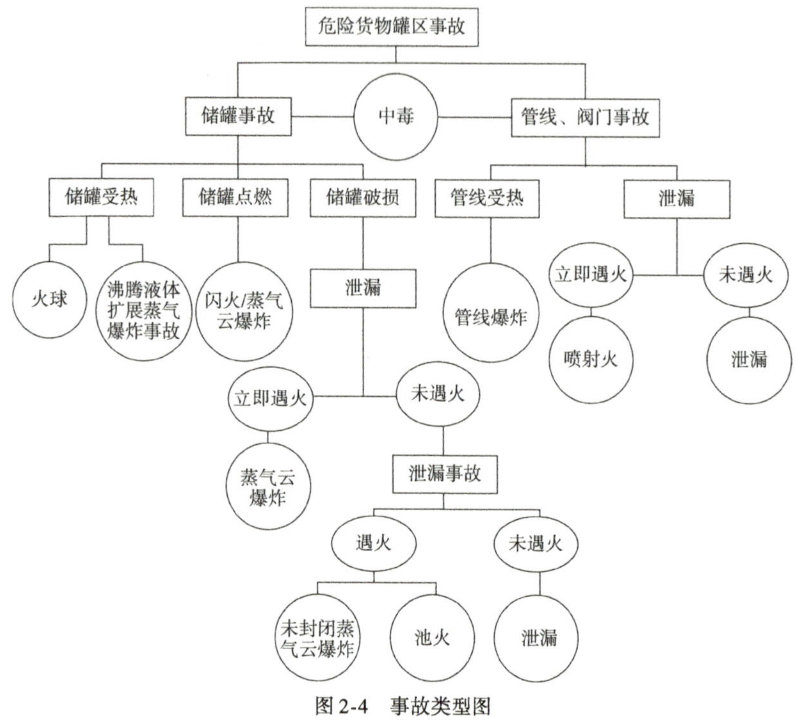

图 2-4　事故类型图

1. 苯储罐的事故模拟

(1)苯的危险性分析。

①燃烧猛烈,放热量大。

苯燃烧速度快,燃烧猛烈,放热量大。苯燃烧速度为165.37kg/(m^2·h),比汽油的燃烧速度[91.98kg/(m^2·h)]快得多;苯燃烧的热值为40260 kJ/ kg ,与汽油的燃烧热值(43510kJ/ kg)相当。

②现场毒性大,易造成人员伤亡。

苯沸点低(80.1℃),密度小(0.88g/cm^3),气化速度快,气化后毒性大。人吸入较高浓度的苯会引起急性中毒,对中枢神经系统有麻醉作用,甚至会因中枢系统麻痹而死亡。苯已被确定为致癌物,苯引起的白血病是我国法定的职业性肿瘤之一。此外,苯发生火灾时,通常为不完全燃烧,产生一氧化碳、二氧化碳、碳等有毒有害物质,这些物质都易造成人员窒息伤亡。

③污水毒性大,易污染环境。

苯火灾事故处置时常用水冷却、泡沫灭火,产生的污水中含大量有毒有害物质。污水经地表流入江湖、河流中,易造成环境污染。

④爆炸危险性高,危害大。

苯气化速度快,气化后不但毒性大,而且易引发化学爆炸,爆炸能量大、危害大。苯的爆炸上限体积分数为8%,下限为1.2%。当苯蒸气体积分数达到爆炸范围时,遇火源会发生爆炸。苯的引爆能量小,点火能仅为0.2 mJ,遇电器设备点火源、静电火花放电、雷电和金属撞击火花等,都可能发生爆炸。

(2)模拟对象基本情况。

本次模拟以某危险货物罐区进行模拟,风速选取1.5m/s,分别选取白天和夜晚,对发生事故时所产生的后果进行模拟分析。模拟苯储罐参数见表2-11。

苯储罐参数 表2-11

罐号	存储介质	规格(m^3)	检尺口高(m)	浮盘高度(m)	浮盘质量(kg)	安全高度(m)	单位高度质量(kg/m)	抽出口高度(mm)	加温范围
CJ305	苯	2000	13.368	1.8	1875	11.5	120	550	不加温

(3)模拟内容。

苯泄漏会产生爆炸、中毒、火灾(闪火、池火灾、火球)事故,这些事故的影响区域大小取决于泄漏源的情况、气象条件等。利用软件能够根据危险化学品的泄漏情形和气象条件对事故进行模拟,并用图像、文字的方式描述不同危害程度的范围和区域(表2-12)。苯在运输、储存和设备检修过程中均存在一定的危险性,苯储罐及其管道、阀门的意外破损、爆裂将导致苯的大量泄漏,若未采取安全措施,容易引起火灾、爆炸和中毒事故的发生。

事故情景 表2-12

泄漏源		中毒情景	火灾情景	爆炸情景
直接	直接泄漏	毒气蒸气云	燃烧区域(闪火)	蒸气云爆炸
液池	蒸发	毒气蒸气云	燃烧区域(闪火)	蒸气云爆炸
	燃烧(池火)		池火	
罐	不燃烧	毒气蒸气云	燃烧区域(闪火)	蒸气云爆炸
	燃烧		喷射火或闪火	
	BLEVE		BLEVE(火球或池火)	
气体管道	不燃烧	毒气蒸气云	燃烧区域(闪火)	蒸气云爆炸
	燃烧(喷射火)		喷射火	

本次苯储罐泄漏的模拟内容为苯储罐大孔泄漏时所产生的扩散、火灾爆炸以及毒性扩散的结果。

(4)模拟结果及危险性分析。

对于不同的事故场景,影响事故后果的物理参数也不同:火灾事故主要是热辐射通量,爆炸事故主要是冲击波超压,中毒事故主要是毒性物质浓度。事故后果分析的目的就是计算热辐射通量、冲击波超压以及毒性物质浓度的空间分布,然后根据这些数据进一步确定人员伤亡或财产损失情况,评估事故后果。

(5)大孔泄漏事故模拟。

本次模拟假设泄漏高度为1m,泄漏孔径为100mm,在白天风速为1.5m/s,随着泄漏时间的变化,其扩散、喷射火焰、爆炸、毒性等模拟结果如下:

①扩散。

随着时间推延,泄漏出来的苯形成的云团沿着风向,不断扩大,浓度为80000ppm沿下风向最远扩散距离为15.7m,浓度为12000ppm沿下风向最远扩散距离为157.5m,浓度为6000ppm沿下风向最远扩散距离为225.0m。

②喷射火焰。

假如在苯泄漏时遇到明火,则会形成喷射火焰,喷射火焰强度37.5kW/m^{2}沿下风向最远距离为90m,喷射火焰强度12.5kW/m^{2}沿下风向最远距离为109.5m,喷射火焰强度4kW/m^{2}沿下风向最远距离为140m。

③爆炸。

随着泄漏的进行,当遇到点火源时则会发生爆炸事故。由模拟图可以看出,在爆炸的最坏情况下,压力为2.068kPa距离苯罐下风向最远爆炸距离为270m。压力为13.790kPa距离苯罐下风向最远爆炸距离为287m。压力为20.685kPa距离苯罐下风向最远爆炸距离为569.7m。超压级别与破坏程度的对应关系见表2-13。

超压级别与破坏程度的对应关系 表2-13

超出表压(kPa)	爆炸冲击波产生的危害
2.068	“安全距离”;对房屋天花板有些损坏;10%的窗户玻璃被破坏;对房屋有轻度破坏,在此距离内的人员也可能受轻伤
13.790	墙和屋顶局部倒塌,对房屋有重度破坏,不能居住,人员会有重伤危险
20.685	工业建筑的重型机器遭到轻微破坏;钢边框建筑被破坏并且从地基处被拉出;可摧毁房屋,人员则有死亡危险

④毒性。

随着泄漏量不断增加,距离泄漏点25m位置开始至175m致死率达到100%;99%致死率浓度沿下风向最远扩散距离为180m,10%致死率浓度沿下风向最远扩

散距离为 199.2m,1% 致死率浓度沿下风向最远扩散距离为 204.8m。

2. LPG 储罐事故模拟

(1)LPG 的危险性分析。

①易爆。

液化石油气(LPG)第一个特点也是最大的特点就是其具有易爆性。一般当发生液化石油气安全事故的时候都会出现爆炸的情况,而且会在燃烧之前爆炸。主要的原因是因为液化石油气的热值比较高,单单从热值来比较,液化石油气要比普通煤气的热值高出好几倍,所以当液化石油气出现安全事故时就会出现爆炸的情况。在爆炸之后则会出现燃烧现象,液化石油气的燃烧也与爆炸的威力相似,破坏性大。

②易燃。

液化石油气具有石油的主要成分,这些成分包括丙烷、丁烷、丙烯、丁烯等,都是典型的烃类化合物,也具备烃类化合物最大的特点——易燃性。而且液化石油气成分中包含的这些烃类化合物闪点和自燃点都是非常低的,很容易引起燃烧。

③有毒。

液化石油气是一种有毒性的气体,但是这种毒性的挥发是有一定条件的。只有当液化石油气在空气中的浓度超过了 10% 时才会让人体出现不适反应。当人体接触到这样的毒性气体之后就会出现呕吐、恶心甚至昏迷的情况,给人体带来极大的伤害。

④易流淌。

液化石油气是非常容易流淌的,一旦出现泄漏液化石油气就会从储存器里流淌出来。而且一般情况下 1L 的液化石油气在流淌出来后就会挥发成 350L 左右的气体,这些气体在遇到火源的时候就会产生燃烧的现象,造成严重的火灾。

(2)模拟对象基本情况。

本次模拟对象选择 $500m^3$ 常温高压 LPG 球罐,设计压力为 2MPa。

泄漏事故后果评价的典型事故情景构成及输入参数见表 2-14。

典型事故情景构成及输入参数 表 2-14

泄漏源	管道泄漏
泄漏半径(mm)	100
工作温度(℃)	15
工作压力(MPa)	2

续上表

泄 漏 源	管道泄漏
风速(m/s)	5.2
大气稳定度(级)	D
泄漏方式	连续泄漏
可能的火灾模式	池火、爆炸

(3)计算结果及分析。

对池火灾、爆炸等可能发生的火灾、爆炸模式,运用PHAST的相应模型,按程序输入所需参数,计算后对报告和图表进行数据提取并加以分析、整理得到事故危害程度的评价结果。

①泄漏扩散。

随着时间推延,泄漏出来的LPG形成的云团沿着风向,不断扩大。

②喷射火。

假如在LPG泄漏时遇到明火,则会形成喷射火焰,喷射火焰强度37.5kW/m^{2}沿下风向最远距离为162.3m,喷射火焰强度12.5kW/m^{2}沿下风向最远距离为181.8m,喷射火焰强度4kW/m^{2}沿下风向最远距离为218.4m。

③爆炸。

随着泄漏的进行,当遇到点火源则会发生爆炸事故,爆炸的最坏情况下,压力为20.68kPa距离LPG罐下风向最远爆炸距离为670m,压力为13.79kPa距离LPG罐下风向最远爆炸距离为700m,压力为2.068kPa距离LPG罐下风向最远爆炸距离为1320m。

第六节 典型储罐事故案例分析

一、国外典型事故案例分析

1.印度博帕尔泄漏事故

1984年12月3日在印度博帕尔发生的甲基异氰酸酯泄漏事故是迄今为止最严重的工业安全事故。根据报道,当地80万人口中约有20万人暴露于有毒气体中,并在事故发生后两天内,约有5000人死亡,最终死亡总人数约有2万人,需要接受长期治疗的约有6万余人。经过调查,事故原因主要有以下几方面。

(1)管理原因:工厂位置不合适,工厂建造在城市近郊;未按本质安全的原则进行工厂操作,如大量存储危险物质;未按操作要求操作,储罐液位超标;停掉工艺要求的报警系统;应急反应效率低。

(2)设备原因:洗涤器和喷淋水系统不能达到实际效果要求。

(3)人员原因:不按操作程序要求操作;在事故开始时,操作员忽略泄漏并在泄漏发生 2h 后才发出警报。

2. 美国宾夕法尼亚州储罐开裂事故

1988 年 1 月,美国宾夕法尼亚州某石油公司一座圆锥顶柴油储罐垂直方向开裂,1480m^3柴油全部流淌出来,底座向上位移 30cm,储罐完全坍塌,约 290m^3的柴油从防火堤溢出,经应急排水沟流入俄亥俄河,未造成人员伤亡。

事故原因:罐壁焊缝热影响区有一个硬币大小的缺陷,通过金相分析,该缺陷在储罐组焊前就存在,焊接促进了缺陷脆化,而事故当天温度较低(3℃),成为低温脆化的外因。当柴油注满储罐时,在液体静压力与焊接残余应力共同作用下,缺陷迅速扩展进而全部破裂。

3. 英国邦斯菲尔德油库爆炸火灾事故

2005 年 12 月 11 日英国邦斯菲尔德油库发生的爆炸火灾事故,为迄今为止欧洲最大的爆炸火灾事故。事故共烧毁 20 余座大型储油罐,43 人受伤,没有人员死亡,直接经济损失为 2.5 亿英镑。经过调查,事故原因主要有以下几方面。

(1)管理原因。对于某些处于非正常工作状态的设备检查不及时,响应缓慢,如储罐入口的自动切断阀和管线入口的控制阀等。储罐的结构设计(如罐顶的设计)不合理,在一定程度上加剧了蒸气云的形成。储罐区应急设施(如消防泵房等)的选址和保护措施不合理。

(2)设备原因。912 号储罐的自动测量系统(ATG)失灵,储罐装满时,液位计显示在储罐的 2/3 液位处,ATG 报警系统未能启动,储罐独立的高液位开关也未能自动开启切断储罐的进油阀门,致使油料从罐顶溢出,从罐顶泄漏的油料外溢,挥发形成蒸气云,遇明火发生爆炸。

(3)邦斯菲尔德油库的三级设防无效。由于一级设防的缺陷使外溢的油料瀑布状倾泻,加速了蒸气云的形成,二级和三级设防主要是用于环境保护,但由于泄漏的油料形成大面积池火,高温破坏了防火堤,致使防火堤围墙倒塌和断裂,殃及第三级设防,大量的油料和消防泡沫流出库区。

(4)部分电子监控器以及报警设备处在异常运行状态。储罐和管道系统附近的可燃气体检测仪器不灵敏。

二、国内典型事故案例分析

1. 大连"7·16"特别重大输油管道爆炸火灾事故

2010年，大连中石油国际储运有限公司"7·16"特别重大输油管道爆炸火灾事故，造成原油大量泄漏并引起火灾，部分原油、管道和设备烧损，另有部分原油泄漏流入附近海域造成污染，事故造成1名作业人员轻伤、1名失踪，在灭火过程中，1名消防战士牺牲、1名受重伤，造成直接经济损失22330.19万元人民币。

事故的主要原因是中石油国际事业有限公司（中国联合石油有限责任公司）子公司大连中石油国际储运有限公司，同意中油燃料油股份有限公司委托上海祥诚公司使用天津辉盛达公司生产的含有强氧化剂过氧化氢的"脱硫化氢剂"，违规在原油库输油管道上进行加注"脱硫化氢剂"作业，并在油轮停止卸油的情况下继续加注，造成"脱硫化氢剂"在输油管道内局部富集，发生强氧化反应，导致输油管道发生爆炸，引发火灾和原油泄漏。

2. 山东青岛"11·22"输油管道火灾爆炸事故

2013年11月22日，位于山东省青岛经济技术开发区的中国石油化工股份有限公司管道储运分公司东黄输油管道泄漏原油进入市政排水暗渠，油气在密闭空间的暗渠内积聚遇火花发生爆炸，造成62人死亡、136人受伤，直接经济损失75172万元人民币。经过调查，事故原因主要有以下几方面。

（1）直接原因：输油管道与排水暗渠交汇处管道腐蚀、减薄、破裂，泄漏原油流入排水暗渠，反冲到路面。随后，现场处置人员采用液压破碎锤在暗渠盖板上打孔破碎，产生撞击火花，引发暗渠内油气爆炸。

（2）间接原因：输油管道与城市排水管网规划布置不合理；安全生产责任不落实，对输油管道疏于管理，造成原油泄漏；泄漏后的应急处置不当，未按规定采取预防措施。中石化集团公司及下属企业安全生产主体责任不落实，隐患排查治理不彻底，现场应急处置措施不当。

3. 山东日照石大科技"7·16"爆炸事故

2015年7月16日，山东石大科技石化有限公司（以下简称"石大科技公司"）液化烃球罐在倒罐作业时发生泄漏着火，引起爆炸，爆炸导致两名消防员在事故救援过程中受轻伤，直接经济损失2812万元人民币，造成了极其恶劣的影响。经过调查，事故原因主要有以下几方面。

（1）直接原因：在进行倒罐作业过程中，石大科技公司违规采取注水倒罐置换的方法，并在切水过程中无人现场值守，致使液化石油气在水排完后从排水口泄

出，泄漏过程中的静电放电或消防水带的金属接口及捆绑铁丝与设备或管道撞击产生火花引起爆燃。违规倒罐、无人监守是导致本次事故发生的直接原因。

(2)主要原因：由于厂区没有仪表风，气动阀临时改为手动操作并关闭了6号罐的根部手阀，事故发生后储罐周边火势较大，不能进入现场打开根部手阀、紧急切断阀和注水线气动阀，无法通过向6号罐注水的方式阻止液化石油气继续排出；罐顶安全阀前后手动阀关闭，瓦斯放空线总管在液化烃罐区界区处加盲板隔离，无法通过火炬系统对液化石油气进行安全泄放。重要安全防范措施无法正常使用，是导致此次事故后果扩大的主要原因。

(3)间接原因：石大科技公司安全生产主体责任不落实，企业没有制定倒罐操作规程，未对作业过程进行预先危险性分析，没有安全作业方案，没有进行风险辨识；中国石油大学(华东)安全生产责任制落实不力；负有安全生产监管职责的部门履行安全生产监管职责不到位；地方政府安全生产监管职责落实不力。

4.江苏德桥仓储有限公司“4·22”较大火灾事故

2016年4月22日，江苏德桥仓储有限公司(以下简称“德桥仓储公司”)储罐区2号交换站内进行动火作业，在焊接管道接口凸缘时引燃地沟内可燃物，火势在地沟内迅速蔓延，瞬间烧裂相邻管道，可燃液体外泄，2号交换站全部过火，发生火灾。事故导致1名消防战士在灭火中牺牲，直接经济损失2532.14万元人民币。经过调查，事故原因主要有以下几方面。

(1)直接原因：德桥仓储公司组织承包商在2号交换站管道进行动火作业前，在未清理作业现场地沟内油品、未进行可燃气体分析、未对动火点下方的地沟采取覆盖、铺沙等措施进行隔离的情况下，违章动火作业，切割时产生火花引燃地沟内的可燃物，是此次事故发生的直接原因。

(2)间接原因：

①特殊作业管理不到位。动火作业相关责任人员不按签发流程，不对现场作业风险进行分析，确认安全措施。在《动火作业许可证》已过期的情况下，违规组织动火作业。

②事故初期应急处置不当。现场初期着火后，德桥仓储公司现场人员未在第一时间关闭周边储罐根部手动阀，未在第一时间通知中控室关闭电动截断阀，未在第一时间切断燃料来源，导致事故扩大。德桥仓储公司虽然制订了综合、专项、现场处置预案，并每年组织演练，但演练没有注重实效性，没有开展职工现场处置岗位演练，提升职工第一时间应急处置能力。

③工程外包管理不到位。德桥仓储公司对工程外包施工单位资质审查不严，

未能发现第三方以华东公司名义承接工程;对外来施工人员的安全教育培训不到位,在当年4月21日作业人员进场作业前,巡检员对其教育流于形式,未根据作业现场和作业过程中可能存在的危险因素及应采取的具体安全措施进行教育,考核采用抄写已做好试卷的方式;检查作业现场人员及现场监火人员,都未制止施工人员违章动火作业。

④隐患排查治理不彻底。未按省、市文件要求组织特殊作业专项治理,消除生产安全事故隐患。德桥仓储公司先后因违章动火作业、火灾隐患等多次被有关部门责令整改、处以罚款;2016年3月,2号交换站曾因动火作业产生火情。

⑤公司主要负责人未切实履行安全生产管理职责。德桥仓储公司总经理未贯彻落实上级安监部门工作部署,在全公司组织开展特殊作业专项治理,及时启用新的《动火作业许可证》;对公司各部门履行安全生产职责督促、指导不到位,未及时消除生产安全事故隐患。

5.江苏响水天嘉宜化工有限公司"3·21"特别重大爆炸事故

2019年3月21日,位于江苏省盐城市响水县生态化工园区的天嘉宜化工有限公司(以下简称"天嘉宜公司")发生特别重大爆炸事故。事故造成78人死亡、76人重伤、640人住院治疗,直接经济损失198635.07万元。经过调查,江苏响水天嘉宜化工有限公司"3·21"特别重大爆炸事故是一起长期违法储存危险废物导致自燃,进而引发爆炸的特别重大生产安全责任事故,事故原因主要有以下几方面。

(1)直接原因:天嘉宜公司旧固废库内长期违法储存的硝化废料持续积热升温导致自燃,燃烧引发硝化废料爆炸。天嘉宜公司旧固废库内储存的硝化废料,最长储存时间超过7年。在堆垛紧密、通风不良的情况下,长期堆积的硝化废料内部因热量累积,温度不断升高,当上升至自燃温度时发生自燃,火势迅速蔓延至整个堆垛,堆垛表面快速燃烧,内部温度快速升高,硝化废料剧烈分解发生爆炸,同时殉爆库房内的所有硝化废料,共计600吨袋(1吨袋可装约1t货物)。

(2)主要问题:

①天嘉宜公司无视国家环境保护和安全生产法律法规,长期违法违规储存、处置硝化废料,企业管理混乱,是事故发生的主要原因。

②中介机构弄虚作假,出具虚假失实文件,导致事故企业硝化废料重大风险和事故隐患未能及时暴露,干扰误导了有关部门的监管工作,是事故发生的重要原因。

③江苏省各级应急管理部门履行安全生产综合监管职责不到位,生态环境部门未认真履行危险废物监管职责,工信、市场监管、规划、住建和消防等部门也不同

程度存在违规行为。响水县和生态化工园区招商引资安全环保把关不严，对天嘉宜公司长期存在的重大风险隐患视而不见，复产把关流于形式。江苏省、盐城市未认真落实地方党政领导干部安全生产责任制，重大安全风险排查管控不全面、不深入、不扎实。

6. 北海液化天然气有限责任公司“11·2”较大着火事故

2020年11月2日11时45分许，位于广西壮族自治区北海市铁山港（临海）工业区的中石化北海液化天然气有限责任公司（2020年10月1日，由国家石油天然气管网集团有限公司接管运营，营业执照尚未完成变更手续，以下简称“北海LNG公司”），在实施二期工程项目贫富液同时装车工程施工时发生着火事故，截至当年12月2日，事故造成7人死亡、2人重伤，直接经济损失2029.30万元。经调查认定，北海LNG公司“11·2”着火事故是一起在实施二期工程项目贫富液同时装车工程LNG储罐低压泵出口总管动火作业施工过程中发生的LNG喷出着火的较大生产安全责任事故。

（1）直接原因：在实施二期工程项目贫富液同时装车工程TK－02储罐二层平台低压泵出口总管动火作业切割过程中，隔离阀门0301-XV-2001开启，低压外输汇管中的LNG从切割开的管口中喷出，LNG雾化气团与空气的混合气体遇可能的点火能量产生燃烧。经分析，着火源是受低温LNG喷射冲击后绝缘保护层脆化、脱落的线缆可能产生的点火能量。

（2）间接原因：

①0301-XV-2001阀门隔离方式不当。该动火作业按照中石化天然气分公司《关于印发〈天然气分公司用火作业安全管理规定〉的通知》（股份天然气安〔2018〕14号）的规定，属于“特级用火作业”“应进行可靠封堵隔离”。TK-02储罐0301-XV-2001阀门采用仪表逻辑隔离方式，而未采用隔绝动力源的物理隔离方式，出现操作中隔离失效导致事故发生。

②仪表工程师在仪表联锁作业时，未按规定执行仪表联锁审批程序和操作程序。在仪表联锁工作票还未完成审批且没有监护人的情况下，开始SIS联锁强制作业，操作失误导致0301-XV-2001阀门开启。作业完成后未对SIS联锁强制输出结果进行确认。

③动火施工作业条件确认不充分。未按《储罐富液管线安装阀门泄漏测试与动火施工工艺隔离方案》的规定确认0301-XV-2001阀SIS强制联锁完成的情况下，开始切管作业，导致在阀门异常开启时LNG从切开的管口中喷出后着火。

④安全风险意识与管控不到位。北海LNG公司没有认真落实油气管网改革

过渡期间的安全生产要求,安全风险认识不足。承包方制订的《广西液化天然气(LNG)二期工程贫富液管线连通施工技术方案》没有要求北海LNG公司进行工艺流程及安全风险控制方案和措施等方面的交底;没有明确施工现场人员的岗位职责及工作范围,没有明确下施工令的具体人员,没有明确火灾事故发生后的应急逃生路线等内容。北海LNG公司制订的《储罐富液管线安装阀门泄漏测试与动火施工工艺隔离方案》不完善,没有明确组织实施储罐富液管线安装阀门泄漏测试及动火施工工艺隔离的具体负责人,也没有明确参与该项工作其他人员及职责;对边生产边施工等高风险作业危害分析及安全风险辨识不足,高风险作业前没有与施工方进行工艺流程及安全风险控制方案和措施等方面的交底。

⑤“小业主大承包”的劳动生产组织模式使安全生产管理责任落实不到位。在公司正式员工缺员问题突出的情况下采用大量劳务外包,致使技术服务外包的要害场所和关键岗位的安全管理不到位,生产运行承包商部分岗位员工岗位技能不强,缺乏安全意识,严格的规章制度没有得到落实,导致作业现场安全风险管控能力下降。

⑥承包商管理不到位。中石化第十建设有限公司未经发包人同意,将LNG项目二期安装工程分包给不具备相应资质的河南鸿誉公司。北海LNG公司对承包商存在“以包代管”现象,未能及时发现总承包商违规将安装工程分包给不具备相应资质的施工单位。

第三章 港口储罐安全风险管理

港口储罐安全风险管理是指通过识别港口生产经营活动中存在的危险因素，并运用定性或定量的分析方法确定其风险严重程度，进而确定风险控制的优先顺序和风险控制措施，以达到改善安全生产环境、减少和杜绝安全生产事故而采取的相关措施和规定。

本章从基础管理、设备管理、技术管理、人员管理、隐患排查治理、风险分级管理、应急管理和储罐安全风险管理方案八个方面来阐述港口储罐安全风险管理。港口储罐安全风险管理可以有效加强港口危险货物储罐安全风险源头防范、风险管控和作业管理，着力构建双重预防性工作机制，切实提升港口危险货物储罐的本质安全水平和安全保障能力。

第一节 基础管理

一、政府监管

政府安全监管是安全管理的一种，是为了维护在港工作人员生命及港口财产安全，运用行政力量，对港口安全进行监督与管理的一种特殊活动。

《中华人民共和国港口法》中已明确规定了港口行政管理部门的安全监管职责："港口行政管理部门应当依法对港口安全生产情况实施监督检查，对旅客上下集中、货物装卸量较大或者有特殊用途的码头进行重点巡查；检查中发现安全隐患的，应当责令被检查人立即排除或者限期排除。负责安全生产监督管理的部门和其他有关部门依照法律、法规的规定，在各自职责范围内对港口安全生产实施监督检查。"

《港口危险货物安全管理规定》中规定："所在地港口行政管理部门应当依法对危险货物港口作业和装卸、储存区域实施监督检查，并明确检查内容、方式、频次以及有关要求等。"

目前正在实施的港口储罐安全风险相关的法律法规及行政规章已较为完善，详见表3-1。

港口储罐安全相关法律法规 表 3-1

分类	名　称	文　号
相关法律	中华人民共和国安全生产法	中华人民共和国主席令第 13 号
	中华人民共和国港口法	中华人民共和国主席令第 5 号
	中华人民共和国消防法	中华人民共和国主席令第 6 号
	中华人民共和国突发事件应对法	中华人民共和国主席令第 69 号
相关法规	危险化学品安全管理条例	中华人民共和国国务院令第 591 号
	生产安全事故应急条例	中华人民共和国主席令第 708 号
	生产安全事故报告和调查处理条例	中华人民共和国国务院令第 493 号
	特种设备安全监察条例	中华人民共和国国务院令第 373 号
	中华人民共和国监控化学品管理条例	中华人民共和国国务院令第 588 号修订
	易制毒化学品管理条例	中华人民共和国国务院令第 445 号
	使用有毒物品作业场所劳动保护条例	中华人民共和国国务院令第 352 号
	国内水路运输管理条例	中华人民共和国国务院令第 625 号
部门行政规章	港口危险货物安全管理规定	交通运输部令 2019 年第 34 号修订
	交通运输突发事件应急管理规定	交通运输部令 2011 年第 9 号
	生产安全事故应急预案管理办法	应急管理部令 2019 年第 2 号
	港口经营管理规定	交通运输部令 2018 年第 10 号修订
	危险化学品重大危险源监督管理暂行规定	国家安监总局令 2015 年第 79 号修订
	易制爆危险化学品治安管理办法	公安部令 2019 年第 154 号
	国内水路运输管理规定	交通运输部 2020 年 第 4 号修订
规范性文件	国务院办公厅关于印发危险化学品安全综合治理方案的通知	国办发〔2016〕88 号
	国务院办公厅关于印发突发事件应急预案管理办法的通知	国办发〔2013〕101 号
	交通运输部办公厅关于印发《港口安全设施目录》的通知	交办水〔2014〕127 号
	交通运输部办公厅关于印发《危险货物港口作业重大事故隐患判定指南》的通知	交办水〔2016〕178 号
	港口安全生产风险辨识管控指南	交办水〔2019〕48 号

续上表

分类	名　　称	文　　号
规范性文件	交通运输部办公厅关于印发《港口危险货物安全监督检查工作指南》的通知	交办水〔2016〕122 号
	交通运输部办公厅关于印发《港口危险货物安全监管信息化建设指南》的通知	交办水〔2016〕182 号
	交通运输部办公厅关于加强港口危险货物储罐安全管理的意见	交办水〔2017〕34 号
	交通运输部办公厅关于印发《港口危险货物集中区域安全风险评估指南》的通知	交办水〔2017〕85 号
	交通运输部办公厅关于印发《港口安全生产风险辨识管控指南》的通知	交办水〔2019〕48 号
	交通运输部关于印发《公路水路行业安全生产风险管理暂行办法》《公路水路行业安全生产事故隐患治理暂行办法》的通知	交安监发〔2017〕60 号
	交通运输部关于推进安全生产风险管理工作的意见	交安监发〔2014〕120 号
	交通运输部关于印发《港口危险货物重大危险源监督管理办法》的通知	交水规〔2021〕6 号
	交通运输部安委办关于进一步规范推进企业安全生产标准化建设工作的通知	交安委办函〔2016〕54 号
	危险化学品目录(2019 版)	国家安全生产监督管理总局、中华人民共和国工业和信息化部、中华人民共和国公安部、中华人民共和国环境保护部、中华人民共和国交通运输部、中华人民共和国农业部、中华人民共和国国家卫生和计划生育委员会、中华人民共和国国家质量监督检验检疫总局、国家铁路局、中国民用航空局公告 2015 年第 5 号
	易制爆危险化学品名录(2017 年版)	
	易制毒化学品的分类和品种目录(2018 年版)	
	关于印发《企业突发环境事件风险评估指南(试行)》的通知	环办〔2014〕34 号

续上表

分类	名　　称	文　　号
国家标准规范	危险货物品名表	GB 12268—2012
	危险货物分类和品名编号	GB 6944—2012
	石油库设计规范	GB 50074—2014
	石油化工企业设计防火标准(2018 版)	GB 50160—2008
	石油天然气工程设计防火规范(2007 版)	GB 50183—2004
	危险化学品重大危险源辨识	GB 18218—2018
	散装石油、液体化工产品港口储存通则	GB 17379—1998
	化学品危险性评价通则	GB/T 22225—2008
	风险管理原则与实施指南	GB/T 24353—2009
	风险管理　风险评估技术	GB/T 27921—2011
	危险化学品生产装置和储存设施外部安全防护距离确定方法	GB/T 37243—2019
	港口装卸术语	GB/T 8487—2010
	港口危险货物作业安全评价导则	JT/T 845—2020
	油船油码头安全作业规程	GB 18434—2001
	散装液体化工产品港口装卸技术要求	GB/T 15626—1995
	港口作业安全要求　第一部分:油气化工码头	GB 16994.1—2021
	液体石油产品静电安全规程	GB 13348—2009
	石油与石油设施雷电安全规范	GB 15599—2009
	防止静电事故通用导则	GB 12158—2006
	爆炸危险场所防爆安全导则	GB/T 29304—2012
	常用化学危险品贮存通则	GB 15603—1995
	危险化学品单位应急救援物资配备要求	GB 30077—2013
	企业安全生产标准化基本规范	GB/T 33000—2016
	储罐区防火堤设计规范	GB 50351—2014
	爆炸危险环境电力装置设计规范	GB 50058—2014
	火灾自动报警系统设计规范	GB 50116—2013
	石油化工可燃气体和有毒气体检测报警设计规范	GB/T 50493—2019

续上表

分类	名　　称	文　　号
行业标准规范	海港总体设计规范	JTS 165—2013
	油气化工码头设计防火规范	JTS 158—2019
	液化天然气码头设计规范	JTS 165-5—2016
	液化气码头安全技术要求	JT 416—2000
	化学品作业场所安全警示标志规范	AQ 3047—2013
	交通运输企业安全生产标准化建设基本规范 第1部分:总体要求	JT/T 1180.1—2018
	港口危险货物经营企业安全生产标准化规范	JT/T 947—2014
	危险化学品从业单位安全标准化通用规范	AQ 3013—2008
	石油化工储运系统罐区设计规范	SH/T 3007—2014
	液化烃球形储罐安全设计规范	SH 3136—2003
	石油化工静电接地设计规范	SH/T 3097—2017

二、企业安全管理

安全生产法中规定企业是安全生产的“责任主体”。企业是生产经营活动的主体,是安全生产工作责任的直接承担主体,依法履行安全生产法规定的职责和义务。

1. 全员安全责任制

全员安全生产责任制是由企业根据安全生产法律法规和相关标准要求,在生产经营活动中,根据工作岗位的性质、特点和具体工作内容,明确所有层级、各类岗位从业人员的安全生产责任,通过加强教育培训、强化管理考核和严格奖惩等方式,建立起安全生产工作“层层负责、人人有责、各负其责”的工作体系。

企业主要负责人要按照《中华人民共和国安全生产法》《中华人民共和国职业病防治法》等法律法规规定,参照《企业安全生产标准化基本规范》(GB/T 33000—2016)和《企业安全生产责任体系五落实五到位规定》(安监总办〔2015〕27号)等有关要求,结合企业自身实际,明确从主要负责人到一线从业人员(含劳务派遣人员、实习学生等)的安全生产责任、责任范围和考核标准。企业还应在适当位置对全员安全生产责任制进行长期公示,并加强企业全员安全生产责任制培训教育及后期的考核管理。

2. 物质保障安全

①具备安全生产条件;②依法履行建设项目安全设施“三同时”规定;③依法为从业人员提供劳动防护用品,并培训、监督其正确佩戴和使用。

3. 资金投入

①按规定提取和使用安全生产费用,确保资金投入满足安全生产条件需要;②按规定存储安全生产风险抵押金;③依法为从业人员缴纳工伤保险费;④保证安全生产教育培训的资金。

4. 机构设置和人员配备

①依法设置安全生产管理机构,配备安全生产管理人员;②按规定委托和聘用注册安全工程师为其提供安全管理服务。

5. 规章制度制定

建立健全安全生产责任制和各项规章制度、操作章程,并根据实际情况的变化,适时修订完善管理制度是安全生产的基础保障。港口企业主要安全风险管理制度及操作规程见表3-2。

主要安全风险管理制度及操作规程 表3-2

分类	名称		备注
管理制度	安全生产责任制	危险作业许可制度	
	安全生产工作会议制度	安全投入保障制度	
	安全生产奖惩制度	安全检查管理制度	
	安全生产隐患排查治理制度	事故报告、调查、处理制度	
	安全培训教育制度	特种作业人员管理制度	
	船岸检查管理制度	重大危险源管理制度	
	特种设备、强检设备安全管理制度	散装危险货物装卸作业安全管理制度	
	装卸/储存设备安全管理制度	特种设备、强检设备安全管理制度	
	电气设备安全管理制度	防爆设备安全管理制度	
	安全防护设备设施管理制度	监视和测量设备管理制度	
	应急管理制度	风险评估制度	
	消防管理制度	职业健康管理制度	
	相关方及外用工管理制度	应急演练制度	
	劳动防护用品管理制度	无主、废弃危险化学品处理制度	

续上表

分类	名　称		备注
管理制度	建设项目“三同时”管理制度	变更管理制度	
	管理制度评审和修订制度	文件和档案管理制度	
	法律法规、标准及其他要求符合性评价制度	临时用电管理制度	
	法律法规、标准及其他要求的识别与获取管理制度	动火作业管理制度	
	受限空间管理制度	其他管理制度	
操作规程	进出罐作业操作规程	汽车装车作业操作规程	
	火车装车作业操作规程	装桶作业操作规程	
	停送电作业操作规程	装卸/储存作业操作规程	
	剧毒物品装卸/储存作业操作规程	液化气装卸/储存作业操作规程	
	装卸设备操作规程	罐区设备操作规程	
	消防设备操作规程	配电房值班运行作业操作规程	
	消防稳高压系统操作规程	电气焊作业操作规程	
	固定泡沫灭火系统操作规程	机械检修/维修作业操作规程	
	柴油机消防泵操作规程	动火作业操作规程	
	高压倒闸作业操作规程	受限空间作业操作规程	
	电气设备维修作业操作规程	临时用电操作规程	
	其他操作规程		
应急预案及现场处置方案	生产安全事故综合应急预案	储罐区重大危险源事故应急预案	
	泄漏事故应急预案	中毒事故应急预案	
	火灾事故应急预案	伤害事故应急预案	
	爆炸事故应急预案	储罐区应急救援预案	
	自然灾害应急预案等应急预案	重大生产安全事故救援预案	
	阀门泄漏现场处置方案	其他专项应急预案	
	现在作业火灾处置方案	储罐火灾现场处置方案	
	中毒现场处置方案	爆炸现场处置方案	
	储罐清洗作业事现场处置方案	伤害现场处置方案	
	其他现场处置方案	管道泄漏事故现场处置方案	

6. 教育培训

依法组织从业人员参加安全生产教育培训，取得相关上岗资格证书。

7. 安全风险管理

①依法加强安全生产管理；②定期组织开展安全生产检查和隐患排查；③依法取得安全生产许可；④依法对重大危险源实施监控；⑤及时消除事故隐患；⑥开展安全生产宣传教育；⑦统一协调管理承包、承租单位的安全生产工作。

企业安全风险管理的具体风险管控工作除体制机制外，还应包括：

(1)风险辨识。

风险辨识是发现、确认和描述风险的过程。储罐区安全生产风险辨识应确定风险辨识范围，划分作业单元，结合本单位安全生产管理实际确定风险事件，从人、设施设备(含货物或物料)、环境、管理等方面分析致险因素，将风险辨识结果填入港口安全生产风险辨识管控信息表。

(2)风险评估。

港口安全生产风险等级由高到低统一划分为四级：重大风险、较大风险、一般风险、较小风险。风险等级分值大小(D)由风险事件发生的可能性(L)和后果严重程度(C)的组合决定。

$$\text{风险等级分值}(D) = \text{可能性}(L) \times \text{后果严重程度}(C)$$

(3)风险管理。

企业应根据风险管控相关要求制定风险管控措施，并将风险管控措施填入港口安全生产风险辨识管控信息表。汇总本单位所有储罐区安全生产风险辨识管控信息表，形成港口安全生产风险辨识管控手册，并绘制“红橙黄蓝”四色港口安全生产风险分布图。

第二节 设备管理

一、设备设施的安全管理

1. 储罐区设备设施

储罐区设备设施包括储罐、管线及附属设施。

(1)储罐。

储罐是储罐区储运系统的主要设施之一，包括常压储罐、低压储罐、压力储罐。

(2)管线及附属设施。

管线是输送液体货物的关键设备,泵是港区输送危险货物的动力设备,是整个输运系统的核心。

(3)其他安全设备设施。

其他安全设备设施包括防火堤、火灾报警系统、消防系统、防雷系统、监测系统、可燃气体和有毒气体检测设备等。

2. 储罐区设备设施安全管理

(1)储罐安全管理。

①储罐基础:定期对储罐基础进行测量,防止储罐基础开裂、下沉、不均匀沉降;

②储罐压力:根据存储介质选择适合压力的储罐,并实时监测储罐压力;

③储罐防腐:储罐内壁防腐措施应根据储罐内储存介质确定,外壁防腐措施根据储罐材质确定;

④储罐罐体保温:根据存储介质的理化性质合理选择保温材质和保温层厚度;

⑤储罐安全措施:储罐应有避雷措施、防静电措施、消防措施等相应措施;

⑥储罐检测:压力储罐检测和常压储罐检测。

(2)管线及附属设施安全管理。

输油管道上的阀门应采用钢制阀门。永久性的地上、地下管道不得穿越或跨越与其无关的工艺装置、系统单元或储罐组;在跨越罐区泵房的可燃气体、液化烃和可燃液体的管道上不应设置阀门及易发生泄漏的管道附件。

切断阀宜选用截止阀,当选用闸阀和球阀时,其阀门应带有阀腔卸压机构。

3. 储罐区特种、强检设备安全管理

(1)购置特种设备时应遵守以下要求。

①必须在国家市场监督管理部门核发的具有特种设备制造资质的专业制造厂家中选购;

②特种设备的安全防护装置应齐全,并有产品合格证和质量证明书。

(2)建立特种设备技术档案。

特种设备技术档案是特种设备使用管理的重要基础,每台特种设备应建立单独的技术档案,技术档案内容包括:

①出厂技术文件、质量证明书、相关图纸、技术参数、安装使用说明书;

②制造单位、启用时间;

③定期检验、检测记录;

④日常使用状况、维修保养记录。

(3)设置标志标牌。

在设备明显位置设置清晰的标志铭牌,标志内容有:特种设备名称、型号;重要技术参数;制造厂名、出厂日期;其他所需的参数。

(4)定期检验。

企业应定期对特种设备运行状况进行全面的检查,每次使用前对一些主要安全保护装置、电气装置进行检查。与此同时,按照《特种设备安全监察条例》的规定,应当定期进行强制性检验。通过定期安全检验,可以及时发现和消除安全隐患,防止事故的发生,同时也可延长设备的使用寿命。定期检验可包括以下内容:

①制订定期检验计划,确保特种设备检验工作按时实施。

②选择有资质的检测机构,并主动与检验单位落实具体检验时间和检验有关的工作事项,尽量做到按计划的检验时间停车检验。

③特种设备检验后,针对其技术状况和检验单位出具的检验报告,及时采取技术处理措施。对技术性能合乎使用要求的,及时做好相关记录和资料的归档工作,并对发现的安全隐患及时采取有效整改措施。整改后,再次提请检验单位进行复检,确保设备性能安全可靠。

(5)特种设备持证上岗。

特种设备持证上岗制度有两方面的含义。一种是特种设备在投入使用前,应进行登记,取得合格证后方可使用,并将合格证安置于特种设备醒目位置;二是特种设备的作业人员和相关安全管理人员,按照国家有关规定,取得特种设备作业人员资格证书,方可从事相应的作业或安全管理工作。

①特种设备凭证使用。特种设备使用合格证是其安全技术状况及使用性能的一种标志,使用合格证从行政和技术上明确了该台设备在正常的工作条件和操作条件下,可以安全运行一个周期。在新建、扩建项目建设中,对于新增加的特种设备,严格履行申报、注册、检验程序。

②特种设备作业人员和管理人员持证上岗。特种设备作业人员和管理人员应通过特种设备安全监察机构组织的培训和考核,掌握基本理论、特种设备安全操作知识和达到“四懂四会”(即懂得特种设备结构、性能、用途、工作原理,会使用、会保养、会检查、会排除故障)。作业人员应严格遵守安全操作规程,主动参与特种设备的使用管理工作,确保特种设备的正常使用和安全运行。

(6)储罐区强检设备安全管理。

储罐区强检设备主要包含火灾报警探测器、安全阀、压力表、液位计等,相应安全管理措施如下。

①火灾报警探测器:产品制造单位必须有相应的资质,火灾报警探测器的设置

和布局合理，检测报警仪表的安装应符合设计规范的规定。

②安全阀：安全阀定值符合设计规范，铅封铭牌完整、标示字迹清晰，安全阀按规定要求进行校验，运行、检修、试验资料齐全。

③压力表：压力表定期校验，铅封完好，表盘、指针清洁，表内无泄漏。

④液位计：液位显示清晰、准确、有指示，最高、最低液位有明显标志，液位计及引出阀连接完好、无泄漏，盛装易燃、毒性大等高度危害介质的压力容器上液位指示计应有安全防护罩。

二、设备设施使用、维护、检测的安全保障

1. 设备设施安装的安全要求

设备设施安装后，应逐项检查设备设施的安全状态及性能是否符合安全要求。检查的安全项目包括静态和动态两方面，静态检查项目在设备不运行的条件下进行，如设备表面安全性、安全防护距离等；动态检查项目在设备运行的条件下进行，如控制系统安全性能，可动部件安全防护性能，安全防护装置的工作性能与可靠性，设备运行中尘毒、易燃物等的产生情况等。

2. 设备设施使用、维护的安全要求

设备设施使用应建立设备使用维护责任制，制定储罐、特种设备、管线等设备设施安全操作规程，实行操作证制度，以确保设备设施的安全正常运行。

3. 设备设施安全检测的安全要求

安全检测是了解设备设施运行状况、设备运行变化趋势的有效手段，其根本目的是避免安全设备故障或事故发生，保证生产经营安全。

4. 设备设施的报废与淘汰

设备经长期运行使用，不断磨损、老化，生产效率、安全性、可靠性不断下降，为避免因设备的不安全状态而引发事故，应对符合报废或淘汰要求的设备设施进行报废或淘汰处理。《中华人民共和国安全生产法》从法律上对设备设施的报废、淘汰制度加以确认，有利于该制度的有效实施。任何生产经营单位不得使用已报废、淘汰、禁止使用的危及生产安全的工艺与设备。

5. 建立设备设施安全档案

设备设施的档案管理是设备设施安全管理的基础性工作，为生产经营单位设备设施安全管理提供信息、资料和数据，通过对档案信息资料的整理、分析，可了解设备运行状态，为设备设施安全检查、检测、故障诊断、隐患整改等提供科学的依据。

三、设备设施的强化管理

1. 加强储罐设备设施维护

企业要明确储罐设备设施使用维护的责任人，按照"一台一档"建立完善储罐管理档案，制订维护、检修计划，按照有关标准规范对储罐进行经常性的维护，确保储罐本体及阀门、仪表等相关安全附件和防雷、防静电设施等完好有效。

2. 完善储罐安全监测监控系统

企业要建立健全安全检测监控体系，按照相关规定和规范要求装备安全仪表系统和自动化控制系统，安装储罐高低液位报警及自动联锁切断装置；确保易燃易爆、有毒有害气体泄漏报警系统完好可用；大型储罐、液化气体储罐及剧毒化学品储罐等重点储罐要按照规定设置紧急切断阀。

3. 强化安全检查检测

根据《中华人民共和国安全生产法》中的相关规定，企业必须对安全设备进行经常性维护，并定期检测，保证正常运转。维护、检测应当做好记录，并由有关人员签字。企业使用的危险物品的容器、运输工具，必须按照国家有关规定，由专业生产单位生产，并经具有专业资质的检测、检验机构检测、检验合格，取得安全使用证或者安全标志，方可投入使用。检测、检验机构对检测、检验结果负责。企业要按照相关标准规范，参照《港口危险货物常压储罐检测工作指南》对储罐开展安全检查检测，实施例行检查、年度检查和定期检测。对检查检测发现的问题和隐患要及时整改，不具备安全生产条件的，要停止使用。年度检查报告和定期检测报告应留档备查。

4. 加强管理，强化设备本质安全

完善设备设施检查保障体系；强力推行计划检修制度，变事后抢修为预控维修；加大对老旧设备设施的维护力度。因地制宜地制定完善的设备维护制度，及时地对设备进行维护，是避免因设备因素造成安全事故的重要的手段。要根据设备维护要求，严格管理体制，为每台设备挂牌明责，使每台设备都有自己的维护人，保证设备的良好运转。

5. 加强研究，加大投入

加大科技创新、工具更新、软件开发投入，逐步利用机械操作来代替人工操作，实现人机分离，减少安全风险。

6. 强化创新，完善技术管理手段

逐步建立高液位报警连锁系统、管线压力超压报警系统、储罐感温报警系统、

装车线、泵房紧急事故一键急停系统、码头紧急事故一键关阀等安全系统。

7.规范工艺,流程再造

加大工艺系统研究力度,创新作业工艺管理,用最安全、最高效的工艺服务生产,为员工创造良好的工作条件。

第三节　技 术 管 理

一、储罐泄漏事故管理

1.储罐及管线泄漏管理

(1)合理布局,降低泄漏风险。

储罐区四周设置用非燃烧材料建造的防火堤,防火堤高度为1.0～2.2m,防火堤上不得开设孔、洞,管线穿越时应用非燃烧材料填封,使储罐漏液时不会外流。在不同方向设两个以上的安全出入台阶或坡道,储罐区周围设置宽度不小于6m的环形消防车道。储罐分组布置并设防火堤时,相邻防火堤的间距不应小于7m。

储罐区内按规范配备相应的移动式灭火器材,易燃易爆危险货物储罐区和周边环境要杜绝明火、点火花和静电火花的产生,储罐区内严禁明火,同时注意防止静电产生,严格执行动火审批制度;储罐区应具有良好的通风条件。

(2)设置防泄漏安全装置。

储罐要设有液位、温度、压力测量仪表。液位测量应设高低液位报警;压力测量应设压力上限报警,较大容积的储罐液位和压力的测量宜设远传二次仪表,防止超温、超压、超液位发生泄漏。

储罐区应设置紧急切断系统。该系统应能在事故状态下迅速关闭重要的管道阀门和切断泵、压缩机的电源。在储罐的出液管道和进液管道等部位设置管道内置的紧急切断阀。

储罐的进液管、液相回流管和气相回流管上应设止回阀,出液管上宜设过流阀,止回阀和过流阀有自动关闭功能,可有效防止意外泄漏事故发生。止回阀和过流阀设在储罐内,增强了储罐首级关闭的安全可靠性。储罐内未设置控制阀门的出液管道和排污管道,储罐的第一道凸缘处最为危险,应在该处配备堵漏装置。

(3)及时发现泄漏,妥善处置泄漏事故。

为了能及时检测到油气化工品非正常超量泄漏,以便抢修人员尽快进行泄漏处理,应在储罐区内设置可燃气体浓度检测和报警装置,观察仪表要设置在昼夜有人值班的安全场所，其报警值应取油气化工品爆炸浓度下限的20%。储罐区正常巡查的工作人员，应配备手提式防爆型可燃气体浓度检测报警器。检测报警装置应定期检测维护，保证运转正常。

(4)泄漏检测技术。

①常规储罐检测方法。

常规储罐检测方法主要包括：人工检尺测量、基于容积/质量测量技术泄漏检测系统、基于储罐基础泄漏检测方法、双层罐底板泄漏检测法、停运储罐泄漏检测方法(目视检查、焊缝毛细管法、气泡测试法—压力法、气泡测试法—真空法、示踪气体检测法)。

②国外储罐泄漏检测新技术。

国外储罐泄漏检测新技术有声发射技术、罐基础预埋检测元件法、电阻探漏法等。

2. 储罐及管线泄漏控制

(1)设置消防给水及灭火设施。

储罐区消防供水应采用环状管网，给水干管不应少于2条，管径不应少于150mm。为便于消防车向管网供水，还应设水泵接合器。储罐区内应设消火栓，大型罐区应设固定带架水枪。储罐上安装消防喷淋和水喷雾设施，供灭火和降温用。储罐区内按规范配备相应的移动式灭火器材，如干粉灭火器等。

(2)妥善处置泄漏事故。

当发生泄漏事故时，及时有效地堵漏是防止火灾、爆炸、人员中毒等事故发生和控制其严重程度的重要手段，可采取关闭阀门、转移物料、带压堵漏、注水堵漏等多种措施进行堵漏。如果通过关闭上游阀门可控制泄漏，应立即设法关闭阀门。当管道或凸缘发生泄漏时，可利用预制的夹具和密封胶及密封胶注入工具进行带压堵漏，参照有关带压堵漏技术规定执行。

(3)编制理化性质告知牌及事故应急处置卡。

储罐区应在易燃易爆、有毒化学品储罐旁边明显位置设置理化性质及危险特性告知牌。告知牌上应包括其理化性质、毒性健康危害及急救措施、燃烧爆炸危险性、防护措施、操作注意事项等信息。其中防护措施应包括泄漏应急处理、防护手段等内容。

二、储罐火灾爆炸事故管理

1. 加强火种管理

在储罐区火灾爆炸事故中，由明火引起的事故教训占有一定的比例。因此，为

保障储罐区生产安全，应在储罐区设立明显的禁火标志，不得随意使用明火，严禁带火柴、打火机等火种进入储罐区，机动车进入储罐区必须佩戴防火罩。如因生产需要而进行电焊、气焊、铸锻等动火作业时，必须严格执行作业许可制度，作业前申请动火票，妥善处理动火现场，严格落实相关安全措施，同时在作业过程中必须安排专人进行监护。对于在存有可燃物料的设备、容器、管道上进行动火作业，须首先退料并切断各种可燃物的来源，彻底吹扫、清洗置换并将与之相连的各部位加装盲板（无法加装盲板的部位应采取其他可靠隔断措施）进行隔离，防止可燃物料的窜入或者火源窜到其他部位，并应进行采样分析。

2. 防止静电火花

防止油气化工品静电危害主要是从工艺或设备上控制各项静电指标，尽量减少静电荷聚集。

从工艺上来说，可对管线介质流速进行限定，储罐采用底部进油方式，充入惰性气体控制储罐内气体空间氧的体积浓度等措施来防止静电火花产生。

从设备上来说，安装相应的消除静电装置，如设置接地与跨接、静电消除器及静电缓和器等，还可在油气化工品中加入抗静电添加剂，增加油气化工品的导电率，使电荷得不到聚集，从而有效减少静电；对大型储罐区，在物料管线上还可设置静电缓和器、静电消除器等防止和减少静电荷积聚的设施。

同时还要注意人体防静电，进入防火防爆区域应按要求着装，穿防静电工作服、工作鞋、戴安全帽等，并在作业前触摸金属接地棒，清除人体静电。

3. 防雷电

目前储罐区一般采用避雷针或避雷塔来防雷电。单从设计来讲，金属储罐本身具有良好的屏蔽性能，只要罐顶板有足够的厚度，利用自身保护即可满足防雷电要求。罐顶板厚度大于4mm且装有阻火器时，可不设防雷电装置，但罐体应做良好的接地，接地点不少于两处；浮顶油罐可不设防雷电装置，但浮顶与罐体应做可靠的电气连接；其他需要设置防雷电装置的储罐要严格按照相关规范进行设计。但目前储罐区一般都会安装避雷针或设置避雷塔来保障安全，并定期在生产中对防雷电设施接地情况进行检查和检测，确保防雷电设施完好有效。

4. 控制人为因素，降低事故风险

引起储罐区火灾事故的人为因素多种多样，从根本上说，储罐区的生产管理都是相关人员执行的结果，因而控制人为因素首先应从人员素质上进行强化和提高，定期组织相关安全知识培训，深刻剖析事故案例并结合岗位操作实际，深入查找习惯性违章，切实强化安全意识，全面提高各级人员安全素质。

其次要认真落实安全生产主体责任，严格执行各项规章制度。可以看出以往储罐区火灾事故的发生，往往是由于违章作业造成的，为了真正实现安全生产，就必须以制度为准绳，在制定实施相关规章制度的同时，还需建立相应的监督机制，保障规章制度的落实，对违章行为采取严格的惩戒措施，使责任主体吸取教训，同时也可警示他人，避免类似行为的出现。

再次要加强检维修、临时作业、承包商和外用工管理。建立严格的项目审批制度，严把检维修、承包商"五关"，动态监管，杜绝转包、分包、无资质施工等违规现象；强化外来施工人员的管理、培训、考核和监督，提高外来人员安全意识；同时还要严格执行各项作业许可，认真落实属地监管责任，强化现场监管。只有做到层层把关，保证各环节安全规范，各级人员都能严格执行相关管理规定，才能确保万无一失，降低火灾发生的可能性。

最后要加强火灾预防管理。定期对消防设施进行检查和维护，确保其完好可靠；制订相关应急预案并定期组织岗位人员进行演练，切实提高应急处置能力；同时要做好风险识别和隐患排查，并采取相应措施规避风险；还要重视硫化物引发的火灾，防止硫化物暴露于空气中引发自燃。

第四节　人 员 管 理

现代安全管理的"人本原理"告诉我们：具有生产能力和安全生产技能的人，是安全生产的主体，是能动因素。安全管理的关键是调动人的积极性，规范、控制各类人员的安全行为。

人员安全管理的目的就是提高人的行为安全性，以降低或避免人为因素导致的事故。

1. 素质能力

强化储罐安全生产的管理、安全质量工作关键在于各级领导。要以"以人为本"为理念，引导职工树立正确的安全观，培养各级管理人员及职工"安全质量管理是最大的风险管理""安全是企业最大效益"的意识，创建"本质安全型企业"。牢牢抓住领导，强化领导意识，落实领导职责，从根源上消除风险，治理隐患是安全生产的关键。

任何管理工作都需要人员去执行，对于储罐区的安全管理工作需要对管理人员、技术人员的资质进行审核，如果管理人员和技术人员不具备危险货物管理的经验和专业知识，将不适合储罐区的安全管理，也不符合国家相关法律法规和国家相

关标准的要求。配备有相应资质的管理人员和技术人员，要对管理人员进行定期培训，学习新知识、新技术和新颁布的政策、法规，保证管理人员能够跟上安全管理的要求和时代的发展。

储罐区所运行设备的每项检测环节对操作人员都有着严格要求，操作人员只有在技术上满足设备安全管理需要，才能保障储罐的安全。因此，加强储罐区设备操作人员的业务能力、提高操作人员技术水平是控制储罐区安全风险的基础。

企业主要负责人、安全生产主要负责人、专职安全管理人员、一线从业人员应具备相关素质能力。危险化学品生产、储存企业主要负责人、分管安全生产负责人必须具有化工类专业大专及以上学历和三年以上实践经验。专职安全管理人员至少要具备中级及以上化工专业技术职称或者化工安全类注册安全工程师资格。新招一线岗位从业人员必须具有化工职业教育背景或者普通高中及以上学历并接受危险化学品安全培训，经考核合格后方能上岗。安全评价机构在对危险货物单位进行安全生产条件评价时，要对企业的从业人员是否具备学历条件和安全管理机构的设置及人员配备情况进行符合性评价，形成独立评价内容。

2. 人员培训

人员培训指强化安全培训，提高安全意识和操作技能，提升从业人员专业知识。安全管理人员和一线作业人员的安全意识和素质是安全生产的决定性因素，提高安全管理人员水平和一线作业人员技能最有效途径就是及时、不断地对相关人员进行安全教育和培训。加强安全质量专业人员的培训，切实提高自身业务素质，真正成为安全管理的行家里手是做好培训工作的基础保证。

目前交通运输安全监管部门要求港口企业相关从业人员参加的培训主要包括以下方面。

(1)《危险货物水路运输从业人员考核和从业资格管理规定》中要求：

①危险货物水路运输企业应当对危险货物水路运输从业人员进行安全教育、法制教育和岗位技术培训，制订培训计划，安排安全生产培训经费，建立培训管理档案。

危险货物水路运输从业人员应当接受教育和培训，未经安全生产教育和培训合格的，不得上岗作业。

②港口危险货物储存单位主要安全管理人员应当按照《中华人民共和国安全生产法》的规定，经安全生产知识和管理能力考核合格。

从事港口危险货物储存作业的港口经营人应当加强经考核合格的主要安全管理人员的继续教育,及时更新法制、安全、业务方面的知识与技能。

③装卸管理人员、申报员、检查员应当按照本规定经考核合格,具备相应从业条件,取得相应种类的《危险化学品水路运输从业资格证书》,方可从事相应的作业。

《危险化学品水路运输从业资格证书》按照危险货物国际水路运输和国内水路运输类型,细分为包装、散装固体、散装液体等种类,并在证书备注栏中予以注明。

(2)特种作业操作证。

《特种设备安全监察条例》中规定:锅炉、压力容器、压力管道、电梯、起重机械、客运索道、大型游乐设施、场(厂)内专用机动车辆的作业人员及其相关管理人员(以下统称特种设备作业人员),应当按照国家有关规定经特种设备安全监督管理部门考核合格,取得国家统一格式的特种作业人员证书,方可从事相应的作业或者管理工作。国家市场监督管理总局下属地方市场监管局颁发《特种设备作业人员证》。

3. 健康防护

为确保相关操作人员的安全健康,企业应具备完善的健康监护,对于直接接触危险货物相关人员,在上岗之前要进行体检,并且在上岗之后也要定期进行体检,同时还需要建立一个完善的职业卫生档案。要给危险货物操作人员配备劳动保护设施,并且要及时更新换代。

4. 监督检查

强化监督检查,确保现场24h受控。建立高层领导、助理、调度指挥、基层队长、当班班长、岗位员工"六位一体"安全监控体系。完善各级人员岗位职责落实监控体系,强化过程管理。潜心研究不同人员、不同岗位、不同时段的差异性,精心编制"走到、看到、管到、处理到"的保障网络,确保关键节点受控。

第五节　风险分级管理

安全风险是安全事故(事件)发生的可能性与其后果严重性的组合,在风险辨识、风险评估的基础上,根据损失风险等级标准和人为因素风险等级标准确定的风险级别。其中,港口安全生产风险等级的划分是根据交通运输部印发的《港口安全

生产风险辨识管控指南》，由高到低统一划分为四级，分别为重大风险、较大风险、一般风险、较小风险。

为了减少重大事故的发生，控制重大危险源状态，必须对重大危险源进行科学的、系统的监控与管理。重大危险源评价分级的目的就是评估出重大危险源的内在的差异，根据评价标准，人为地进行分级，以满足各级政府监管的需要。港口重大危险源是指参照《危险化学品重大危险源辨识》（GB 18218）等标准辨识确定的，危险货物港口经营人（以下简称港口经营人）储存危险货物的数量等于或者超过临界量的单元（包括场所和设施），其中，储罐以罐区防火堤为界限划分为独立的单元，仓库以独立库房（独立建筑物）为界限划分为独立的单元，封闭的危险货物堆场以隔离设施为界划分为独立的单元。

一、港口安全生产风险分级方法

交通运输部印发的《港口安全生产风险辨识管控指南》中，将港口安全生产风险等级由高到低统一划分为四级，分别为重大风险、较大风险、一般风险、较小风险。

1. 风险等级评估

风险等级分值大小（D）由风险事件发生的可能性（L）和后果严重程度（C）的组合决定。

$$\text{风险等级分值}(D) = \text{可能性}(L) \times \text{后果严重程度}(C) \tag{3-1}$$

风险等级分值（D）及对应的风险等级见表 3-3。

风险等级分值（D）及对应的风险等级表　　表 3-3

风 险 等 级	风险等级分值（D）
重大风险	$55 < D \leq 100$
较大风险	$20 < D \leq 55$
一般风险	$5 < D \leq 20$
较小风险	$0 < D \leq 5$

2. 风险事件发生的可能性分级

可能性统一划分为五个级别：极高、高、中、低、极低。可能性判断标准及取值（L）见表 3-4。

可能性判断标准及取值(L)表　　表 3-4

可能性级别	发生的可能性	取值(L)区间
极高	极易	$9 < L \leq 10$
高	易	$6 < L \leq 9$
可能性级别	发生的可能性	取值(L)区间
中等	可能	$3 < L \leq 6$
低	不大可能	$1 < L \leq 3$
极低	极不可能	$0 < L \leq 1$

注:可能性指标取值为区间内的整数或最多一位小数。

3. 风险事件发生的后果严重程度分级

后果严重程度统一划分为四个级别:特别严重、严重、较严重、不严重。后果严重程度判断标准及取值(C)见表 3-5。

后果严重程度判断标准及取值(C)表　　表 3-5

后果严重程度(取值 C)	后果严重程度总体判断标准
特别严重 (10)	(1)人员伤亡:可能发生人员伤亡数量达到《生产安全事故报告和调查处理条例》中特别重大事故伤亡标准,或达到《水路交通突发事件应急预案》中突发事件Ⅰ级伤亡标准的; (2)经济损失:可能发生经济损失达到《生产安全事故报告和调查处理条例》中特别重大事故经济损失标准,或达到《水路交通突发事件应急预案》中突发事件Ⅰ级损失标准的; (3)环境污染:可能造成特别重大生态环境灾害或公共卫生事件,或达到《国家突发环境事件应急预案》中特别重大突发环境事件标准的; (4)社会影响:可能对国家或区域的社会、经济、外交、军事、政治等产生特别重大影响的
严重 (5)	(1)人员伤亡:可能发生人员伤亡数量达到《生产安全事故报告和调查处理条例》中重大事故伤亡标准,或达到《水路交通突发事件应急预案》中突发事件Ⅱ级伤亡标准的; (2)经济损失:可能发生经济损失达到《生产安全事故报告和调查处理条例》中重大事故经济损失标准,或达到《水路交通突发事件应急预案》中突发事件Ⅱ级损失标准的; (3)环境污染:可能造成重大生态环境灾害或公共卫生事件,或达到《国家突发环境事件应急预案》中重大突发环境事件标准的; (4)社会影响:可能对国家或区域的社会、经济、外交、军事、政治等产生重大影响的

续上表

后果严重程度(取值 C)	后果严重程度总体判断标准
较严重 (2)	(1)人员伤亡:可能发生人员伤亡数量达到《生产安全事故报告和调查处理条例》中较大事故伤亡标准,或达到《水路交通突发事件应急预案》中突发事件Ⅲ级伤亡标准的; (2)经济损失:可能发生经济损失达到《生产安全事故报告和调查处理条例》中较大事故经济损失标准,或达到《水路交通突发事件应急预案》中突发事件Ⅲ级损失标准的; (3)环境污染:可能造成较大生态环境灾害或公共卫生事件,或达到《国家突发环境事件应急预案》中较大突发环境事件标准的; (4)社会影响:可能对国家或区域的社会、经济、外交、军事、政治等产生较大影响的
不严重 (1)	(1)人员伤亡:可能发生人员伤亡数量达到《生产安全事故报告和调查处理条例》中一般事故伤亡标准,或达到《水路交通突发事件应急预案》中突发事件Ⅳ级伤亡标准的; (2)经济损失:可能发生经济损失达到《生产安全事故报告和调查处理条例》中一般事故经济损失标准,或达到《水路交通突发事件应急预案》中突发事件Ⅳ级损失标准的; (3)环境污染:可能造成一般生态环境灾害或公共卫生事件,或达到《国家突发环境事件应急预案》中一般突发环境事件标准的; (4)社会影响:可能对国家或区域的社会、经济、外交、军事、政治等产生较小影响的

注:表中同一等级的不同后果之间为“或”关系,即满足条件之一即可。括号中为取值分数。

二、重大危险源分级方法

《中华人民共和国安全生产法》中规定重大危险源,是指长期地或者临时地生产、搬运、使用或者储存危险物品,且危险物品的数量等于或者超过临界量的单元(包括场所和设施)。

《港口危险货物重大危险源监督管理办法》中规定的港口重大危险源,是指参照《危险化学品重大危险源辨识》(GB 18218)等标准辨识确定的,危险货物港口经营人(以下简称港口经营人)储存危险货物的数量等于或者超过临界量的单元(包括场所和设施),其中,储罐以罐区防火堤为界限划分为独立的单元,仓库以独立库房(独立建筑物)为界限划分为独立的单元,封闭的危险货物堆场以隔离设施为界划分为独立的单元。

依据重大危险源的分析、辨识情况，选择合适的评估方法，对重大危险源导致事故发生的可能性和严重程度进行定性和定量评价，并依据重大危险源可能导致的事故后果对重大危险源进行等级划分，主要方法有以下几种。

1. 死亡半径法

以预测事故发生死亡半径为主要评价指标，可以采用半数致死半径 $R_{0.5}$来进行分级，即按照灾害形式（如爆炸、火灾、毒物泄漏等）计算其 $R_{0.5}$将重大危险源划分为四级：一级重大危险源（$R_{0.5} \geqslant 200\text{m}$）、二级重大危险源（$100\text{m} \leqslant R_{0.5} < 200\text{m}$）、三级重大危险源（$50\text{m} \leqslant R_{0.5} < 100\text{m}$）和四级重大危险源（$R_{0.5} < 50\text{m}$）。

2. 国标法

《危险化学品重大危险源辨识》（GB 18218—2018）附件中对危险化学品重大危险源分级进行了详细介绍。

采用单元内各种危险化学品实际存在（在线）量与其在《危险化学品重大危险源辨识》（GB 18218—2018）中规定的临界量比较，经校正系数校正后的比值之和 R 作为分级指标。

R 的计算方法：

$$R = \alpha\left(\frac{\beta_1 q_1}{Q_1} + \frac{\beta_2 q_2}{Q_2} + \cdots + \frac{\beta_n q_n}{Q_n}\right) \tag{3-2}$$

式中：R——重大危险源分级指标；

α——该危险化学品重大危险源厂区外暴露人员的校正系数；

β——与每种危险化学品相对应的校正系数；

q——每种危险化学品实际存在量，t；

Q——与每种危险化学品相对应的临界量，t。

根据计算出来的 R 值将危险化学品重大危险源分为 4 个级别，分为一级（$R \geqslant 100$）、二级（$100 > R \geqslant 50$）、三级（$50 > R \geqslant 10$）和四级（$R < 10$）。

3. 港口重大危险源分级法

《港口危险货物重大危险源监督管理办法》（交水规〔2021〕6 号）附件中对港口重大危险源分级的方法进行了详细的介绍：

（1）分级原则

采用单元内各种危险货物实际存在量与其在现行《危险化学品重大危险源辨识》（GB18218）中的临界量比值，经校正系数校正后的比值之和 R 作为分级指标。

危险货物储罐、仓库、堆场的危险货物的实际存在量按设计最大量确定。

(2) R 的计算方法

$$R = \alpha\left(\frac{\beta_1 q_1}{Q_1} + \beta_2 \frac{q_2}{Q_2} + \cdots + \beta_n \frac{q_n}{Q_n}\right) \tag{3-3}$$

式中：$q_1, q_2, \cdots, q_n$——每种实际存在量，吨；

$Q_1, Q_2, \cdots, Q_n$——与各危险货物相对应的临界量，吨；

$\beta_1, \beta_2 \cdots, \beta_n$——与各危险货物相对应的校正系数；

α——该危险货物重大危险源所在港口企业作业区边界外暴露人员的校正系数。

(3) 校正系数 β 的取值

根据单元内危险货物的类别不同，设定校正系数(β)值，在表 3-6 范围内的危险货物，其 β 值按表 3-6 确定，未在表 3-6 范围内的危险货物，其 β 值按表 3-7 确定。

常见毒性气体校正系数 β 值取值表　　表 3-6

毒性气体名称	一氧化碳	二氧化硫	氨	环氧乙烷	氯化氢	溴甲烷	氯
β	2	2	2	2	3	3	4
毒性气体名称	硫化氢	氟化氢	二氧化氮	氰化氢	碳酰氯	磷化氢	异氰酸甲酯
β	5	5	10	10	20	20	20

校正系数 β 取值表　　表 3-7

类　别	符　号	β 校正系数
急性毒性	J1	4
	J2	1
	J3	2
	J4	2
	J5	1
爆炸物	W1.1	2
	W1.2	2
	W1.3	2
易燃气体	W2	1.5
气溶胶	W3	1

续上表

类　别	符　号	β校正系数
氧化性气体	W4	1
易燃液体	W5.1	1.5
	W5.2	1
	W5.3	1
	W5.4	1
自反应物质和混合物	W6.1	1.5
	W6.2	1
有机过氧化物	W7.1	1.5
	W7.2	1
自燃液体和自燃固体	W8	1
氧化性固体和液体	W9.1	1
	W9.2	1
易燃固体	W10	1
遇水放出易燃气体的物质和混合物	W11	1

注:表中的类别和符号参照现行《危险化学品重大危险源辨识》(GB 18218)确定。

(4)校正系数α的取值

根据重大危险源所在港口企业作业区边界向外扩展500m范围内常住人口数量,设定暴露人员校正系数(α)值,见表3-8。

校正系数α取值表　　表3-8

可能暴露人员数量	α
100人以上	2.0
50人~99人	1.5
30人~49人	1.2
1~29人	1.0
0人	0.5

(5)分级标准

根据计算出来的R值,按表3-9确定危险货物重大危险源的级别。

危险货物重大危险源级别和 **R** 值的对应关系　　表 3-9

港口重大危险源级别	R 值
一级	$R \geq 100$
二级	$100 > R \geq 50$
三级	$50 > R \geq 10$
四级	$R < 10$

4. 其他方法

目前,我国重大危险源分级常用方法为《危险化学品重大危险源辨识》(GB 18218—2018)中的判定方法,一些研究性的论文也会采用层次分析(AHP)综合评价分级法。

例如:基于神经网络的重大危险源分级法,该方法利用自组织神经网络对重大危险源进行动态分级研究;此外还有层次分析(AHP)综合评价分级法等。

三、风险管控

企业应根据风险管控相关要求制定风险管控措施,并将风险管控措施填入港口安全生产风险辨识管控信息表。汇总储罐区安全生产风险辨识管控信息表,形成港口安全生产风险辨识管控手册,并绘制“红橙黄蓝”四色港口安全生产风险分布图。

1. 一般要求

企业应根据作业单元和风险事件的风险等级,制定相应的风险管控措施,管控措施应考虑其可行性、可靠性、针对性和安全性。明确风险管控责任,制定相关制度,实施风险管控,把安全生产风险控制在可接受范围之内,防范安全生产事故发生。

重大风险确定后,企业应按年度组织专业技术人员对重大风险管控措施进行评估改进。重大风险的致险因素超出管控范围,或出现新的致险因素的,应及时调整管控措施。重大风险管控失效发生安全生产事故的,应急处置和调查处理后,应及时对相关工作进行评估总结,明确改进措施。重大风险相关信息和变化情况应按《公路水路行业安全生产风险管理暂行办法》的相关规定报送。

2. 管控责任

企业应严格落实风险管控主体责任,结合本单位安全生产风险管控实际需求,以及机构设置情况,按照“分级管理”原则,明确不同等级风险管控责任分工,并细化落实各岗位风险管控责任。

企业委托第三方机构开展风险管控技术服务的,风险管控责任仍由港口经营人承担。

(1)企业主要负责人风险管控主要职责。

企业主要负责人对本单位的风险管控工作全面负责,主要职责包括:组织开展风险辨识评估管控工作,组织建立健全风险辨识管控规章制度,组织制订风险管控教育和培训计划,监督落实风险管控措施,保证风险管控相关经费投入,督促开展风险管控检查工作,并定期开展重大风险管控措施落实情况监督检查,组织制订风险可能造成的事故应急预案或措施,及时、如实上报安全生产风险事件。

(2)安全管理部门风险管控主要职责。

企业安全管理部门的主要风险管控职责包括:建立健全风险管控规章制度,制订安全生产风险管控教育和培训计划并组织实施,制订风险管控经费使用计划并监督实施,执行风险管控监督检查,监督落实重大风险管控措施,针对风险可能造成的事故制订应急预案或措施并监督实施,及时、如实上报风险事件,通报风险管控工作并提出改进建议。

(3)业务管理部门风险管控主要职责。

企业业务管理部门主要风险管控职责包括:落实风险管控要求,主动辨识、上报风险,制订并改进风险管控措施,及时、如实上报风险事件,参加风险管控教育培训,定期或不定期通报风险管控工作并提出改进建议。

(4)基层班组(单位)风险管控主要职责。

基层班组(单位)实施具体风险管控,主要职责包括:落实风险管控规章制度,开展风险监测预警、风险警示告知、风险降低等风险管控工作,开展风险事件发生后的应急处置工作,参加风险管控教育和培训,定期或不定期通报风险管控工作并提出改进建议。

3. 建立管控制度

储罐区安全生产风险管控制度应包括风险监控预警、风险警示告知、风险降低、教育培训、档案管理、风险控制等内容。

(1)风险监控预警。

风险监控预警应明确风险监控部门或人员、风险监控对象、监控重点、监控内容、监控要求、监控手段、预警内容、预警级别、预警阈值、预警方式、防御性响应等内容。

(2)风险警示告知。

风险警示告知应明确警示对象、警示方式、警示内容等内容。

警示对象包括:单位工作人员,以及社会公众。

警示方式包括:物理隔离、标志标牌、语音提醒、人工干预等。

警示内容包括:风险类型、位置、风险危害、影响范围、致险因素、可能发生的风险事件及后果、安全防范与应急措施等。

(3)风险降低。

风险降低应明确风险类型、级别、主要致险因素、风险降低措施、资金来源、风险降低要求、风险降低目标等内容。

(4)教育培训。

教育培训应明确教育培训内容、对象、形式、要求、考核等内容。

(5)档案管理。

档案管理应明确档案管理对象、管理内容、管理形式、管理有效期、使用方式、使用权限、更新要求、保密要求等内容。

(6)风险控制。

风险控制应明确分类别、分级别的风险控制工作机制、工作流程、技术要求等。

4.采取相应管控措施

(1)监测预警。

企业应落实风险监测预警工作要求,根据不同的监控对象、监控重点、监控内容、监控要求,采取科学高效的方式,加强对作业条件、作业环境、自然条件等监测预警工作。风险监测预警人员,应根据风险监测预警工作要求,由监测系统或人工实现对作业单元实时状态和变化趋势的掌握,根据主要致险因素的管控临界值,实现异常预警,相关预警信息应及时报告相关管理部门和人员。

企业相关部门和人员收到预警信息后,应及时做好应急人员、物资、装备等防御性响应工作,防范安全生产事故发生。

企业存在重大风险的,应制订专项动态监测计划,定期更新监测数据或状态,每月不少于1次,并单独建档。

重大风险进入预警状态的,应依据有关要求采取措施全面立即响应,并将预警信息同步报送属地负有安全生产监督管理职责的管理部门。其他等级风险监测、预警等应严格进行分级管理。

(2)警示告知。

企业应落实风险警示告知工作要求,将风险基本情况、应急措施等信息通过安全手册、公告提醒、标识牌、讲解宣传、网络信息等方式告知本范围从业人员和进入风险工作区域的外来人员,指导、督促做好安全防范。

在主要风险场所设置安全警示标识，标明警示内容，并将主要风险、位置、风险危害、影响范围、致险因素、可能发生的风险事件及后果、安全防范与应急措施告知直接影响范围内的相关部门和人员。

存在重大风险的，应当将重大风险的名称、位置、危险特性、影响范围、可能发生的安全生产事故及后果、管控措施和安全防范与应急措施告知直接影响范围内的相关单位或人员。应在风险影响的场所（区域、设备）入口处，设置出明显的警示标识；进入重大风险区域前，应以文字或图像等方式提示注意事项。

其他等级风险警示告知工作应严格进行分级管理。

（3）风险降低。

企业应落实风险降低工作要求，根据本单位的风险辨识、评估结果，针对人、设施设备（含货物或物料）、环境、管理等致险因素，采取有效的风险降低措施，降低风险等级。

企业存在重大风险的，应根据主要致险因素的可控性，积极制定风险降低工作要求，并建立重大风险降低专项资金，满足重大风险的管控需求。其他等级风险降低工作应严格进行分级管理。

（4）应急处置。

企业应加强风险事件应急处置体系建设，包括：完善应急预案和应急管理机制，组建专（兼）职应急队伍，储备应急物资和装备，加强应急演练等。

发生安全生产事故后，应依据《中华人民共和国突发事件应对法》《国家突发环境事件应急预案》《水路交通突发事件应急预案》等，按照“分级负责、属地管理”的原则，严格执行行业、港口经营人制订的相关应急预案、应急协调联动机制，接受地方政府、行业管理部门的统一应急指挥决策、应急协调联动、应急信息发布，并积极开展突发事件现场的应急处置工作。应急预案应针对重大风险可能造成的事故制订应急措施，并对此定期开展应急演练。

重大风险应单独编制专项应急措施，定期开展重大风险应急处置演练。

四、重大危险源管控

储罐区重大危险源管控，可通过确定目标、指标，制订相应的管理方案有效防控风险，也可制订重大危险源控制方案、应急措施或应急预案，明确应急情况下的科学处置方法和控制措施，有效的控制风险。方案中要明确责任部门或人员、职责、可能导致的事故、主要技术措施和技术方法、需要的资源、时间要求等，并在实施前经过评审。

港口储罐区重大危险源分级管控包括以下方面。

1. 企业管控

(1)企业应当建立健全安全风险分级管控和隐患排查治理双重预防工作机制,制定完善港口重大危险源安全管理制度,落实港口重大危险源安全技术措施;对港口重大危险源的安全状况进行定期检查和日常巡查;对于检查发现的事故隐患,应及时采取措施予以消除。

企业对事故隐患排查治理情况应当如实记录,并通过职工大会或者职工代表大会、信息公示栏等方式向从业人员通报。其中,重大事故隐患排查治理情况应当及时向所在地港口行政管理部门和职工大会或者职工代表大会报告。

企业应当加强安全生产标准化建设,不断提高安全生产标准化水平。涉及一级、二级港口重大危险源的企业按照有关规定和标准规范的要求,鼓励取得一级以上安全生产标准化等级。

(2)企业应当对港口重大危险源进行监测监控,根据危险货物种类、数量、储存工艺或相关设备、设施等实际情况,按照下列要求建立健全港口重大危险源安全监测监控体系,完善控制措施。

①危险货物罐区应按照有关标准或相关规定配备温度、压力、液位、流量等信息自动监测系统,涉及可燃和有毒有害气体泄漏的重大危险源场所应按有关国家标准、行业标准设置可燃气体和有毒有害气体泄漏检测报警装置。上述重要参数应具备信息远传、连续记录、事故预警、信息存储等功能;

②危险货物储罐设施应按照有关标准或相关规定的要求设置紧急切断、自动联锁等自动化控制系统。构成一级、二级重大危险源的危险货物罐区应具备紧急切断功能;

③涉及毒性气体、液化气体、剧毒液体的一级、二级重大危险源的危险货物罐区应配备独立的安全仪表系统;

④港口重大危险源应设置在线监测和视频监控系统;

⑤港口重大危险源安全监测监控系统应具备危险货物储存量的在线实时更新和查询功能,满足应急救援人员第一时间查询需求。

(3)企业应当按照国家有关规定,定期对港口重大危险源的安全设施和监测监控系统进行检测、检验,并进行经常性维护、保养,记录维护、保养、检测、检验结果,保证重大危险源的安全设施和安全监测监控系统有效、可靠运行。

企业不得关闭、破坏直接关系生产安全的监控、报警、防护、救生设备、设施,或者篡改、隐瞒、销毁其相关数据、信息。

(4)企业应当建立安全风险警示公告制度,将港口重大危险源的危险特性、可能的事故后果和应急措施等信息，以适当方式告知从业人员和其他相关单位、人员。企业应当在重大危险源所在场所设置明显的安全警示标志和安全风险公告栏，制作岗位安全风险告知卡，标明主要安全风险、可能引发事故隐患类别、事故后果、管控措施、应急措施及报告方式等内容。

企业应当建立健全港口重大危险源安全责任制，明确本单位每一处重大危险源的主要负责人、技术负责人和操作负责人。重大危险源的主要负责人、技术负责人、操作负责人姓名、对应的安全职责及联系方式应在安全风险公告栏中写明。

(5)企业应对港口重大危险源的管理和操作岗位人员进行安全操作技能培训，使其了解港口重大危险源的危险特性，熟悉港口重大危险源安全管理规章制度和安全操作规程，全面掌握本岗位的安全操作技能和在紧急情况下应当采取的应急措施。

(6)企业应当评估本单位存在的安全风险，实施安全风险分级管控，采取相应的安全管控措施；建立安全风险报告制度，对辨识出的重大安全风险按要求向港口行政管理部门报告。将港口重大危险源的危险特性、可能的事故后果和应急措施等信息，以适当方式告知从业人员、船舶驾引人员和其他相关单位、人员。

(7)企业应按照国家有关规定和标准要求，制定完善有关港口重大危险源事故应急预案，配备必要的防护、救援物资和装备，并进行经常性维护、保养，保障其完好。

(8)企业应建立专职或兼职应急救援队伍，应急救援队伍应满足相应的应急处置需求，应急救援队伍规模应与其危险货物储运规模相适应。

企业应当及时将本单位应急救援队伍建立情况报送港口行政管理部门，并依法向社会公布。

对于可能产生吸入性有毒、有害气体的港口重大危险源，企业应当配备便携式浓度监测设备、空气呼吸器、化学防护服、堵漏器材等应急器材和设施；涉及剧毒气体的港口重大危险源应急救援队伍，应配备2套以上(含2套)气密型化学防护服。

(9)企业应当制定港口重大危险源事故应急预案演练计划，并按照下列要求进行事故应急演练：

①对于一级、二级港口重大危险源，每季度至少进行一次；

②对于三级、四级港口重大危险源，每半年至少进行一次。

企业应当记录和评估港口重大危险源事故应急演练情况，并根据记录和评估结果，及时修订完善港口重大危险源事故应急预案，并将演练情况报送所在地港口行政管理部门。

企业应当按照国家有关规定对从业人员和应急救援人员进行应急教育和培

训;应急救援人员应当具备处置危险货物重大事故必要的专业知识、技能、身体素质和心理素质,应急救援人员经过培训合格后,方可参加应急救援工作。

(10)企业应当建立应急值班制度,配备应急值班人员,成立应急处置技术组,实行24小时应急值班。

2.港口行政管理部门管控

(1)所在地港口行政管理部门应建立健全港口重大危险源安全监管制度,完善本辖区港口重大危险源档案,建立港口重大危险源安全监管系统,掌握辖区内港口重大危险源和应急救援队伍、应急资源等基本信息。

(2)所在地港口行政管理部门应当在本级人民政府应急预案框架下,针对港口重大危险源,建立健全危险货物事故应急体系;组织开展辖区港口重大危险源安全风险分析与应急能力评估,制定完善事故应急预案;应当根据本辖区应急工作的实际需要,会同本级人民政府有关部门、相关口岸单位,统筹规划、组织建立应急物资和装备储备,建立完善应急储备管理制度,加强应急准备;定期组织开展应急培训和应急救援演练,提高应急救援能力。

(3)所在地港口行政管理部门应当加强港口重大危险源监督检查,督促港口经营人做好本单位港口重大危险源的辨识、评估及分级、登记建档、监测监控、备案核销和安全管理、应急准备等工作。

(4)所在地港口行政管理部门应根据辖区内港口重大危险源的数量、等级和危险程度、安全生产风险分级管控和隐患排查治理落实情况、安全生产标准化达标情况、应急预案演练情况等,制定完善年度监督检查计划,定期对存在港口重大危险源的港口经营人进行监督检查。

所在地港口行政管理部门应建立港口重大危险源的专项检查制度,专项检查应当重点检查下列内容:

①港口重大危险源安全责任制、安全生产风险分级管控和隐患排查治理制度建立和落实情况;

②按照相关标准规范要求分区分类储存危险货物的情况,超范围、超能力、超期限储存、堆存等问题;

③港口重大危险源的监测监控情况,港口重大危险源自动控制等安全设施和监测监控系统使用和维护保养情况;

④港口重大危险源事故应急预案的编制、修订、演练和总结改进情况,应急救援队伍情况以及防护、救援物资和装备配备情况;

⑤港口重大危险源库区内动火和受限空间等特殊作业、装车作业以及承包商

管理情况；

⑥危险货物储罐超温、超压、超液位和随意变更储存介质等问题；内浮顶储罐确需浮盘落底时，制定专项制度、办理审批手续、全过程监控等情况；

⑦企业消防安全主体责任落实情况，消防设施设备和消防人员的配备情况。

港口行政管理部门在监督检查中发现港口重大危险源存在事故隐患的，应当及时处理，实行闭环管理；构成重大隐患的，应当挂牌督办。

(5)所在地港口行政管理部门应建立港口重大危险源监督检查台账，内容包括港口重大危险源监督检查记录、现场检查记录、整改意见、整改情况等资料。

(6)所在地港口行政管理部门应当会同本级人民政府有关部门，加强对港口重大危险源集中区域的监督检查，确保港口重大危险源与周边单位、居民区、人员密集场所等重要目标和敏感场所之间距离符合国家相关规定。

第六节　隐患排查治理

隐患排查治理是企业安全生产管理过程中的一项法定工作。《中华人民共和国安全生产法》第四十一条规定："生产经营单位应当建立健全并落实生产安全事故隐患排查治理制度，采取技术、管理措施，及时发现并消除事故隐患。"

为进一步加强安全隐患排查、统计、分析、治理工作，企业应实施隐患闭环管理，隐患排查治理包含了两个方面，分别为隐患排查和隐患治理。

一、隐患排查

生产安全事故隐患(以下简称事故隐患)，是指生产经营单位违反安全生产法律、法规、规章、标准、规范和安全生产管理制度的规定，或者因其他因素在生产经营活动中存在可能导致事故发生的物的危险状态、人的不安全行为和管理上的缺陷。

事故隐患分为一般事故隐患和重大事故隐患。一般事故隐患，是指危害和整改难度较小，发现后能够立即整改消除的隐患。重大事故隐患，是指危害和整改难度较大，需要全部或者局部停产停业，并经过一定时间整改治理方能消除的隐患，或者因外部因素影响致使生产经营单位自身难以消除的隐患。

1. 企业隐患排查的职责

企业是事故隐患排查、治理和防控的责任主体，应当建立健全事故隐患排查治理和建档监控等制度，逐级建立并落实从主要负责人到每个从业人员的隐患排查治理和监控责任制，并保证事故隐患排查治理所需的资金，建立资金使用专项制度。

企业应定期组织安全生产管理人员、工程技术人员和其他相关人员排查本单位的事故隐患。对排查出的事故隐患，应当按照事故隐患的等级进行登记，建立事故隐患信息档案，并按照职责分工实施监控治理。

企业应当建立事故隐患报告和举报奖励制度，鼓励、发动职工发现和排除事故隐患，鼓励社会公众举报。对发现、排除和举报事故隐患的有功人员，应当给予物质奖励和表彰。

2. 隐患排查工作及排查重点部位

(1)隐患排查工作主要包含：

①制订隐患排查计划或方案；

②按计划或方案组织开展隐患排查工作；

③对隐患排查结果进行分级，并汇总登记，进入隐患治理流程。

(2)隐患排查重点部位。

隐患排查的重点部位主要包括储罐区、防火堤、气柜、防火防爆、装卸栈台、输送泵、静电接地、消防设施、安全监控、现场安全等。

3. 重大事故隐患排查

隐患排查后，对排查出的隐患进行分级，对于重大事故隐患，企业除按照规定报送外，还应当及时向安全监管监察部门和有关部门报告。重大事故隐患报告内容应当包括：隐患的现状及其产生原因、隐患的危害程度和整改难易程度分析和隐患的治理方案。

据相关统计，港口储罐区常见重大事故隐患主要包括：

(1)储罐区工艺设备设施不满足危险货物危险有害特性的安全防范要求，或者不能正常运行。

(2)储罐区安全设施、应急设备的配备不能满足要求，或者不能正常运行、使用。

(3)对可能产生超压的工艺管道系统未按规定设置压力检测和安全泄放装置，或者不能正常运行。

(4)储罐超设计能力、超容量储存危险货物，或者储罐未按规定检验、检测评估，或者储存作业相关设备设施超期限服役且无法出具检测或检验合格证明、无法满足安全生产要求。

(5)储罐超温、超压、超液位储存，管道超温、超压、超流速输送，作业重要设备设施超负荷运行。

(6)对可能产生超压的工艺管道系统未按规定设置压力检测和安全泄放装置,或者不能正常运行。

(7)储罐(罐区)、管道的选型、布置及防火堤(隔堤)的设置不符合规定。

(8)储罐未根据储存危险货物的危险有害特性要求,采取氮气密封保护系统、添加抗氧化剂或阻聚剂、保温储存等特殊安全措施。

(9)危险货物储罐区未按规定设置相应的防火、防爆、防雷、防静电、防泄漏等安全设施、措施,或者不能正常运行。

(10)危险货物储罐区未按规定设置通信、报警装置,或者不能正常运行。

(11)构成重大危险源的储罐区未按规定配备温度、压力、液位、流量、组分等信息的不间断采集和监测系统;储存剧毒物质的储罐,未按规定设置视频监控系统,或者不能正常运行。

(12)工艺设备及管道未根据输送物料的火灾危险性及作业条件,设置相应的仪表、自动联锁保护系统或者紧急切断措施,或者不能正常运行。

(13)未按规定配备必要的应急救援器材、设备;应急救援器材、设备不能满足可能发生的火灾、爆炸、泄漏、中毒事故应急处置的类型、功能、数量要求,或者不能正常使用。

(14)储罐浮盘变形、浮顶中央排水系统不畅等情况未及时被发现,可能发生的浮盘沉底事故或不能正常运行。

(15)储罐区与其外部周边地区人员密集场所、重要公共设施、重要交通基础设施等的安全距离(间距)不符合规定。

(16)储罐区内部装卸储运设备设施以及建构筑物之间的安全距离(间距)不符合规定。

(17)未按规定设置安全生产管理机构、配备专职安全生产管理人员;未建立安全生产责任制,安全教育培训制度,安全操作规程,安全事故隐患排查治理、重大危险源管理、火灾(爆炸、泄漏、中毒)等重大事故应急预案等安全管理制度,或者落实不到位且情节严重。

(18)从业人员未按规定取得相关从业资格证书并持证上岗。

(19)违反安全规范或操作规程在作业区域进行动火作业、受限空间作业、盲板抽堵、高处作业、吊装、临时用电、动土、断路作业等危险作业。

二、隐患治理

隐患排查结束后,对隐患进行分级治理,对于一般事故隐患,由企业负责人或者有关人员立即组织整改。对于重大事故隐患，由企业主要负责人组织制订并实施事故隐患治理方案。

1. 隐患治理一般要求

(1)储罐企业应建立由主要负责人任组长的安全生产隐患排查治理领导小组，全面负责本单位安全生产隐患排查治理工作，并保障隐患治理投入，做到责任、措施、资金、时限、预案“五到位”。

(2)根据隐患排查和日常巡回检查的结果，对储罐区存在的安全隐患进行及时有效的整改，并建立台账，对隐患及治理整改结果进行登记。

(3)强化企业安全教育和管理制度，定期开展应急演练，加大各种消防器材的操作技能培训，从思想到行动上提升员工的安全意识。

(4)从源头治理控制，对存在隐患的储罐进行设计复核，按照标准设备设施。

(5)定期巡检维护，确保安全附件和防雷、防静电、防汛设施及消防系统完好。

(6)加强储罐的腐蚀监控，定期进行检验检测，发现腐蚀减薄要及时处理。

(7)完善储罐区监测监控设施，根据规范要求设置报警系统。

(8)加强储罐区内特殊作业管理，尤其是动火、受限空间等特殊作业，严格执行作业审批制度，作业前进行风险分析，严格执行安全监护工作。

(9)建立健全隐患排查治理制度，定期全面排查隐患，强化日常巡回检查，及时整治消除隐患。

2. 重大事故隐患治理

(1)重大事故隐患整改治理。

重大事故隐患应由企业主要负责人组织制订并实施事故隐患治理方案，重大事故隐患治理方案应包括：治理的目标和任务、采取的方法和措施、经费和物资的落实、负责治理的机构和人员、治理的时限和要求、安全措施和应急预案。

企业的安全生产管理人员在检查中发现重大事故隐患，应及时向本单位有关负责人报告，有关负责人不及时处理的，安全生产管理人员可以向主管的负有安全生产监督管理职责的部门报告，接到报告的部门应当依法及时处理。

对检查中发现的重大事故隐患，排除前或者排除过程中无法保证安全的，应当责令从危险区域内撤出作业人员，责令暂时停产停业或者停止使用相关设施、设备。

重大隐患整改完成后，有条件的企业应当组织本单位的技术人员和专家对重大事故隐患的治理情况进行评估；其他企业应当委托具备相应资质的安全评价机构对重大事故隐患的治理情况进行评估。经治理后符合安全生产条件的，企业应当向安全监管监察部门和有关部门提出恢复生产的书面申请，经安全监管监察部门和有关部门审查同意后，方可恢复生产经营。

(2)重大事故隐患报备。

企业应按照“及时报备、动态更新、真实准确”的原则，通过公路水路行业安全生产隐患治理信息系统向属地负有安全生产监督管理职责的管理部门及时报备重大事故隐患信息，负有直接监督管理责任的交通运输管理部门应审查报备信息的完整性。重大事故隐患报备包括首次报备(应在重大事故隐患确定后进行报备)、定期报备(报送重大事故隐患整改的进展情况)和不定期报备(当重大事故隐患状态发生新的重大变化时，应及时报备相关情况)三种方式。

企业的安全生产管理人员在检查中发现重大事故隐患，应向本单位有关负责人报告，有关负责人不及时处理的，安全生产管理人员应向属地负有安全生产监督管理职责的交通运输管理部门报告。企业应建立重大事故隐患专项档案，并规范管理。

第七节　应急管理

一、应急预案管理

港口储罐区应急预案是港口危险货物企业为了依法、迅速、科学、有序应对港口储罐区事故而预先制订的工作方案，明确在港口储罐区事故之前、发生过程中以及刚刚结束之后，谁来做、做什么、何时做，以及相应的处置方法和资源准备等，重点规范事发后的应对工作，适当向前、向后延伸。

1. 预案的分类

根据相关规定，企业应急预案分为综合应急预案、专项应急预案和现场处置方案。针对储罐区安全风险管理的应急预案为专项应急预案和现场处置方案。

(1)综合应急预案，是指生产经营单位为应对各种生产安全事故而制订的综合性工作方案，是本单位应对生产安全事故的总体工作程序、措施和应急预案体系的总纲。综合应急预案应当规定应急组织机构及其职责、应急预案体系、事故风险描述、预警及信息报告、应急响应、保障措施、应急预案管理等内容，体现自救互救、信息报告和先期处置特点。

生产经营单位风险种类多、可能发生多种类型事故的，应当组织编制综合应急预案。

(2)专项应急预案，是指生产经营单位为应对某一种或者多种类型生产安全事故，或者针对重要生产设施、重大危险源、重大活动防止生产安全事故而制订的专项性工作方案。专项应急预案应当规定应急指挥机构与职责、处置程序和措施等内容,侧重明确现场组织指挥机制、应急队伍分工、不同情况下的应对措施、应急装备保障和自我保障等内容,主要包括:储罐区重大危险源事故应急预案、泄漏事故应急预案、火灾事故应急预案、爆炸事故应急预案、中毒事故应急预案、伤害事故应急预案、重大生产安全事故救援预案、防抗自然灾害应急预案等应急预案。

(3)现场处置方案,是指生产经营单位根据不同生产安全事故类型,针对具体场所、装置或者设施所制订的应急处置措施。现场处置方案应当规定应急工作职责、应急处置措施和注意事项等内容。储罐区港口企业现场处置方案主要包括:储罐区现场处置方案、储罐泄漏现场处置方案、阀门泄漏现场处置方案、管道泄漏事故现场处置方案、储罐火灾现场处置方案、现场作业火灾处置方案、爆炸现场处置方案、中毒现场处置方案、伤害现场处置方案、其他现场处置方案。

2. 预案的编制及实施

应急预案的编制应遵循以人为本、依法依规、符合实际、注重实效的原则,以应急处置为核心,明确应急职责、规范应急程序、细化保障措施。

(1)应急预案编制的基本要求。

编制应急预案前,编制单位应当进行事故风险辨识、评估和应急资源调查。编制时还应当符合下列基本要求:

①满足有关法律、法规、规章和标准的规定;

②符合本地区、本部门、本单位的安全生产实际情况;

③符合本地区、本部门、本单位的危险性分析情况;

④应急组织和人员的职责分工明确,并有具体的落实措施;

⑤有明确、具体的应急程序和处置措施,并与其应急能力相适应;

⑥有明确的应急保障措施,满足本地区、本部门、本单位的应急工作需要;

⑦应急预案基本要素齐全、完整,应急预案附件提供的信息准确;

⑧应急预案内容与相关应急预案相互衔接。

(2)明确应急救援组织机构、人员和职责分工。

①事故应急救援指挥部。

从企业来看,负责安全、环保以及生产等领域的企业高层领导为事故应急救援指挥部的总指挥,副总指挥则由主管部门的负责人来担任。指挥部的成员还应涵盖安全环保、生产管理、设备、技术、交通疏散、后勤、检验、医疗室、对外联络办公室等若干部门的相关负责人。

②指挥部职责。

发生了危险货物事故后,指挥部要尽快地组织实施应急救援工作。如果发生了危险货物事故,总指挥或总指挥委托人要立即赶赴事故现场,组织和实施应急救援的现场指挥工作,不但要构建现场指挥部,还要在最短时间内拟订和批准现场救援方案,尽快开展现场抢救。

③各相关部门职责。

对企业来讲,参与应急救援中的相关部门基本涵盖了企业的全部部门,例如,内外信息联络办公室、安全环保监督、事故区域、消防救援、交通指挥、行政后勤、生产物资、技术设备以及医疗等具体负责的部门。这就要科学合理地分配他们的职责,尽可能有条不紊地做好应急工作。

(3)应急预案分级响应条件。

在启动以及实施应急预案的过程中,要清楚地界定它的级别以及层次,这样才可能避免千篇一律地实施应急预案。例如,如果事故的范围较小,而且非常易于控制,但却调用了企业的所有人力、物力资源,将会极大地浪费多种资源。还要根据危险货物事故的不同类别、不同级别的危害程度以及从业人员的相关评估结果,还有可能会触发事故的现场情况分析结果,尽可能详细地界定启动应急预案的条件。

(4)应急预案评审备案。

①专家评审:危险化学品企业应组织专家对本单位编制的应急预案进行评审,评审应当形成书面纪要并有专家名单。参加应急预案评审的人员应当包括应急预案涉及的政府部门工作人员和有关安全生产及应急管理方面的专家。应急预案的评审应注重预案的实用性、基本要素的完整性、预防措施的针对性、组织体系的科学性、响应程序的操作性、应急保障措施的可行性、应急预案的衔接性等内容。

②备案:中央管理的总公司的综合应急预案和专项应急预案,报国务院国有资产监督管理部门、国务院安全生产监督管理部门和国务院有关主管部门备案;其所属单位的应急预案分别抄送所在地的省、自治区、直辖市或者设区的市人民政府安全生产监督管理部门和有关主管部门备案。其他企业的综合应急预案和专项应急预案,应按隶属关系报所在地县级以上地方人民政府安全生产监督管理部门和有关主管部门备案。

(5)应急救援的实施。

在应急救援危险货物事故时,通常情况下涵盖了报警、接警、出动应急队伍、成立事故应急指挥部、全方位地开展应急处理。做好紧急疏散、现场急救、溢出或泄漏物的处理、控制火灾等若干活动。

应急救援实施流程如图 3-1 所示。

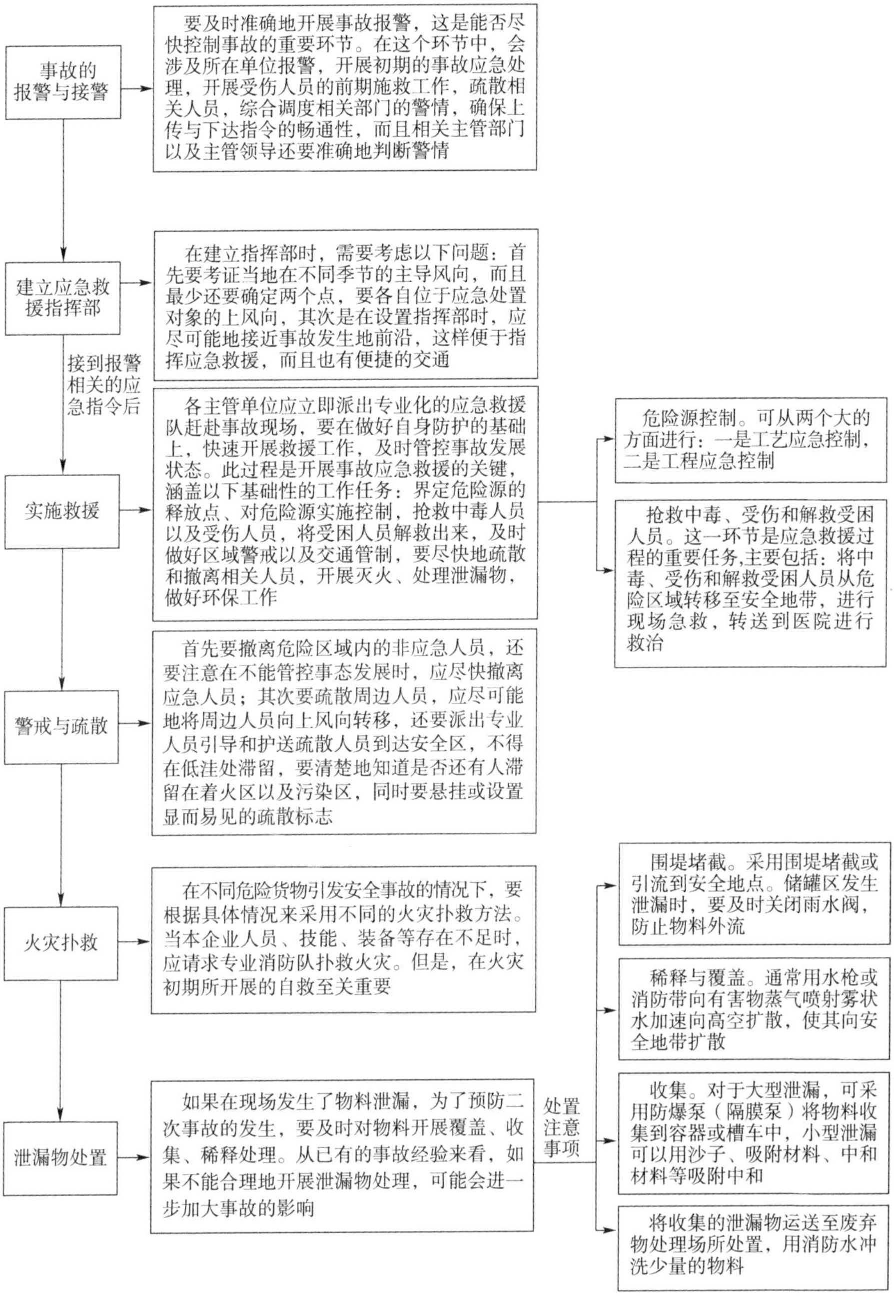

事故的报警与接警 → 要及时准确地开展事故报警，这是能否尽快控制事故的重要环节。在这个环节中，会涉及所在单位报警，开展初期的事故应急处理，开展受伤人员的前期施救工作，疏散相关人员，综合调度相关部门的警情，确保上传与下达指令的畅通性，而且相关主管部门以及主管领导还要准确地判断警情

↓

建立应急救援指挥部 → 在建立指挥部时，需要考虑以下问题：首先要考证当地在不同季节的主导风向，而且最少还要确定两个点，要各自位于应急处置对象的上风向，其次是在设置指挥部时，应尽可能地接近事故发生地前沿，这样便于指挥应急救援，而且也有便捷的交通

↓ 接到报警相关的应急指令后

实施救援 → 各主管单位应立即派出专业化的应急救援队赶赴事故现场，要在做好自身防护的基础上，快速开展救援工作，及时管控事故发展状态。此过程是开展事故应急救援的关键，涵盖以下基础性的工作任务：界定危险源的释放点、对危险源实施控制，抢救中毒人员以及受伤人员，将受困人员解救出来，及时做好区域警戒以及交通管制，要尽快地疏散和撤离相关人员，开展灭火、处理泄漏物，做好环保工作

- → 危险源控制。可从两个大的方面进行：一是工艺应急控制，二是工程应急控制
- → 抢救中毒、受伤和解救受困人员。这一环节是应急救援过程的重要任务,主要包括：将中毒、受伤和解救受困人员从危险区域转移至安全地带，进行现场急救，转送到医院进行救治

↓

警戒与疏散 → 首先要撤离危险区域内的非应急人员，还要注意在不能管控事态发展时，应尽快撤离应急人员；其次要疏散周边人员，应尽可能地将周边人员向上风向转移，还要派出专业人员引导和护送疏散人员到达安全区，不得在低洼处滞留，要清楚地知道是否还有人滞留在着火区以及污染区，同时要悬挂或设置显而易见的疏散标志

↓

火灾扑救 → 在不同危险货物引发安全事故的情况下，要根据具体情况来采用不同的火灾扑救方法。当本企业人员、技能、装备等存在不足时，应请求专业消防队扑救火灾。但是，在火灾初期所开展的自救至关重要

↓

泄漏物处置 → 如果在现场发生了物料泄漏，为了预防二次事故的发生，要及时对物料开展覆盖、收集、稀释处理。从已有的事故经验来看，如果不能合理地开展泄漏物处理，可能会进一步加大事故的影响

处置注意事项：

- → 围堤堵截。采用围堤堵截或引流到安全地点。储罐区发生泄漏时，要及时关闭雨水阀，防止物料外流
- → 稀释与覆盖。通常用水枪或消防带向有害物蒸气喷射雾状水加速向高空扩散，使其向安全地带扩散
- → 收集。对于大型泄漏，可采用防爆泵（隔膜泵）将物料收集到容器或槽车中，小型泄漏可以用沙子、吸附材料、中和材料等吸附中和
- → 将收集的泄漏物运送至废弃物处理场所处置，用消防水冲洗少量的物料

图 3-1　应急救援实施流程图

3. 应急预案评估

应急预案评估是使应急预案持续改进,确保应急预案适用性、针对性和可操作性的重要手段。应急预案评估主要是针对应急预案的管理要求、应急组织机构与职责、事故风险、应急资源、应急预案衔接、实施反馈等方面进行评估。

(1)应急预案管理要求。

法律法规、标准、规范性文件及上位预案是否对应急预案作出新规定和要求,主要包括应急组织机构及其职责、应急预案体系、事故风险描述、应急响应及保障措施。

(2)应急组织机构与职责。

企业组织体系是否发生变化、应急处置关键岗位应急职责是否调整、重点部门应急职责与分工是否重新划分、应急组织机构或人员对应急职责是否存在疑义、应急机构设置与职责能否满足实际需求。

(3)事故风险。

企业事故风险分析是否全面客观、风险等级确定是否合理、是否有新增事故风险、事故风险防范和控制措施能否满足实际需要、依据事故风险评估提出的应急资源需求是否科学。

(4)应急资源。

企业对于本单位应急资源和合作区域内可请求援助的应急资源调查是否全面、与事故风险评估得出的实际需求是否匹配,现有应急资源的数量、种类、功能、用途是否发生重大变化。

(5)应急预案衔接。

企业编制的各类应急预案之间是否相互衔接,是否与相关人民政府及其部门、应急救援队伍和涉及的其他单位应急预案相衔接,对信息报告、响应分级、指挥权移交、警戒疏散是否作出合理规定。

(6)实施反馈。

在应急演练、应急处置、监督检查、体系审核及投诉举报中,是否发现应急预案存在组织机构、应急响应程序、先期处置及后期处置方面的问题。

二、应急资源与救援队伍管理

1. 应急救援设备设施

(1)功能要求。

储罐区应急救援装备的功能要求是必须能完成预案所确定的任务。对于同样用途的装备,会因使用环境的差异出现不同的功能要求,这就必须根据实际需要提出相应的特殊功能要求。如在高温潮湿的南方、在低温寒冷的北方，可燃气体监测仪、水质监测仪能否正常工作。许多情况下，应急装备都有其使用温度范围、湿度范围等限制，因此，在一些条件恶劣的特殊环境下，应该特别注意应急救援装备的适用性。

（2）物资装备保障。

储罐区应急救援物资应具备实用性、功能性、安全性、耐用性以及满足单位实际需要。应急救援物资质量合格是最基本的要求，是保证救援时救援人员安全、救援顺利进行的基础。企业配备的物资应是合格产品，严禁使用不符合标准、检验不合格、无安全标志的产品，此外，危险货物储罐企业还应根据自身的特点和要求，配备其他的应急救援物资以满足救援任务的需要，例如堵漏装备、可燃气体检测仪、洗消剂、卸载设备、土壤密封剂、爆炸计量仪等。

（3）装备种类选择。

应急救援装备的种类很多，同类产品在功能、使用、重量、价格等方面也存在很大差异，所以如何正确地选择装备对于不同的企业有不同的意义。对于目前来说，大多数企业选择的方式如下：

①根据法律法规、标准规范要求进行选择。法律法规中要求“必备”的装备，必须配备到位；随着应急法制建设的推进，相关的专业应急救援规程、规定、标准逐步实施，对于这些规程、标准、规定要求配备的装备，必须依法配备到位。

②根据应急预案要求进行选择。应急预案是应急准备与行动的重要指南，因此，应急救援装备必须依照应急预案的要求进行选择配备。应急预案中需要配备的装备，有些可能明确列出，有些可能只是列出通用性要求。对于明确列出的装备，根据要求配备，对于没有列出具体名称，只列出通用性要求的设备，则要根据企业需求，根据所需要的功能与用途进行认真选定，以满足应急救援的实际需要。

③应急救援装备选购。应急救援的装备种类很多，价格差距往往也很大。在选购时，首先要明确需求，从功能性上正确选购；其次，要考虑到使用的方便，从实用性上进行选购；第三，要保证性能稳定，质量可靠，从耐用性、安全性上选购；最后，要从经济性上选购，从价格和维护成本上货比三家，在满足需要的前提下，尽可能地少花钱，多办事。

④严禁采用淘汰类型的产品。应急救援装备像生活中的其他设备一样，都会经历一个产生、改进、完善的过程，在这个过程中，也可能出现因当初设计不合理，甚至存在严重缺陷而被淘汰的产品，对这些淘汰产品严禁采用。应急救援行动过程中，淘汰的装备会降低救援效率，甚至引发不应发生的次生事故。

(4)装备数量确定。

应急救援装备的配备数量，应坚持三个原则，确保应急救援装备的配备数量到位。

①依法配备。对法律法规明文要求必备数量的，必须依法配备到位。

②合理配备。对法律法规没做明文要求的，按照预案要求和企业实际，合理配备。

③双套配备。

设备在使用和保存的过程中都存在损坏的可能性，一旦发生故障，不能正常使用，应急行动就可能被迫中断。因此，对应急救援设备的双套配备应坚持以下原则：

a. 尽可能双套配置，对一些关键设备，如通信话机、电源、事故照明等必须双套配置；

b. 如能力不足或设备性能稳定性高，可单套配置，同时加强维护，并预想设备损坏情况下的应急对策，如通过互助协议寻求支援。

2. 救援队伍

(1)专业救援队伍。

根据《中华人民共和国消防法》中相关规定，国务院领导全国的消防工作。地方各级人民政府负责本行政区域内的消防工作。县级以上地方人民政府应急管理部门对本行政区域内的消防工作实施监督管理，并由本级人民政府消防救援机构负责实施。消防救援机构应当对专职消防队、志愿消防队等消防组织进行业务指导；根据扑救火灾的需要，可以调动指挥专职消防队参加火灾扑救工作。

国家应急管理部负责指导各地区各部门应对突发事件工作，推动应急预案体系建设和预案演练。建立灾情报告系统并统一发布灾情，统筹应急力量建设和物资储备，并在救灾时统一调度，组织灾害救助体系建设，指导安全生产类、自然灾害类应急救援，承担国家应对特别重大灾害指挥部工作。国家专业应急救援队伍包括了国家危险化学品应急救援队、地方消防救援总队等。

(2)企业应急救援队。

根据《中华人民共和国消防法》中相关规定，下列单位应当建立单位专职消防队，承担本单位的火灾扑救工作：

(一)大型核设施单位，大型发电厂、民用机场，主要港口；

(二)生产，储存易燃易爆危险品的大型企业；

(三)储备可燃的重要物资的大型仓库，基地；

(四)第一项、第二项、第三项规定以外的火灾危险性较大、距离国家综合性消防救援队较远的其他大型企业;

(五)距离国家综合性救援队较远、被列为全国重点文物保护单位的古建筑群的管理单位。

根据《生产安全事故应急条例》中相关规定,易燃易爆物品、危险化学品等危险物品的生产、经营、储存、运输单位,矿山、金属冶炼、城市轨道交通运营、建筑施工单位,以及宾馆、商场、娱乐场所、旅游景区等人员密集场所经营单位,应当建立应急救援队伍;其中,小型企业或者微型企业等规模较小的生产经营单位,可以不建立应急救援队伍,但应当指定兼职的应急救援人员,并且可以与邻近的应急救援队伍签订应急救援协议。工业园区、开发区等产业聚集区域内的生产经营单位,可以联合建立应急救援队伍。

(3)志愿者救援队伍。

乡镇人民政府应当根据当地经济发展和消防工作的需要建立志愿消防队,并由消防救援机构对志愿消防队进行业务指导。志愿消防队参加扑救外单位火灾所耗损的燃料、灭火剂和器材、装备等,由火灾发生地的人民政府给予补偿。

在专业救援及公民自救的基础上,志愿者救援队伍的加入对于突发事件的应急处置起到了积极的作用,志愿者救援队伍进行相关的专业培训后,为储罐突发事件应急处置提供了更为充足的人力资源保障。积极推动和鼓励社会组织的发展,引导志愿者救援队伍参与储罐突发事件处置,明确志愿者救援队伍在突发事件处置中发挥的作用,并在相关政策法规中得以体现,赋予其一定权限,规范其行为责任,使志愿者救援队伍真正成为突发事件处置过程中和救援体系中一个重要的组成部分。

(4)专家库。

港口储罐企业要统筹各类应急专家资源,建立健全专家队伍,组织相关专家针对发生储罐突发事件进行专业调研,发挥专家在处置储罐区域突发事件中的智谋作用,帮助解决突发事件中的专业问题。

三、应急培训和演练

1.应急培训

应急培训是根据港口储罐区安全生产和应急管理需要,对安全生产应急管理人员、作业人员和专业救援人员开展的一种针对性很强的专项训练和教育,通过培训提高安全生产应急管理人员、作业人员和专业救援人员的安全意识、应急知识、应急处置能力和应急管理水平,促进应急管理知识的持续更新。港口危险货物企业应对编制的储罐事故应急预案通过编发培训材料、举办培训、开展研讨等方式，对本单位与应急预案实施密切相关的管理人员和专业救援人员等组织开展应急预案培训，并制作通俗易懂、好记管用的宣传普及材料，向周边相邻单位和区域内的公众免费发放。

应急培训的主要内容包括：储罐区危险分析、储罐区突发事件应急管理、安全生产应急管理法律法规、安全生产应急管理、安全生产应急体系、安全生产应急预案、应急能力评估、应急演练、应急处置及事后恢复、应急现场常用个体防护与救助知识、典型事故应急管理案例分析等。

港口管理部门应将储罐事故应急预案培训作为应急管理培训的重要组成部分，纳入应急管理日常培训内容。

2. 应急演练

应急演练对检验应急预案、完善准备、锻炼队伍、磨合机制有重要作用，演练一般按照应急预案进行，针对储罐区可能发生的事故情景模拟开展相应的应急活动，是检验应急预案是否有用、管用、实用的最好办法。

应急演练按照演练内容分为综合演练和单项演练，按照演练形式分为实战演练和桌面演练，按目的与作用分为检验性演练、示范性演练和研究性演练，不同类型的演练可相互组合。

应急演练实施基本流程包括计划、准备、实施、评估总结、持续改进五个阶段。

储罐企业应当建立应急预案的演练制度，有针对性地经常组织开展本单位人员广泛参与、周边相邻单位参与的处置联动性强、形式多样的应急演练。通过演练总结评估突发事件应急处置工作的经验教训，制定改进措施，进一步完善应急预案，实现应急预案的动态优化。应急演练总结评估的主要内容包括：演练准备情况、演练实施情况、预案的合理性与可操作性、指挥协调和应急联动情况、应急人员的处置情况、演练所用设备装备的适用性、演练中存在的问题和不足、好的做法和主要优点、对完善预案和应急管理的意见和建议等。

四、应急处置

应急处置措施在限制事故扩大，降低事故对生命、环境的危害及财产损失方面起着重要的作用，对危险货物事故有着其他方法不可替代的效果。港口储罐主要的事故主要包含泄漏事故、火灾爆炸事故、中毒事故、缺氧窒息事故等，具体应急处置措施包括以下方面。

1. 泄漏事故

储罐集中区域泄漏事故的应急处置通常分为三个步骤：泄漏源控制、泄漏物处置和泄漏物回收。

(1)泄漏源控制。

泄漏事故发生后,应通过控制泄漏源消除危险货物的溢出或泄漏,这对整个应急处置是非常关键的。储罐或管线发生泄漏后,通过关闭有关上下游阀门、停止作业或采取修补裂缝和堵塞裂口等堵漏措施控制泄漏源,制止危险货物的进一步泄漏。

(2)泄漏物处置。

泄漏源被控制后,要及时将现场泄漏物通过覆盖、稀释、吸附、固化等处理方式,使泄漏物得到安全可靠的处置,防止二次事故的发生。

(3)泄漏物回收。

通过对泄漏危险货物的有效回收,可以将其对环境或生命的危害及经济损失降至最低。泄漏物收集处置主要有修筑围堤、挖掘沟槽等方法。

2. 火灾爆炸事故

储罐集中区域火灾爆炸事故的应急处置通常分为四个步骤:警戒防护、起火源控制、火灾救护、现场清理恢复。

(1)警戒防护。

火灾爆炸事故发生后划分好危险区域,严格控制(或引导疏散)出入人员、车辆,并放置防爆设备设施。进入现场开展应急工作的人员应进行必要的防护,穿防火隔热服、佩戴呼吸器等。

(2)起火源控制。

通过切断阀或堵漏等方式,切断起火源。通过关闭有关上下游阀门、停止作业或采取修补裂缝和堵塞裂口等堵漏措施控制泄漏源,制止危险货物的进一步泄漏导致火灾爆炸的扩大或加剧。

(3)火灾扑救。

发生初起火险时,现场作业人员应立即关闭传输作业并拉响警报器,根据起火源的性质、火灾发生的位置进行扑救。根据事故现场情况,判断是否可能发生再次爆炸,撤离所有人员至安全地带。对受伤人员采取适合的救助方式。

(4)现场清理恢复。

对残余危险货物用防爆泵或吸油毡回收,集中处理,保护现场,便于事故调查,恢复工作现场。

3. 中毒事故

储罐集中区域中毒事故的应急处置通常分为四个步骤:警戒防护、中毒源控制、现场急救、现场清理恢复。

(1)警戒防护。

进入事故现场的应急救援人员必须根据引发中毒的危险物质,选择佩戴个体防护用品。进入半水煤气、一氧化碳、硫化氢、二氧化碳等中毒事故现场,必须佩戴防毒面具、正压式呼吸器,穿消防防护服;进入液氨、液化石油气、液氯等中毒事故现场,必须佩戴正压式呼吸器,穿气密性防护服(根据中毒源不同,选择不同材质,如防静电、隔热、防冻伤等)。

(2)中毒源控制。

迅速清除警戒区内所有火源、电源、热源和与泄漏物化学性质相抵触的物品,加强通风,防止引起燃烧爆炸。在泄漏储罐、容器或管道的四周设置喷雾水枪,用大量的喷雾水、开花水流进行稀释,抑制泄漏物漂流方向和飘散高度。室内加强自然通风和机械排风。安排熟悉现场的操作人员关闭泄漏点上下游阀门和进料阀门,切断泄漏途径,在处理过程中,应使用雾状水和开花水配合完成。

(3)现场急救。

迅速将中毒者撤离现场,转移到上风或侧上风方向空气无污染地区;有条件时应立即进行呼吸道及全身防护,防止继续吸入中毒。立即脱去被污染者的服装;皮肤污染者,用流动清水或肥皂水彻底冲洗;眼睛污染者,用大量流动清水彻底冲洗。对呼吸、心跳停止者,应立即进行人工呼吸,采取心肺复苏措施,并给其吸氧气。严重者立即送往医院观察治疗。

(4)现场清理恢复。

筑堤堵截泄漏液体或者将其引流到安全地点,储罐区发生液体泄漏时,要及时关闭雨水阀,防止物料沿明沟外流。对于大量泄漏,可选择用泵将泄漏出的物料抽到容器或槽车内;当泄漏量小时,可用吸附材料、中和材料等吸收中和。将收集的泄漏物运至废物处理场所处置,用消防水冲洗剩下的少量物料,冲洗水排入污水系统处理。

4. 缺氧窒息事故

储罐集中区域缺氧窒息事故的应急处置通常分为三个步骤:警戒防护、现场急救、现场恢复。

(1)警戒防护。

进入事故现场的应急救援人员必须根据发生缺氧窒息的环境,选择佩戴个体防护用品,可佩带正压式呼吸机等防护设备,并对事故现场进行强制通风换气。

(2)现场急救。

将缺氧窒息人员救离受害地点至地面以上或通风良好的地点,立即进行人工呼吸,采取心肺复苏措施,并给其吸氧气,同时及时送往医院救治。

(3)现场恢复。

对发生事故的地点进行通风换气,并检查通风换气设备设施。

除上述事故应急处置外,企业可建立港口储罐安全风险管理与应急管理系统,对储罐区泄漏、火灾、爆炸等事故进行模拟,明确事故可能的影响范围、规划最优应急疏散路径、调配最优应急资源,便于开展应急救援工作。

港口储罐安全风险管理与应急管理系统具有用户界面友好、扩展性高、数据交互操作性良好、安全性和稳定性高等技术特点,可以为事故发生时应急反应人员准确把握储罐危险货物状态和动向,应急资源和应急队伍、设备情况达到应急处置方案要求等提供技术支持;有助于提高危险货物泄漏扩散、火灾、爆炸事故的应急效率,避免泄漏量和事故影响范围的扩大,从而有效降低应急成本。

第八节　储罐安全风险管理方案

为切实加强储罐安全风险管控,从基础管理、设备管理、技术管理、人员管理、隐患排查治理、风险源分级管理、应急管理等方面入手,梳理储罐区安全生产过程中各环节危险源,规定切实有效的管控措施和手段,确保企业运行风险可控,制订了储罐安全风险管理方案,见表3-10。

表 3-10

储罐安全风险管理方案

A 级	B 级	C 级	管理方案
基础管理	政府监管	—	政府安全监管是安全管理的一种，是为了维护在港工作人员生命及港口财产安全，运用行政力量，对港口安全进行监督与管理的一种特殊活动。 港口行政管理部门应当依法对港口安全生产情况实施监督检查，对旅客上下集中、货物装卸量较大或者有特殊用途的码头进行重点巡查；检查中发现安全隐患的，应当责令被检查人立即排除或者限期排除。负责安全生产监督管理的部门和其他有关部门依照法律、法规的规定，在各自职责范围内对港口安全生产实施监督检查。 所在地港口行政管理部门应当依法对危险货物港口作业和装卸、储存区域实施监督检查，并明确检查内容、方式、频次以及有关要求等
	企业安全管理	全员安全责任	全员安全生产责任制是由企业根据安全生产法律法规和相关标准要求，建立起安全生产工作“层层负责、人人有责、各负其责”的工作体系。 企业主要负责人要按照《中华人民共和国安全生产法》《中华人民共和国职业病防治法》等法律法规规定，参照《中华人民共和国企业安全生产标准化基本规范》（GB/T 33000—2016）和《企业安全生产责任体系五落实五到位规定》（安监总办〔2015〕27 号）等有关要求，结合企业自身实际，明确从主要负责人到一线从业人员（含劳务派遣人员、实习学生等）的安全生产责任、责任范围和考核标准
		物质保障安全	具备安全生产条件；依法履行建设项目安全设施“三同时”（建设项目安全设施必须与主体工程同时设计、同时施工、同时投入生产和使用）规定；依法为从业人员提供劳动防护用品，并监督、教育其正确佩戴和使用
		资金投入	按规定提取和使用安全生产费用，确保资金投入满足安全生产条件需要；按规定存储安全生产风险抵押金；依法为从业人员缴纳工伤保险费；保证安全生产教育培训的资金
		机构设置和人员配备	依法设置安全生产管理机构，配备安全生产管理人员；按规定委托和聘用注册安全工程师为其提供安全管理服务

续上表

A级	B级	C级	管理方案
基础管理	企业安全管理	规章制度制定	建立健全安全生产责任制和各项规章制度、操作章程,并根据实际情况的变化,适时修订完善管理制度,这是安全生产的基础保障
		教育培训	依法组织从业人员参加安全生产教育培训,取得相关上岗资格证书
		安全风险管理	企业安全风险管理应从风险辨识、风险评估、风险管理方面着手: 1. 风险辨识是发现、确认和描述风险的过程。储罐区安全生产风险辨识应确定风险辨识范围,划分作业单元,结合本单位安全生产管理实际确定风险事件,从人、设施设备(含货物或物料)、环境、管理等方面分析致险因素,将风险辨识结果填入港口安全生产风险辨识管控信息表。 2. 风险评估港口安全生产风险等级由高到低统一划分为四级:重大风险、较大风险、一般风险、较小风险。风险等级分值大小(D)由风险事件发生的可能性(L)和后果严重程度(C)的组合决定。 风险等级分值(D) = 可能性(L) × 后果严重程度(C) 3. 风险管理。企业应根据风险管控相关要求制定风险管控措施,并将风险管控措施填入港口安全生产风险辨识管控信息表。汇总本单位所有储罐区安全生产风险辨识管控信息表,形成港口安全生产风险辨识管控手册,并绘制“红橙黄蓝”四色港口安全生产风险分布图
设备管理	设备设施的安全管理	储罐区设备设施	储罐区设备设施包括储罐、管线及附属设施
		储罐区设备设施安全管理	1. 储罐安全管理。 储罐基础、储罐压力、储罐防腐、储罐罐体保温、储罐安全措施、储罐检测。 2. 管线及附属设施安全管理。 输油管道上的阀门应采用钢制阀门;永久性的地上、地下管道不得穿越或跨越与其无关的工艺装置、系统单元或储罐组;在跨越罐区泵房的可燃气体、液化烃和可燃液体的管道上不应设置阀门及易发生泄漏的管道附件

续上表

A 级	B 级	C 级	管 理 方 案
设备管理	设备设施的安全管理	储罐区特种、强检设备安全管理	1. 特种设备购置应符合相关规定； 2. 分台建立特种设备技术档案； 3. 在设备明显位置设置清晰的标志铭牌； 4. 定期检验； 5. 特种设备持证上岗； 6. 储罐区强检设备安全管理
	设备设施的使用、维护、检测的安全保障	设备设施安装的安全要求	设备设施安装后，应逐项检查设备设施的安全状态及性能是否符合安全要求。检查的安全项目包括静态和动态两方面
		设备设施使用、维护的安全要求	设备设施使用应建立设备使用维护责任制，制定储罐、特种设备、管线等设备设施安全操作规程，实行操作证制度，以确保设备设施的安全正常运行
		设备设施安全检测的安全要求	安全检测是了解设备设施运行状况，设备运行变化趋势的有效手段，其根本目的是避免安全设备故障或事故发生，保证生产经营安全
		设备设施的报废与淘汰	根据相关法律法规，对设备设施的报废、淘汰制度加以确认，进行报废处理以避免因设备不安全而引发的事故。设备设施报废或淘汰后，任何生产经营单位不得使用已报废、淘汰、禁止使用的危及生产安全的工艺与设备
		建立设备设施安全档案	设备设施安全档案主要包括：设备设施安全管理信息、资料和数据
	设备设施的强化管理	加强储罐设备设施维护	企业要明确储罐设备设施使用维护的责任人，按照“一台一档”建立完善储罐管理档案，按要求对储罐进行维护
		完善储罐安全监测监控系统	企业要建立健全安全检测监控体系

续上表

A 级	B 级	C 级	管 理 方 案
设备管理	设备设施的强化管理	强化安全检查检测	企业根据要求对储罐开展安全检查检测,实施例行检查、年度检查和定期检测。对检查检测发现的问题和隐患要及时整改,不具备安全生产条件的,要停止使用。年度检查报告和定期检测报告应留档备查
		加强管理,强化设备本质安全	1. 完善设备设施检查保障体系; 2. 强力推行计划检修制度,变事后抢修为预控维修; 3. 加大对老旧设备设施的维护力度; 4. 根据设备维护要求,严格管理体制,为每台设备挂牌明责
		加强研究,加大投入	加大科技创新、工具更新、软件开发投入,逐步利用机械操作来代替人工操作,实现人机分离,减少安全风险
		强化创新,完善技术管理手段	逐步建立高液位报警连锁系统、管线压力超压报警系统、储罐感温报警系统、装车线、泵房紧急事故一键急停系统、码头紧急事故一键关阀等安全系统
		规范工艺,流程再造	加大工艺系统研究力度,创新作业工艺管理,用最安全、最高效的工艺服务生产,为员工创造良好的工作条件
技术管理	储罐泄漏事故预防	储罐及管线泄漏管理	1. 合理布局,降低泄漏风险; 2. 设置防泄漏安全装置; 3. 及时发现泄漏,妥善处置泄漏事故; 4. 泄漏检测技术包括:常规储罐检测方法、国外储罐泄漏检测新技术等
		储罐及管线泄漏控制	1. 设置消防给水及灭火设施; 2. 妥善处置泄漏事故; 3. 编制理化性质告知牌及事故应急处置卡
	储罐火灾爆炸事故预防	—	1. 加强火种管理; 2. 防止静电火花; 3. 防雷电; 4. 控制人为因素,降低事故风险

续上表

A级	B级	C级	管理方案
人员管理	素质能力	—	储罐区所运行设备的每项检测环节对操作人员都有着严格要求，操作人员只有在技术上满足设备安全管理需要，才能保障储罐的安全。因此，加强储罐区设备操作人员的业务能力、提高操作人员技术水平是控制储罐区安全风险的基础。 企业主要负责人、安全生产主要负责人、专职安全管理人员、一线从业人员应具备相关素质能力。危险化学品生产、储存企业主要负责人、分管安全生产负责人必须具有化工类专业大专及以上学历和三年以上实践经验。专职安全管理人员至少要具备中级及以上化工专业技术职称或者化工安全类注册安全工程师资格。新招一线岗位从业人员必须具有化工职业教育背景或者普通高中及以上学历并接受危险化学品安全培训，经考核合格后方能上岗。安全评价机构在对危险货物单位进行安全生产条件评价时，要对企业的从业人员是否具备学历条件和安全管理机构的设置及人员配备情况进行符合性评价，形成独立评价内容
	人员培训	《危险货物水路运输从业人员考核和从业资格管理规定》中要求的培训	1. 危险货物水路运输企业应当对危险货物水路运输从业人员进行安全教育、法制教育和岗位技术培训，制订培训计划，安排安全生产培训经费，建立培训管理档案。 危险货物水路运输从业人员应当接受教育和培训，未经安全生产教育和培训合格的，不得上岗作业。 2. 港口危险货物储存单位主要安全管理人员应当按照《中华人民共和国安全生产法》的规定，经安全生产知识和管理能力考核合格。 从事港口危险货物储存作业的港口经营人应当加强经考核合格的主要安全管理人员的继续教育，及时更新法制、安全、业务方面的知识与技能。 3. 装卸管理人员、申报员、检查员应当按照本规定经考核合格，具备相应从业条件，取得相应种类的《危险化学品水路运输从业资格证书》，方可从事相应的作业。 《危险化学品水路运输从业资格证书》按照危险货物国际水路运输和国内水路运输类型，细分为包装、散装固体、散装液体等种类，并在证书备注栏中予以注明
		特种设备作业	《特种设备安全监察条例》中规定：锅炉、压力容器、压力管道、电梯、起重机械、客运索道、大型游乐设施、场（厂）内专用机动车辆的作业人员及其相关管理人员（以下统称特种设备作业人员），应当按照国家有关规定经特种设备安全监督管理部门考核合格，取得国家统一格式的特种作业人员证书，方可从事相应的作业或者管理工作。国家市场监督管理总局下属地方市场监管局颁发《特种设备作业人员证》

续上表

A级	B级	C级	管理方案
人员管理	健康防护	—	要使相关操作人员的安全健康得到保证，就必须具备完善的健康监护，对于直接接触危险货物相关人员，在上岗之前要进行体检，并且在上岗之后也要定期进行体检，同时还需要建立一个完善的职业卫生档案。要给予危险货物操作人员配备劳动保护设施，并且要及时更新换代
	监督检查	—	强化监督检查，确保现场24h受控。建立高层领导、助理、调度指挥、基层队长、当班班长、岗位员工“六位一体”安全监控体系。完善各级人员岗位职责落实监控体系，强化过程管理。潜心研究不同人员、不同岗位、不同时段的差异性，精心编制“走到、看到、管到、处理到”的保障网络，确保关键节点受控
隐患排查治理	隐患排查	企业隐患排查的职责	企业是事故隐患排查、治理和防控的责任主体，应当建立健全事故隐患排查治理和建档监控等制度，逐级建立并落实从主要负责人到每个从业人员的隐患排查治理和监控责任制，并保证事故隐患排查治理所需的资金，建立资金使用专项制度。 企业应定期组织安全生产管理人员、工程技术人员和其他相关人员排查本单位的事故隐患。对排查出的事故隐患，应当按照事故隐患的等级进行登记，建立事故隐患信息档案，并按照职责分工实施监控治理。 企业应当建立事故隐患报告和举报奖励制度，鼓励、发动职工发现和排除事故隐患，鼓励社会公众举报
		隐患排查工作及排查重点部位	1. 隐患排查工作主要包含：制订隐患排查计划或方案、按计划或方案组织开展隐患排查工作、对隐患排查结果进行分级； 2. 隐患排查的重点部位主要包括储罐区、防火堤、气柜、防火防爆、装卸栈台、输送泵、静电接地、消防设施、安全监控、现场安全等
		重大隐患排查	隐患排查后，对排查出的隐患进行分级，对于重大事故隐患，企业除按照规定报送外，应当及时向安全监管监察部门和有关部门报告。重大事故隐患报告内容应当包括：隐患的现状及其产生原因、隐患的危害程度和整改难易程度分析和隐患的治理方案

续上表

A 级	B 级	C 级	管 理 方 案
隐患排查治理	隐患治理	隐患治理一般要求	1. 企业应建立由主要负责人任组长的安全生产隐患排查治理领导小组，全面负责本单位安全生产隐患排查治理工作，并保障隐患治理投入，做到责任、措施、资金、时限、预案“五到位”； 2. 根据隐患排查和日常巡回检查的结果，对储罐区存在的安全隐患进行及时有效的整改，并建立台账，对隐患及治理整改结果进行登记； 3. 强化企业安全教育和管理制度，定期开展应急演练，加大各种消防器材的操作技能培训，从思想到行动上提升员工的安全意识； 4. 从源头治理控制，对存在隐患的储罐进行设计复核，按照标准设备设施； 5. 定期巡检维护，确保安全附件和防雷、防静电、防汛设施及消防系统完好； 6. 加强储罐的腐蚀监控，定期进行检验检测，发现腐蚀减薄要及时处理； 7. 完善储罐区监测监控设施，根据规范要求设置报警系统； 8. 加强储罐区内特殊作业管理，尤其是动火、受限空间等特殊作业，严格执行作业审批制度，作业前进行风险分析，严格执行安全监护工作； 9. 建立健全隐患排查治理制度，定期全面排查隐患，强化日常巡回检查，及时整治消除隐患
		重大事故隐患治理	1. 重大事故隐患整改治理。 重大事故隐患应由企业主要负责人组织制订并实施事故隐患治理方案，重大事故隐患整改完成后，企业应委托第三方服务机构或成立隐患整改验收组进行专项验收。企业成立的隐患整改验收组成员应包括港口经营单位负责人、安全管理部门负责人、相关业务部门负责人和 2 名以上相关专业领域具有一定从业经历的专业技术人员。重大隐患整改验收通过的，企业应将验收结论向属地负有安全生产监督管理职责的交通运输管理部门报备。 2. 重大事故隐患报备。 企业应按照“及时报备、动态更新、真实准确”的原则，通过公路水路行业安全生产隐患治理信息系统向属地负有安全生产监督管理职责的管理部门及时报备重大事故隐患信息。企业的安全生产管理人员在检查中发现重大事故隐患，应向本单位有关负责人报告，有关负责人不及时处理的，安全生产管理人员应向属地负有安全生产监督管理职责的交通运输管理部门报告。企业应建立重大事故隐患专项档案，并规范管理

续上表

A 级	B 级	C 级	管理方案
风险源分级管理	港口安全生产风险分级方法	风险分级	交通运输部印发的《港口安全生产风险辨识管控指南》中，将港口安全生产风险等级由高到低统一划分为四级，分别为重大风险、较大风险、一般风险、较小风险
		风险等级评估	风险等级分值大小(D)由风险事件发生的可能性(L)和后果严重程度(C)的组合决定。 风险等级分值(D) = 可能性(L) × 后果严重程度(C) 风险等级根据风险等级分支(D)分为重大风险($55 < D \leqslant 100$)，较大风险($20 < D \leqslant 55$)，一般风险($5 < D \leqslant 20$)，较小风险($0 < D \leqslant 5$)
		风险事件发生的可能性分级	可能性统一划分为五个级别：极高($9 < L \leqslant 10$)、高($6 < L \leqslant 9$)、中等($3 < L \leqslant 6$)、低($1 < L \leqslant 3$)、极低($0 < L \leqslant 1$)。 可能性级别对应发生的可能性为：极易(极高)、易(高)、可能(中等)、不大可能(低)、极不可能(极低)
		风险事件发生的后果严重程度分级	后果严重程度统一划分为四个级别：特别严重、严重、较严重、不严重。后果严重程度判断标准及取值(C)可参考《港口安全生产风险辨识管控指南》中的判断标准
	重大风险源常用分级方法	死亡半径法	以预测事故发生死亡半径为主要评价指标，可以采用半数致死半径 $R_{0.5}$ 来进行分级，即按照灾害形式(如爆炸、火灾、毒物泄漏等)计算其 $R_{0.5}$ 将重大危险源划分为四级：一级重大危险源($R_{0.5} \geqslant 200m$)、二级重大危险源($100\ m \leqslant R_{0.5} < 200m$)、三级重大危险源($50m \leqslant R_{0.5} < 100m$)和四级重大危险源($R_{0.5} < 50m$)
		标准判定法	《危险化学品重大危险源辨识》(GB 18218—2018)附件中对危险化学品重大危险源分级进行了详细介绍。 采用单元内各种危险化学品实际存在(在线)量与其在《危险化学品重大危险源辨识》(GB 18218—2018)中规定的临界量比值，经校正系数校正后的比值之和 R 作为分级指标。 R 的计算方法： $R = \alpha(\beta_1 q_1/Q_1 + \beta_2 q_2/Q_2 + \cdots + \beta_n q_n/Q_n)$

续上表

A 级	B 级	C 级	管理方案
风险源分级管理	重大风险源常用分级方法	标准判定法	式中：R——重大危险源分级指标； α——该危险化学品重大危险源厂区外暴露人员的校正系数； β——与每种危险化学品相对应的校正系数； q——每种危险化学品实际存在量，t； Q——与每种危险化学品相对应的临界量，t。 根据计算出来的 R 值将危险化学品重大危险源分为 4 个级别，分为一级（$R \geq 100$）、二级（$100 > R \geq 50$）、三级（$50 > R \geq 10$）和四级（$R < 10$）
		其他方法	例如：基于神经网络的重大危险源分级法，该方法利用自组织神经网络对重大危险源进行动态分级研究；此外还有层次分析（AHP）综合评价分级法等
	风险管控	一般要求	企业应根据作业单元和风险事件的风险等级，制定相应的风险管控措施，管控措施应考虑其可行性、可靠性、针对性和安全性。明确风险管控责任，制定相关制度，实施风险管控，把安全生产风险控制在可接受范围之内，防范安全生产事故发生。 重大风险确定后，企业应按年度组织专业技术人员对重大风险管控措施进行评估改进。重大风险的致险因素超出管控范围，或出现新的致险因素的，应及时调整管控措施。重大风险管控失效发生安全生产事故的，应急处置和调查处理后，应及时对相关工作进行评估总结，明确改进措施。重大风险相关信息和变化情况应按《公路水路行业安全生产风险管理暂行办法》报送
		管控责任	企业应严格落实风险管控主体责任，结合本单位安全生产风险管控实际需求，以及机构设置情况，按照“分级管理”原则，明确不同等级风险管控责任分工，并细化落实各岗位风险管控责任。企业委托第三方机构开展风险管控技术服务的，风险管控责任仍由港口经营人承担。 企业管控责任包括：企业主要负责人风险管控主要职责、负责安全管理部门风险管控主要职责、负责业务管理部门风险管控主要职责、基层班组（单位）风险管控主要职责
		建立管控制度	港口安全生产风险管控制度应包括风险监控预警、风险警示告知、风险降低、教育培训、档案管理、风险控制等内容

续上表

A级	B级	C级	管理方案
风险源分级管理	风险管控	采取相应管控措施	1. 监测预警：港口经营人应落实风险监测预警工作要求，根据不同的监控对象、监控重点、监控内容、监控要求，采取科学高效的方式，加强对作业条件、作业环境、自然条件等监测预警工作。 2. 警示告知：港口经营人应落实风险警示告知工作要求，将风险基本情况、应急措施等信息可通过安全手册、公告提醒、标识牌、讲解宣传、网络信息等方式告知本范围从业人员和进入风险工作区域的外来人员，指导、督促做好安全防范。 3. 风险降低：港口经营人应落实风险降低工作要求，根据本单位的风险辨识、评估结果，针对人、设施设备（含货物或物料）、环境、管理等致险因素，采取有效的风险降低措施，降低风险等级。 4. 应急处置：港口经营人应加强风险事件应急处置体系建设，包括：完善应急预案和应急管理机制、组建专（兼）职应急队伍，储备应急物资和装备，加强应急演练等
	重大危险源管控	企业管控	1. 建立完善重大危险源安全管理规章制度和安全操作规程。 2. 建立健全安全监测监控体系。 3. 通过定量风险评价确定重大危险源的个人和社会风险值。 4. 定期对重大危险源的安全设施和安全监测监控系统进行检测、检验。 5. 明确重大危险源中关键装置、重点部位的责任人或者责任机构，并对重大危险源的安全生产状况进行定期检查，及时采取措施消除事故隐患。 6. 对重大危险源的管理和操作岗位人员进行安全操作技能培训。 7. 在重大危险源所在场所设置明显的安全警示标志。 8. 以适当方式告知重大危险源可能发生的事故后果和应急措施等信息，及可能受影响的单位、区域及人员。 9. 依法制订重大危险源事故应急预案，建立应急救援组织或者配备应急救援人员，配备必要的防护装备及应急救援器材、设备、物资。 10. 对存在吸入性有毒、有害气体的重大危险源，应配备便携式浓度检测设备、空气呼吸器、化学防护服、堵漏器材等应急器材和设备；涉及剧毒气体的重大危险源，还应当配备两套以上（含本数）气密型化学防护服；涉及易燃易爆气体或者易燃液体蒸气的重大危险源，还应当配备一定数量的便携式可燃气体检测设备。

续上表

A级	B级	C级	管理方案
风险源分级管理	重大危险源管控	企业管控	11. 应制订重大危险源事故应急预案演练计划，并按照要求进行事故应急预案演练。 12. 应对辨识确认的重大危险源及时、逐项进行登记建档。 13. 完成重大危险源安全评估报告或者安全评价报告后 15 日内，应填写重大危险源备案申请表，连同重大危险源档案材料，报送备案。 14. 新、改、扩危化品建设项目，应在竣工验收前完成重大危险源的辨识、安全评估和分级、登记建档工作，并备案
		港口行政管理部门管控	1. 所在地港口行政管理部门应当加强对重大危险源的监管和应急准备，建立健全本辖区内重大危险源的档案，组织开展重大危险源风险分析，建立重大危险源安全检查制度，定期对存在重大危险源的港口经营人进行安全检查，对检查中发现的事故隐患，督促港口经营人进行整改。 所在地港口行政管理部门应建立港口重大危险源安全监管系统，掌握辖区内港口重大危险源和应急队伍、应急资源等基本信息。 2. 所在地港口行政管理部门应当组织开展港口重大危险源集中区域风险分析与应急能力评估，制订完善事故应急预案；应当根据本辖区应急工作的实际需要，并在征求海事等部门意见后，统筹规划、组织建立应急物资和装备储备，建立完善应急储备管理制度，加强应急准备。 3. 所在地港口行政管理部门应建立健全港口重大危险源事故应急救援体系，定期组织开展应急培训和应急救援演练，提高应急救援能力。 4. 所在地港口行政管理部门应当加强港口重大危险源监督检查，督促港口经营人做好本单位港口重大危险源的辨识评估、登记建档、备案核销和安全管理、应急准备等工作。 5. 所在地港口行政管理部门应建立港口重大危险源安全检查制度，根据辖区内港口重大危险源的数量、等级和危险程度等，定期对存在港口重大危险源的港口经营人进行监督检查。 港口行政管理部门在监督检查中发现港口重大危险源存在事故隐患的，应当依据《中华人民共和国安全生产法》《危险化学品安全管理条例》以及《港口危险货物安全管理规定》的相关规定进行处置。 6. 所在地港口行政管理部门应建立港口重大危险源监督检查台账，内容包括港口重大危险源监督检查记录表、现场检查记录、整改意见、整改情况等资料。

续上表

A级	B级	C级	管理方案
风险源分级管理	重大危险源管控	港口行政管理部门管控	7. 所在地港口行政管理部门应当会同本级人民政府有关部门，加强对港口重大危险源集中区域的监督检查，确保港口重大危险源与周边单位、居民区、人员密集场所等重要目标和敏感场所之间距离符合国家相关规定
应急管理	应急预案管理	预案的分类	根据相关规定，生产经营单位应急预案分为综合应急预案、专项应急预案和现场处置方案。针对港区储罐安全风险管理的应急预案为专项应急预案和现场处置方案。 1. 综合应急预案应当规定应急组织机构及其职责、应急预案体系、事故风险描述、预警及信息报告、应急响应、保障措施、应急预案管理等内容，体现自救互救、信息报告和先期处置特点。 2. 专项应急预案应当规定应急指挥机构与职责、处置程序和措施等内容，侧重明确现场组织指挥机制、应急队伍分工、不同情况下的应对措施、应急装备保障和自我保障等内容。主要包括：储罐区重大危险源事故应急预案、泄漏事故应急预案、火灾事故应急预案、爆炸事故应急预案、中毒事故应急预案、伤害事故应急预案、重大生产安全事故救援预案、防抗自然灾害应急预案等应急预案。 3. 现场处置方案主要包括：储罐区现场处置方案、储罐泄漏现场处置方案、阀门泄漏现场处置方案、管道泄漏事故现场处置方案、储罐火灾现场处置方案、现场作业火灾处置方案、爆炸现场处置方案、中毒现场处置方案、伤害现场处置方案、储罐清洗作业事现场处置方案、其他现场处置方案
		预案的编制及实施	1. 编制应急预案前，编制单位应当进行事故风险辨识、评估和应急资源调查； 2. 应急预案编制时，应明确应急救援组织机构、人员和职责分工； 3. 应急预案应明确分级响应条件； 4. 应急预案评审备案； 5. 应急救援的实施
		应急预案评估	应急预案评估是使应急预案保持持续改进，确保应急预案适用性、针对性和可操作性的重要手段。应急预案评估主要是对应急预案的管理要求、应急组织机构与职责、事故风险、应急资源、应急预案衔接、实施反馈等方面进行评估

续上表

A级	B级	C级	管理方案
应急管理	应急资源与救援队伍管理	应急救援设备设施	1. 应急救援装备的功能要求是必须能完成预案所确定的任务。在一些条件恶劣的特殊环境下，应该特别注意应急救援装备的适用性。 2. 物资装备保障。 对应急救援物资总体上的要求，从应急救援物资的特点考虑，应急救援物资应具备实用性、功能性、安全性、耐用性的特点以及适合单位实际需要。 3. 装备种类选择。 应急救援装备的种类很多，同类产品在功能、使用、重量、价格等方面也存在很大差异，所以如何正确的选择装备对于不同的企业有不同的意义。 4. 装备数量确定。 应确保应急救援装备的配备数量，坚持三个原则： ①依法配备对法律法规明文要求必备数量的，必须依法配备到位； ②合理配备对法律法规没做明文要求的，按照预案要求和企业实际，合理配备； ③双套配备
		救援队伍	1. 专业救援队伍。 县级以上地方人民政府应急管理部门对本行政区域内的消防工作实施监督管理，并由本级人民政府消防救援机构负责实施。消防救援机构应当对专职消防队、志愿消防队等消防组织进行业务指导。 应急管理部负责指导各地区各部门应对突发事件工作，推动应急预案体系建设和预案演练。国家专业应急救援队伍包括了国家危险化学品应急救援队、地方消防救援总队等。 2. 企业应急救援队。 生产、储存易燃易爆危险品的大型企业应建立单位专职消防队，火灾危险性较大、距离国家综合性消防救援队较远的其他大型企业应建立单位专职消防队，单位专职消防队承担本单位的火灾扑救工作。

续上表

A 级	B 级	C 级	管理方案
应急管理	应急资源与救援队伍管理	救援队伍	易燃易爆物品、危险化学品等危险物品的生产、经营、储存、运输单位应当建立应急救援队伍；其中，小型企业或者微型企业等规模较小的生产经营单位，可以不建立应急救援队伍，但应当指定兼职的应急救援人员，并且可以与邻近的应急救援队伍签订应急救援协议。工业园区、开发区等产业聚集区域内的生产经营单位，可以联合建立应急救援队伍。 3. 志愿者救援队伍。 乡镇人民政府应当根据当地经济发展和消防工作的需要建立志愿消防队，并由消防救援机构对志愿消防队进行业务指导。 在专业救援及公民自救的基础上，志愿者救援队伍的加入对于突发事件的应急处置起到了积极的作用，志愿者救援队伍进行相关的专业培训后，为储罐突发事件应急处置提供了更为充足的人力资源保障。 4. 专家库。 企业要统筹各类应急专家资源，建立健全专家队伍建设
	应急培训和演练	应急培训	应急培训的主要内容包括：储罐区危险分析、储罐区突发事件应急管理、安全生产应急管理法律法规、安全生产应急管理、安全生产应急体系、安全生产应急预案、应急能力评估、应急演练、应急处置及事后恢复、应急现场常用个体防护与救助知识、典型事故应急管理案例分析等。 港区储罐港口管理部门应将储罐事故应急预案培训作为应急管理培训的重要内容，纳入应急管理日常培训内容
		应急演练	储罐区的应急演练应针对储罐区可能发生的事故情景模拟开展相应的应急活动。应急演练实施基本流程包括计划、准备、实施、评估总结、持续改进五个阶段。 通过演练总结评估突发事件应急处置工作的经验教训，制定改进措施，进一步完善应急预案，实现应急预案的动态优化
	应急处置	泄漏事故	1. 泄漏源控制。 泄漏事故发生后，应通过控制泄漏源消除危险货物的溢出或泄漏，这对整个应急处置是非常关键的。储罐或管线发生泄漏后，通过关闭有关上下游阀门、停止作业或采取修补裂缝和堵塞裂口等堵漏措施控制泄漏源，制止危险货物的进一步泄漏。

续上表

A 级	B 级	C 级	管理方案
应急管理	应急处置	泄漏事故	2. 泄漏物处置。 泄漏物被控制后，要及时将现场泄漏物通过覆盖、稀释、吸附、固化等处理方式，使泄漏物得到安全可靠的处置，防止二次事故的发生。 3. 泄漏物控制。 通过对泄漏危险货物的有效回收，可以将其对环境或生命的危害及经济损失降至最低。泄漏物收集处置主要有修筑围堤、挖掘沟槽等方法
		火灾爆炸事故	1. 警戒防护。 火灾爆炸事故发生后划分好危险区域，严格控制（或引导疏散）出入人员、车辆，并放置防爆设备设施。进入现场开展应急工作的人员应进行必要的防护，穿防火隔热服、佩戴呼吸器等。 2. 起火源控制。 通过切断阀或堵漏等方式，切断起火源。通过关闭有关上下游阀门、停止作业或采取修补裂缝和堵塞裂口等堵漏措施控制泄漏源，制止危险货物的进一步泄漏导致火灾爆炸的扩大或加剧。 3. 火灾扑救。 发生初起火险时，现场作业人员应立即关闭传输作业并拉响警报器，根据起火源的性质，火灾发生的位置进行扑救。根据事故现场情况，判断是否可能发生再次爆炸，撤离所有人员至安全地带。对受伤人员采取适合的救助方式。 4. 现场清理恢复。 对残余危险货物用防爆泵或吸油毡回收，集中处理，保护现场，便于事故调查，恢复工作现场
		中毒事故	1. 警戒防护。 进入事故现场的应急救援人员必须根据引发中毒的危险物质，选择佩戴个体防护用品。进入半水煤气、一氧化碳、硫化氢、二氧化碳等中毒事故现场，必须佩戴防毒面具、正压式呼吸器，穿消防防护服；进入液氨、液化石油气、液氯等中毒事故现场，必须佩戴正压式呼吸器，穿气密性防护服（根据中毒源不同，选择不同材质，如防静电、隔热、防冻伤等）。

续上表

A级	B级	C级	管理方案
应急管理	应急处置	中毒事故	2. 中毒源控制。 迅速清除警戒区内所有火源、电源、热源和与泄漏物化学性质相抵触的物品，加强通风，防止引起燃烧爆炸。在泄漏储罐、容器或管道的四周设置喷雾水枪，用大量的喷雾水、开花水流进行稀释，抑制泄漏物漂流方向和飘散高度。室内加强自然通风和机械排风。安排熟悉现场的操作人员关闭泄漏点上下游阀门和进料阀门，切断泄漏途径，在处理过程中，应使用雾状水和开花水配合完成。 3. 现场急救。 迅速将中毒者撤离现场，转移到上风或侧上风方向空气无污染地区；有条件时应立即进行呼吸道及全身防护，防止继续吸入中毒。立即脱去被污染者的服装；皮肤污染者，用流动清水或肥皂水彻底冲洗；眼睛污染者，用大量流动清水彻底冲洗。对呼吸、心跳停止者，应立即进行人工呼吸和心脏挤压，采取心肺复苏措施，并给其吸氧气。严重者立即送往医院观察治疗。 4. 现场清理恢复。 筑堤堵截泄漏液体或者将其引流到安全地点，储罐区发生液体泄漏时，要及时关闭雨水阀，防止物料沿明沟外流。对于大量泄漏，可选择用泵将泄漏出的物料抽到容器或槽车内；当泄漏量小时，可用吸附材料、中和材料等吸收中和。将收集的泄漏物运至废物处理场所处置，用消防水冲洗剩下的少量物料，冲洗水排入污水系统处理
		缺氧窒息事故	1. 警戒防护。 进入事故现场的应急救援人员必须根据发生缺氧窒息的环境，选择佩戴个体防护用品，可佩带正压式呼吸机等防护设备，并对事故现场进行强制通风换气。 2. 现场急救。 将缺氧窒息人员救离受害地点至地面以上或通风良好的地点，立即进行人工呼吸和心脏挤压，采取心肺复苏措施，并给其吸氧气，同时及时送往医院救治。 3. 现场恢复。 对发生事故的地点进行通风换气，并检查通风换气设备设施

第四章　港口储罐事故应急与管理

港口储罐危险货物泄漏会导致火灾、爆炸、中毒等后果,可能造成人员伤害、财产损失和环境污染等危害,为及时控制事故源、抢救受害人员、组织人员撤离、清除危害后果,针对不同类型的事故,需采取相对应的应急处置技术,从而实现对事故快速高效的应急处置。本章从港口储罐应急救援的基本任务出发,基于不同事故类型处置要点,介绍了港口储罐事故应急处置技术,以及各应急处置技术实施需配备的设备设施。

第一节　港口储罐事故应急处置关键技术

一、港口储罐事故应急处置通用要求

危险货物应急救援是指在危险货物造成或可能造成人员伤害、财产损失和环境污染及其他较大社会危害时,为及时控制事故源,抢救受害人员,组织人员撤离,清除危害后果而组织的救援活动。

1. 港口储罐事故应急救援的基本任务

港口储罐事故应急救援的基本任务分为以下几点:

(1)抢救受害人员;

(2)控制事故源;

(3)组织人员撤离;

(4)做好现场清消,消除危害后果;

(5)查清事故原因,估算危害程度。

2. 港口储罐及管线事故应急处置的基本程序

储罐内不同危险货物的性质不同,危害程度不同,处理方法也不尽相同,但是作为危险货物事故处置有其共同的规律。由于危险货物具有的易燃性、易爆性、腐蚀性等特殊性质,在处置危险货物事故时,应急救援人员在应急行动之前,需要确

认事故现场的全部情况，在确保应急救援人员自身安全的情况下，才能开展应急救援。按照事故的分类，应急处置分成火灾、爆炸、中毒、污染四个反应程序，具体应急反应流程如图4-1～图4-3所示。

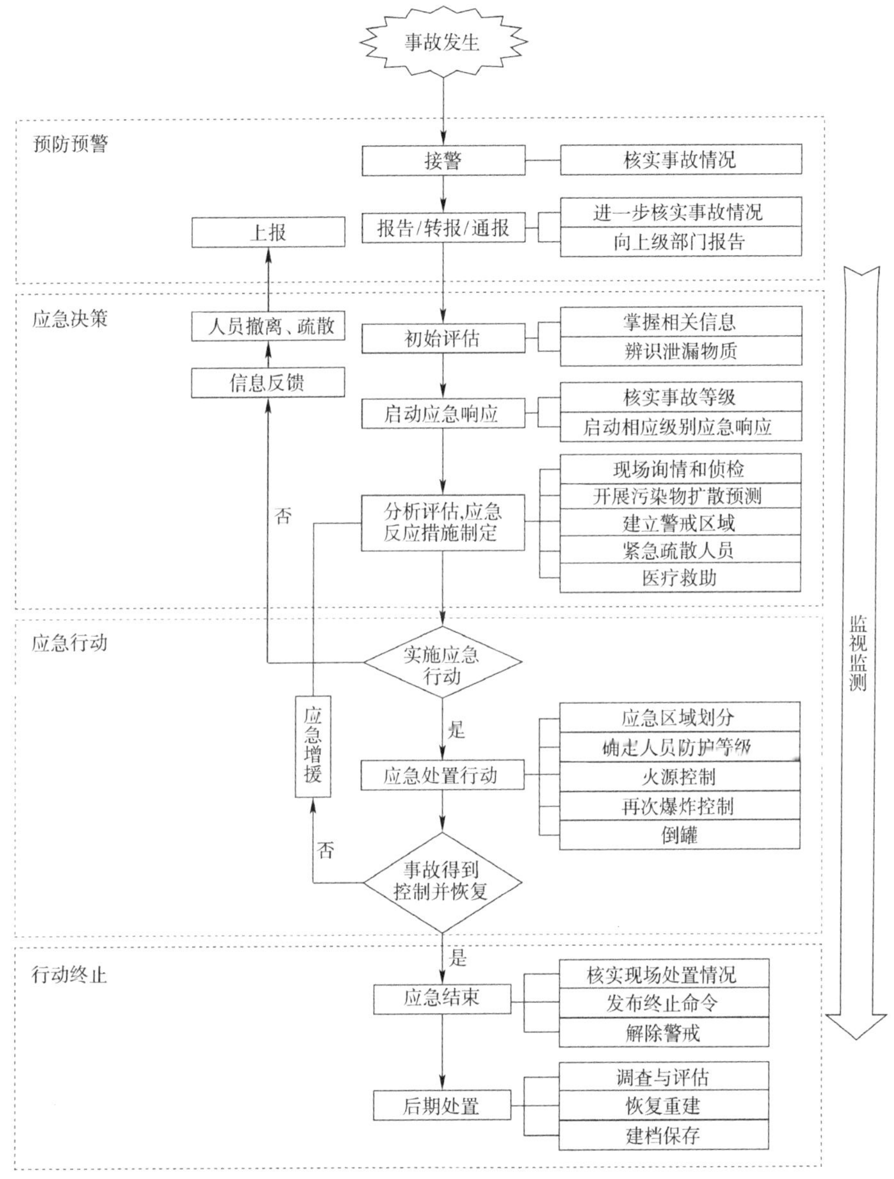

图4-1　火灾/爆炸应急流程图

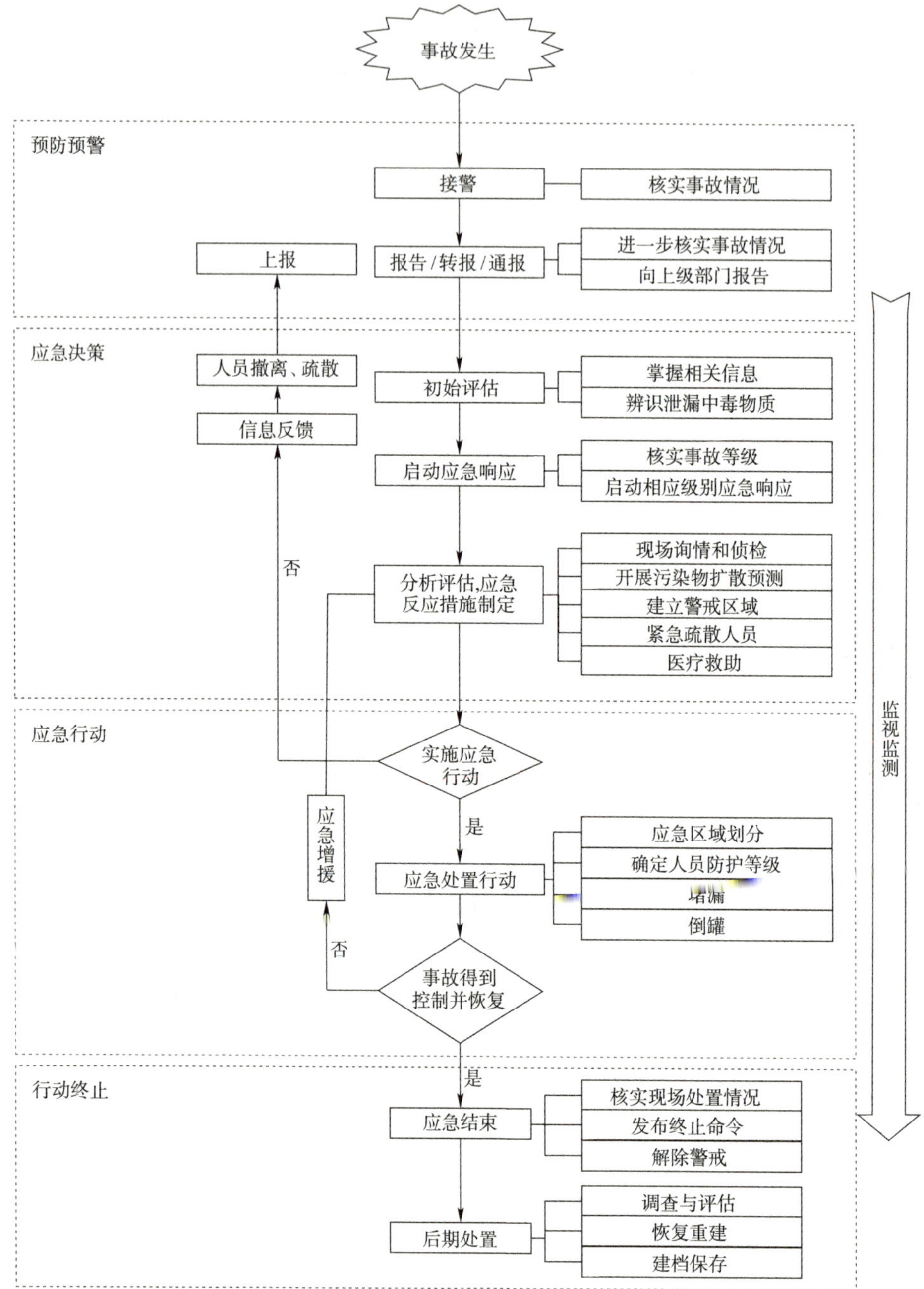

图 4-2　泄漏中毒应急流程图

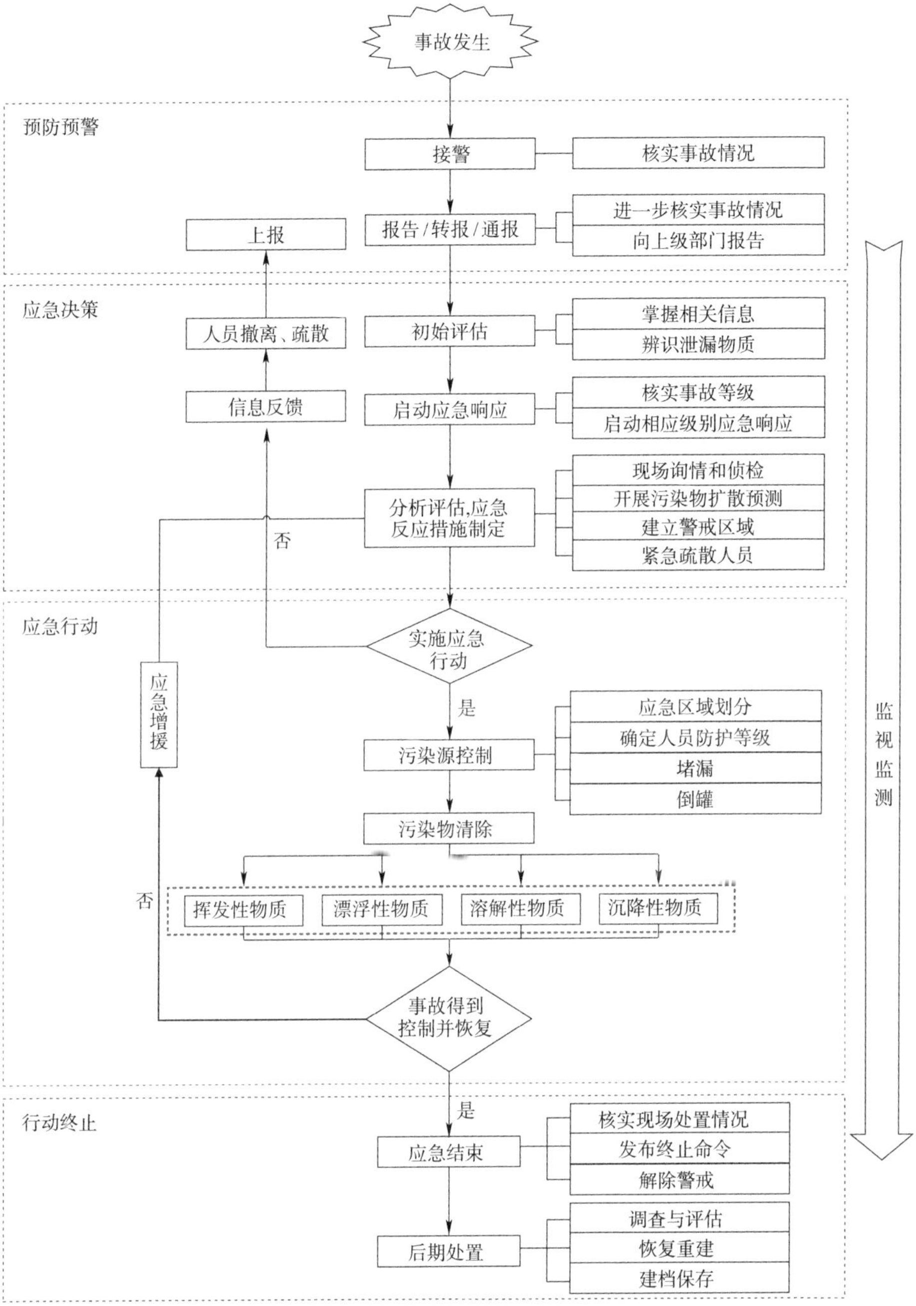

事故发生

预防预警

接警

核实事故情况

报告/转报/通报

进一步核实事故情况

向上级部门报告

上报

应急决策

初始评估

掌握相关信息

辨识泄漏物质

人员撤离、疏散

信息反馈

启动应急响应

核实事故等级

启动相应级别应急响应

分析评估,应急反应措施制定

现场询情和侦检

开展污染物扩散预测

建立警戒区域

紧急疏散人员

否

应急行动

实施应急行动

应急增援

是

污染源控制

应急区域划分

确定人员防护等级

堵漏

倒罐

污染物清除

否

挥发性物质

漂浮性物质

溶解性物质

沉降性物质

事故得到控制并恢复

监视监测

行动终止

是

应急结束

核实现场处置情况

发布终止命令

解除警戒

后期处置

调查与评估

恢复重建

建档保存

图 4-3　泄漏物质处置应急流程图

本书将储罐事故应急处置程序分为四个步骤，分别是：预防预警、应急决策、应急行动和行动终止。

综上，储罐事故各流程的目的、工作内容及应采取的关键技术见表4-1。

储罐事故应急处置流程　　表4-1

<table>
<tr><th colspan="2">流　　程</th><th>目　　的</th><th>工 作 内 容</th><th>关 键 技 术</th></tr>
<tr><td rowspan="4">预防预警</td><td>接报</td><td rowspan="4">为决策提供依据</td><td>核实事故情况</td><td rowspan="4">扩散预测技术，
个人防护技术</td></tr>
<tr><td>报告与通报</td><td>进一步核实事故情况，
向上级部门报告</td></tr>
<tr><td>初始评估</td><td>掌握相关信息，
辨识泄漏物质</td></tr>
<tr><td>启动预案</td><td>核实事故等级，
启动相应级别应急预案</td></tr>
<tr><td rowspan="2">应急决策</td><td>分析评估</td><td rowspan="2">制订最佳应急方案</td><td>询情和侦检，
开展污染物扩散预测，
应急辅助决策支持</td><td rowspan="2">扩散预测技术，
应急监测技术，
区域划分技术，
个人防护技术</td></tr>
<tr><td>措施制定</td><td>建立警戒区域，
紧急疏散人群，
是否采取进一步行动</td></tr>
<tr><td rowspan="2">应急行动</td><td>事态控制</td><td>预防事故扩大</td><td>确定人员防护等级，
火源控制，
再次爆炸控制，
倒罐</td><td rowspan="2">应急监测技术，
污染源控制技术，
污染物清控技术，
消防技术，
堵漏技术，
个人防护技术</td></tr>
<tr><td>污染物清控</td><td>降低危害后果</td><td>陆上物质的清控，
大气中物质的清控，
水体中物质的清控</td></tr>
<tr><td rowspan="2">行动终止</td><td>应急结束</td><td rowspan="2">杜绝次生污染
或衍生危害</td><td>核实现场处置情况，
发布终止命令</td><td rowspan="2">应急监测技术，
现场洗消技术</td></tr>
<tr><td>后期处置</td><td>重复评估，
现场洗消，
无害化处理</td></tr>
</table>

二、储罐事故应急处置要点

港口内储罐所储存、运转的危险货物种类繁多，按其性质及事故发生后的危害特点，选取易燃物品、易爆物品、有毒物品、腐蚀性物品四种危险品典型特点，分析事故应急处置的要点。

1. 易燃液体事故处置要点

遇易燃液体火灾，一般采用以下基本对策：

(1)首先应切断火势蔓延的途径，冷却和疏散受火势威胁的密闭容器和可燃物，控制燃烧范围，并积极抢救受伤和被困人员。如有液体流淌时，应筑堤(或用围油栏)拦截散流淌的易燃液体或挖沟导流。

(2)及时了解和掌握着火液体的品名、密度、水溶性，以及有无毒害、腐蚀、沸溢、喷溅等危险性，以便采取相应的灭火和防护措施。

(3)对较大的储罐或流淌火灾，应准确判断着火面积。大面积($>50m^2$)液体火灾则必须根据其相对密度、水溶性和燃烧面积大小，选择正确的灭火剂扑救。对于不溶于水的液体(如汽油、苯等)，用直流水、雾状水灭火往往无效，可用普通氟蛋白泡沫或轻水泡沫扑灭。用干粉扑救时，灭火效果要视燃烧面积大小和燃烧条件而定，最好用水冷却罐壁。

比水密度大又不溶于水的液体(如二硫化碳)，起火时可用水扑救，水能覆盖在液体上面灭火，用泡沫也有效。用干粉扑救，灭火效果要视燃烧条件而定，最好用水冷却罐壁，降低燃烧强度。

与水起作用的易燃液体，如乙硫醇、乙酰氯、有机硅烷等禁用含水灭火剂。

(4)扑救有毒性、腐蚀性或燃烧产物毒害性较强的易燃液体火灾，扑救人员必须佩带防护面具，采取防护措施。对特殊物品的火灾扑救，应使用专用防护服。考虑到过滤式防毒面具的局限性，在扑救毒害品火灾时应尽量使用隔离式空气呼吸器，为了在火场上正确使用和提前适应，平时应进行严格的适应性训练。

(5)扑救闪点不同黏度较大的介质混合物，如原油和重油等具有沸溢和喷溅危险的液体火灾，必须注意观察发生沸溢、喷溅的征兆，估计可能发生沸溢、喷溅的时间。一旦现场指挥发现危险征兆时应迅即作出准确判断，及时下达撤退命令，避免造成人员伤亡和装备损失。扑救人员看到或听到统一撤退信号后，应立即撤退至安全地带。

(6)遇易燃液体管道或储罐泄漏着火，在切断蔓延方向并把火势限制在指定范围内的同时，对输送管道应设法找到进、出阀门并将其关闭，如果管道阀门已损坏或储罐泄漏，应迅速准备好堵漏材料，然后先用泡沫、干粉、二氧化碳或雾状水等扑灭地上的流淌火焰，为堵漏扫清障碍；然后再扑灭泄漏处的火焰，并迅速采取堵漏措施。与气体堵塞不同的是，液体一次堵漏失败，可连续堵几次，只需用泡沫覆盖地面，并堵住液体流淌和控制好周围着火源，不必点燃泄漏口的液体。

2. 易爆物品事故处置要点

绝大部分危险货物为易燃易爆物品，港口储存的液化气体和压缩气体、易燃液体等都是易燃易爆物品。港口危险货物爆炸事故指危险货物发生化学反应的爆炸事故或液化气体和压缩气体的物理爆炸事故。

发生爆炸事故时，一般应采取以下处置方法：

(1)迅速判断和查明再次发生爆炸的可能性和危险性，紧紧抓住爆炸后和再次发生爆炸之前的有利时机，采取一切可能的措施，全力制止再次爆炸的发生。

(2)事故中心应严禁火种、切断电源、禁止车辆进入、立即在边界设置警戒线。根据事故情况和事故发展，确定事故波及区人员的撤离。

(3)当泄漏区在港区内封闭有限空间时，要立即进行通风或者稀释惰化，在易燃液体设备中也可以利用惰性气体进行气压保护，以避免形成爆炸性混合气体。

(4)灭火人员应积极采取自我保护措施，尽量利用现场现成的掩蔽体或尽量采用卧姿等低姿射水；消防设备、设施及车辆不要停靠在离爆炸源太近的水源处。

(5)灭火人员发现有再次爆炸的危险时，应立即撤离并向现场指挥报告，现场指挥应迅速作出准确判断，确有发生再次爆炸征兆或危险时，应立即下达撤离命令，迅速将灭火人员撤离至安全地带。来不及撤退的灭火人员，应迅速就地卧倒，等待时机和救援。

另外，发生重大爆炸事故后，港口工作人员要沉着冷静，在班长的带领下，迅速安排人员报警，同时积极组织人员查找事故原因；在处理事故过程中，港口工作人员要穿戴防护服，必要时佩戴护具和采取其他防护措施。

3. 有毒物品事故处置要点

毒害品主要是经口、鼻吸入蒸气或通过皮肤接触引起人体中毒的物品。有些毒害品本身能着火，还有发生爆炸的危险；有的本身并不能着火，但与其他可燃、易燃物品接触后能着火。这类物品发生火灾时通常扑救不是很困难，但着火后或与其他可燃、易燃物品接触着火后，甚至爆炸后，会产生毒害气体。因此，特别需要注意人体的防护措施。

遇到毒害品火灾，一般应采取以下基本处置方法：

(1)毒害品火灾极易造成人员中毒和伤亡事故，施救人员在确保安全的前提下，应采取有效措施，迅速投入寻找、抢救受伤或被困人员，并采取清水冲洗、漱洗、隔开、医治等措施。严格禁止其他人擅自进入灾区，避免人员中毒、伤亡和受灾范围的扩大。同时，积极控制毒害品燃烧和蔓延的范围。

(2)灭火和施救人员必须穿着防护服，佩戴防护面具，采取全身防护，对有特

殊要求的毒害品火灾,应使用专用防护服。考虑到过滤式防毒面具防毒范围的局限性,在扑救毒害品灾害时应尽量使用隔绝式氧气或空气呼吸器。为了在火场上能正确使用这些防护器具,平时应进行严格的适应性训练。

(3)积极限制毒害品燃烧区域,应尽量使用低压水流或雾状水,严格避免毒害品溅出造成灾害区域扩大。喷射时干粉易将毒害品粉末吹起,增加危险性,所以慎用干粉灭火剂。

(4)遇到毒害品容器泄漏,需用水泥、泥土、砂袋等材料进行筑堤拦截,或收集、稀释,将它控制在最小的范围内。严禁泄漏的毒害品流淌至河流水域。有泄漏的容器应及时采取堵漏、严控等有效措施。

对于毒害品的灭火施救,应多采用雾状水、干粉、沙土等,慎用泡沫、二氧化碳灭火剂,严禁使用酸碱类灭火剂灭火。如氰化钠、氰化钾及其他氰化物等遇泡沫中酸性物质能生成剧毒物质氰化氢,因此不能用酸碱类灭火剂灭火。二氧化碳喷射时会将氰化物粉末吹起,增加毒害性,此外氰化物为一弱酸,在潮湿空气中能与二氧化碳起反应,虽然该反应受空气中水蒸气的限制,反应不快,但会产生氰化氢,故应慎用。

4. 腐蚀品物品事故处置要点

腐蚀品具有强烈的腐蚀性、毒性、易燃性、氧化性。有些腐蚀品本身能着火,有的本身并不能着火,但与其他可燃性物品接触后可以燃烧。部分有机腐蚀品遇明火易燃烧,如冰醋酸、醋酸酐、苯酚等,有的有机腐蚀品遇热极易爆炸,有的无机酸性腐蚀品遇还原剂、受热等也会发生爆炸。腐蚀品对人体都有一定危害,它会通过皮肤接触给人体造成化学灼伤。这类物品发生火灾时通常扑救不很困难,但它对人体的腐蚀伤害是严重的,因此接触时特别需要注意人体的防护。

遇到腐蚀品火灾,一般应采取以下基本处置方法:

(1)腐蚀品火灾极易造成人员伤亡,施救人员在采取防护措施后,应立即投入寻找和抢救受伤、被困人员,被抢救出来的受伤人员应马上采取清水冲洗、医治等措施;同时迅速控制腐蚀品燃烧范围,避免受灾范围的扩大。

(2)灭火及施救人员必须穿着防护服,佩戴防护面具。一般情况下采取全身防护即可,对有特殊要求的物品火灾,应使用专用防护服,考虑到腐蚀品的特点,在扑救腐蚀品火灾时应尽量使用防腐蚀面具、手套、长筒靴等,为了在火场上能正确使用这些防护器具,平时应进行严格的适应性训练。

(3)扑救腐蚀品火灾时,应尽量使用低压水或雾状水,避免因腐蚀品的溅出而扩大灾害区域。如发烟硫酸、氯磺酸、浓硝酸等发生火灾后宜用雾状水、干沙土、二氧化碳扑救,三氯化磷、氧氯化磷等遇水会产生氯化氢,因此,在有该类物质的火场，要注意防水保护，可用雾状水驱散有毒气体。

(4)遇到腐蚀品容器泄漏，在扑灭火势的同时应采取堵漏措施，腐蚀品堵漏所需材料一定要注意选用具有防腐性的。

(5)浓硫酸遇水能放出大量的热，会导致沸腾飞溅，需特别注意防护。扑救浓硫酸与其他可燃物品接触发生火灾，且浓硫酸数量不多时，可用大量低压水快速扑救。如果浓硫酸量很大，应先用二氧化碳、干粉等灭火剂进行灭火，然后再把着火物品与浓硫酸分开。

严格做好现场监护工作，灭火中和灭火完毕都要认真检查，以防疏漏。

三、港口储罐事故应急处置技术

1. 泄漏扩散预测技术

储罐危险货物泄漏扩散预测技术是应急救援的基础，准确地对事故影响区域进行确定和对危害人群预测，是整个事故应急救援决策的关键。不同形态的泄漏物，其扩散方式、扩散路径等均有所差异，为及时、有效作出正确的应急决策，应尽可能早地在泄漏初期，对污染物的扩散路径以及影响范围等进行预测。在某些特殊情况下，无法深入污染区域，也可以通过预测判断危险区域。

危险货物扩散预测方法主要有理论估算和计算机软件模拟两种方法。在进行扩散预测时，均应尽可能精确地考虑到污染物的理化性质以及周围的环境状况，如温度、风、水流等。

1)理论预测

储罐发生泄漏事故时，气体泄漏物主要会在空气中扩散，影响到人民群众生命财产安全；因港口储罐比较靠近水体，在发生液体泄漏事故时若无法有效围堵，泄漏物会扩散到水体中，包括漂浮在水面上、溶解到水体中、沉降到水底等情形，要准确处理泄漏物，需要对扩散到空气中、漂浮在水面上、溶解到水体中的泄漏物等进行扩散预测。

(1)挥发到空气中物质预测。

危险货物泄漏挥发到空气中后，在外部风和内部浓度梯度的作用下扩散，在事故现场形成燃烧爆炸或毒害危险区。

泄漏气体在空气中的扩散主要受气象条件(风向、风速、大气稳定度、气温、湿度等)、地表情况、泄漏气体密度等因素的影响。

(2)入水漂浮类物质预测。

对漂浮在水面上化学物质的动向作出预测是非常复杂的。泄漏物的去向将受到

以下过程的影响：在水面上发生的漂流、扩散、挥发、溶解、化学反应及其他变换过程。

漂浮在水面上的化学物质如果不考虑其挥发性与溶解性，可以通过矢量图进行预测。通常情况下，化学物质受到海面水流100%和风速3%的影响，因此其漂流、扩散方向可通过矢量合成得到，如图4-4所示。

(3)溶解类物质预测。

在水流较为稳定且缓慢的情况下，可溶性危险货物泄漏于水中的扩散预测可以用“分散预测图”和“分散与浓度的关系”所展示的方法，粗略地判断周边水域的污染物浓度（图4-5）。

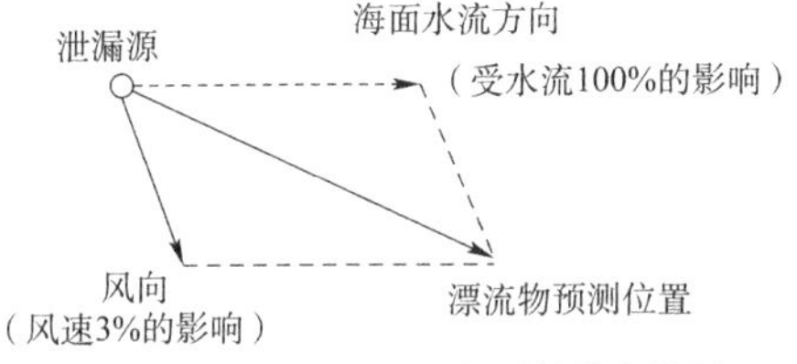

图4-4 漂浮在水面上的物质扩散矢量图

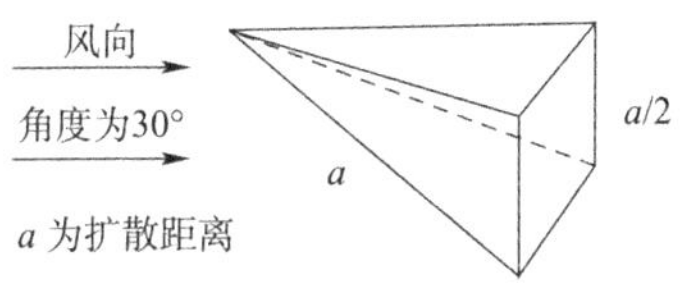

风向
角度为30°
a/2
a
a 为扩散距离

图4-5 溶解到水体中的物质扩散预测图

该方法不适用于与水体密度差别非常大的化学物质，也不适用水流停滞或者水流过急的情况。

2)软件预测

在预测化学品泄漏的漂流和扩散方面，目前广泛应用于化学品扩散模拟的软件有：美国NOAA的ALOHA、美国ASA的Chemmap软件等，如果输入的参数准确，这些软件可以很好地预测化学品的扩散范围和方向，为应急行动提供参考。软件预测的准确性取决于输入数据的准确性、时效性和操作者的经验，同时一定要注意，无论采用理论预测还是使用电脑软件进行污染物扩散预测，都不能代替污染物监测这个环节。

表4-2是对四种模拟软件应用对象、使用场景等的对比。

四种扩散预测软件简要说明 表4-2

软件	ALOHA	MET	Chemmap	ChemSIS
应用对象	毒气扩散、热辐射和冲击波等	气体扩散	漂移扩散	化学品挥发、沉淀、漂浮、溶解
适用场景	毒气扩散，火灾、爆炸等产生的毒性、热辐射和冲击波等，并可用于应急培训和训练	兼顾气体浓度及泄漏速率，可预测化学品事故发生时，泄漏的有毒气体对人类伤害的风险	水体中化学物质的漂移扩散轨迹	模拟泄漏当时环境下，化学品的挥发、沉淀、漂浮、溶解情况

续上表

软件	ALOHA	MET	Chemmap	ChemSIS
模拟结果	结合 MARPLOT 软件可在地图上画出污染源位置，污染区域面积，形象生动地给应急管理人员提供信息	输入该地气象环境因素，如云雾、气压、温度、风向风速、泄漏物的重量等主要影响因素，即可得出危险距离	综合考虑挥发、溶解、沉降等因素计算漂移轨迹；软件还包括生物效应模型，可评估对生物的影响	泄漏物扩散分布图、并提供挥发程度和溶解程度数据
软件自身优缺点	适用于有毒物质相关的模拟	适用于有毒物质相关的模拟	拥有 900 多种物质理化性质数据库	模型经过实践检验，可靠性高

2. 应急监测技术

应急监测对于防范突发性危险货物事故，在事前预防、事中检测到事后恢复的各个过程中均起着重要的作用。只有通过应急监测，才能为决策部门快速、准确地提供引起事故发生的污染物质类别、浓度分布、影响范围及发展态势等现场动态资料信息，为事故处置并快速、正确的制订解决方案赢得宝贵的时间，为有效地控制污染范围、缩短事故持续时间、将事故的损失降到最低提供有力的技术支持。

由于事故的突发性，很难对污染物有一个定性或者定量了解，所以在派遣监测工作人员时，首先应对应急监测方法进行准确的选择，事故发生后如应急监测领导小组不能够正确择取最佳监测方法，将导致监测结果失真等后果。所以应急监测具有一定的特殊要求：①事故发生全过程需要确保正确的分析与研究；②事故发生的范围能够确保准确定位；③选择最普遍、最快速的监测技术，以便迅速开展全面的现场应急监测。

1）应急监测类型

储罐事故监测主要有以下两种类型：

（1）已知泄漏物，调查受泄漏物影响的范围与程度。

（2）未知泄漏物，调查泄漏物的种类、受泄漏物影响的范围及其可能造成的危害。

对于第一种情况，可直接测定危险源的危险物在空气、水环境中的浓度；对于第二种情况，可以从了解原材料入手，列出可能产生的泄漏物，进行监测分析。环境要素监测的优先顺序为空气、水体、沉积物。

2）应急监测技术

（1）挥发类物质监测。

在危险货物事故救援中，空气中有害物质浓度的监控十分重要。挥发类物质监测的目的是评估有毒、火灾和爆炸的危险区域，标绘出非工作人员撤离范围以及判断应急响应人员身体防护水平。采取监测行动前，需要明确泄漏气体的类型，并且确保检测人员自身安全。在危险区域内，需要监控三个参数：有毒物质浓度，易燃或易爆气体的浓度，氧气浓度。

①有毒气体监测。

危险货物事故中有毒气体监测的主要目的是发现有毒气体污染区域内的危险范围，以及评估合理安全区域的边界，所以此时所采用的仪器必须能够探测到非常低浓度的有毒气体（ppm 级别）。

有毒气体监测一般采用便携式有毒气体探测仪器（图 4-6），主要包括：试管气体探测器、红外线微量气体探测器、半导体探测器、便携式气相色谱仪、光电探测器、移动质谱仪。试管气体探测器、半导体探测器，以及部分光电探测器是相对简单的手持式探测器。便携式气相色谱仪和移动质谱仪是更精密的探测仪器，属于微型化自动化的实验室设备。一般来说，它们都能进行准确地读数，但需要专业的技术人员才能使用。

图 4-6　便携式有毒气体探测仪

有毒气体监测应由经过监测仪器使用培训并熟悉仪器功能的专业人员使用，同时监测时必须配备呼吸器。测量应由外向内（无气区）直至危险区来进行。注意留意第一次记录的位置，这将作为撤离区域的边缘。此时再对事故附近的地点做进一步探测，就可以绘制出撤离区的地图。应当注意，因为气体的扩散范围受到空气湍流和其他环境条件影响而呈不规则状，边界线应按照气体层最外层的边界绘制。

一般情况下，测量仪器的读取值可以直接被用来判断区域。特殊情况下，无法深入污染区域，可以用仪器验证由模型评估所预测的危险区域。在没有监测设备的情况下，必须在事故现场附近建立一个安全撤离区域，这样在得到有用的信息之前，可以建立一个最基本的安全保障。

②可燃气体监测。

火灾（或者爆炸）风险监测的目标是评估可燃气体污染的区域在理论上能安

全点火的外部边界。这种监测不能和微量气体监测混淆，以甲苯为例，甲苯安全的浓度应该是1000ppm（甲苯的最低爆炸极限是10%），然而甲苯在理论上的安全吸入量仅为几个ppm，这个量仅有微量气体监测仪器能够探测得到。可燃性气体监测、探测仪器主要使用爆炸计量仪和可燃气体检测仪（图4-7）。

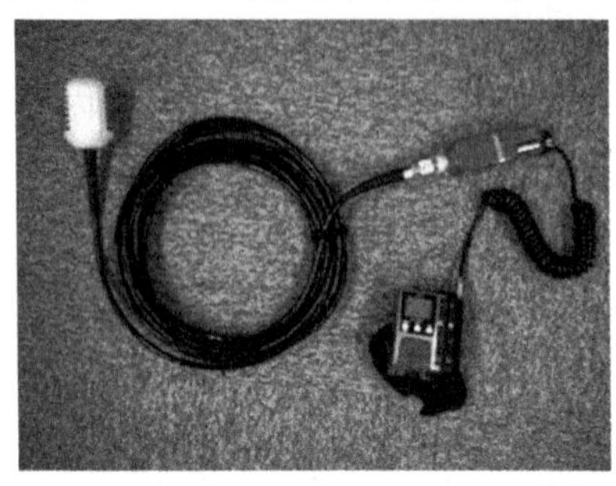

图4-7 可燃性气体检测仪

③氧气监测。

氧气浓度监测仪器的目标是监测区域内的氧气是否会对相关人员造成危害，任何氧气浓度低于19.5%的区域都不允许未携带自我呼吸器（SCBA）的人员进入。常用的氧气浓度检测仪是化学氧气探测器。

对于空气中物质监测，优先考虑采用气体检测管法、便携式气体检测仪法、便携式气象色谱法、便携式红外光谱法和便携式气象色谱-质谱联用仪法。同时，还可以从现有的环境空气自动监测站和危险源排气在线自动监测系统获得相关监测信息。表4-3总结了不同应急监测参数所需的探测器。

不同应急监测参数所需的探测器 表4-3

参数	描述	检测器类型
氧气浓度	辨识出低氧区（低于19.5%）或富氧区（高于23%），正常氧浓度为20.9%。人员在氧不足的环境中工作，要求佩戴自我呼吸器（SCBA）	氧气电池
易燃易爆气体浓度	辨识出可燃气体区域或混合气体区域。爆炸下限（LEL）低于10%方为安全	可燃气体检测仪或爆炸性气体浓度检测仪器
有毒气体浓度	辨识出哪些区域中含有有毒物质，并检测出等级。根据浓度界定出排除区域。	有毒气体检测仪，颜色分析管

需要注意的是，在进行气体测量时，尽可能从下风向接近事故现场。在接近过程中不断进行气体测量，测定气体浓度，并记录其位置及相应浓度。在此基础上明确气体的浓度分布，从而设定实际的危险区域。

(2)溶解类物质监测。

监测水体中化学泄漏品的分布,可以使用船舶拖拽探头的方式进行实时监测(图4-8),但更多还是采用采样检测的方法。通常需要在多个位置进行采样,并对这些化学品样本进行分析。有时可使用便携式仪器进行分析,但多数情况下,这些采集的样品应被带回实验室分析。测量原理以及监测设备的选择通常是基于化学品泄漏的类型考虑的。水体检测的物理指标有pH、光吸收率、电导率和浓度等。但是,许多低浓度的有机物质(如碳氢化合物或卤代烃)用便携式设备测量可能会特别困难。

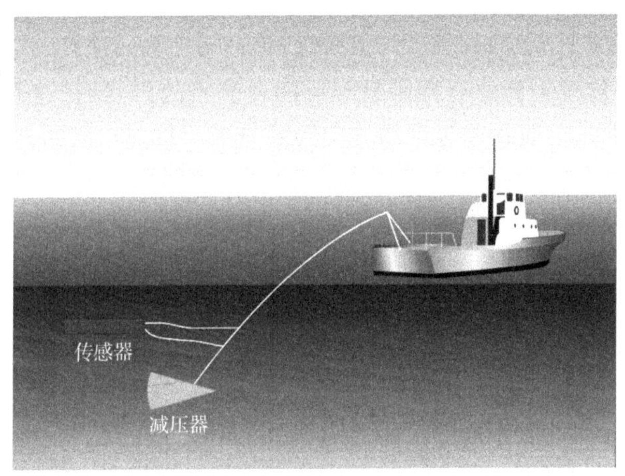

图4-8 用拖拽的探头监测水体

水体中有机污染物检测分析主要使用GC、GC/MS、HPLC法,便携式气相色谱仪为《全国环境监测站建设标准》中要求配备的应急环境监测仪器。选用便携式气相色谱仪为有机物液体检测设备,pH计测量酸碱pH值,多功能水质采样器用于样品采集,手持式油份测定仪用于快速测试油品及有机化合物。

(3)漂浮类物质监测。

由于漂浮类危险货物的性质与油品性质类似,用于监测浮油的仪器设备都可用来对漂浮在海面上的危险货物进行应急监测。在油品泄漏的监测中,通常可以通过航空遥感仪器探测和监测到海水表面泄漏的油品。泄漏的油品通常比较黏稠并会形成厚油层(>1mm),改变了水表面的物理和化学性质,因此可以通过遥感技术监测。即便是非常薄的油膜(<0.1mm)也有可能被某些仪器注意,因为泄漏的危险货物表面形成一层薄膜随之漂流,这种薄膜抑制了海洋表面的毛细波,从而降低了机载侧视雷达的背反射强度,海洋表面的光滑浮油将会在雷达图像上出现一个相对暗区。此外,在紫外扫描仪上看到浮油改变了紫外线反射,从而改变海水表

面的辐射温度,利用这个原理可以用红外线仪器探测,例如红外扫描仪、红外摄像机或电视红外等设备。

3. 个人防护技术

危险货物一旦泄漏,对人体的危害主要是中毒,包括急性中毒和慢性中毒。这主要是因为这些危险货物大多都能与人体体液或组织发生作用,扰乱或者破坏人体的正常生理功能,引起机体产生暂时性或者永久性的病理状态,甚至危及生命。因此,应急救援人员在实施抢险救援的过程中,必须配备专业的个体防护装备。

个体防护用品(Personal Protective Equipment,PPE)是指作业者在工作过程中为免遭或减轻事故造成的职业危害,个人随身穿(佩)戴的用品。在工作环境中尚不可能消除或有效减轻职业有害因素和可能存在事故因素时,这是主要的防护措施,属于预防职业性有害因素综合措施中的第一级预防。一般而言,个体防护用品可以分为防护头盔、防护面罩、防护眼镜、护耳器、呼吸防护器、防护服、防护鞋、皮肤防护用品、防坠落用具九大类。近些年来,随着防护技术的发展,研制出了一些多功能或复合防护用品。

在安全生产事故应急抢险过程中应根据安全生产事故的特点及其引发物质的不同,以及应急人员的职责,采取不同的个体防护装备:应急救援指挥人员、医务人员和其他不进入污染区域的应急人员一般配备过滤式防毒面罩、防护服、防毒手套、防毒靴等;工程抢险、消防和侦检等进入污染区域的应急人员应配备密闭型防毒面罩、防酸碱型防护服和空气呼吸器等;同时做好现场毒物的洗消工作(包括人员、设备、设施和场所等)。

1)呼吸保护

常用的呼吸保护器具有防毒面罩和正压式空气呼吸器。防毒面罩体积小、质量轻、使用方便,对某些毒气有一定的防护作用。由于不同的过滤芯只能适用于一种或几种毒气。因此,防毒面罩在未知毒剂性质的条件下安全性相对较差。正压式空气呼吸器适用于危险货物毒性大、浓度高及缺氧的的危险场所。空气呼吸器的作业时间不能按标定的时间,而应根据佩戴人员平时的实际测试确定。一般容积为6L的气瓶,有效工作时间不超过30min。救人时所佩戴的空气呼吸器应带有双人接头。

2)服装保护

进入毒气高浓度区域工作的人员,内衣必须是纯棉的,外着全封闭式抢险救灾服、阻燃防化服或正压充气防护服。进入火灾区域可着避火服。外围人员可穿着普通战斗服,但袖口、领口必须扎紧,最好用胶带封闭,防止气体进入服装内。

4. 应急疏散及区域划分技术

1)概述

储罐发生危险货物泄漏和火灾事故后,为了保护公众免受伤害,在事故源周围以及下风向需要控制一定的距离和区域。初始隔离区是指发生事故时公众生命可能受到威胁的区域,是以泄漏源为中心的一个圆周区域,圆周的半径即为初始隔离距离,该区只允许少数消防特勤官兵和抢险队伍进入,初始隔离距离适用于泄漏后最初 30min 内或污染范围不明的情况。

疏散区是指下风向有害气体、蒸气、烟雾或粉尘可能影响的区域,位于泄漏源下风向的区域。该区域如果不进行防护,则可能使人致残或产生严重的或不可逆的健康危害,应疏散公众,禁止防护人员进入或停留。如果就地保护比疏散更安全,可考虑采取就地保护措施。

初始隔离距离、下风向疏散距离适用于泄漏后最初 30min 内或污染范围不明的情况,应根据事故的具体情况,如泄漏量、气象条件、地理位置等作出适当的调整。

初始隔离距离和下风向疏散距离主要依据化学品的吸入危害确定。化学品的吸入毒性危害越大,其初始隔离距离和下风向疏散距离越大,影响吸入毒性危害大小的因素有化学品的状态、挥发性、毒性、腐蚀性、刺激性、遇水反应性等。

2)应急作业区域划分

根据危险等级,应急作业区域可分为以下三个级别(图 4-9)。

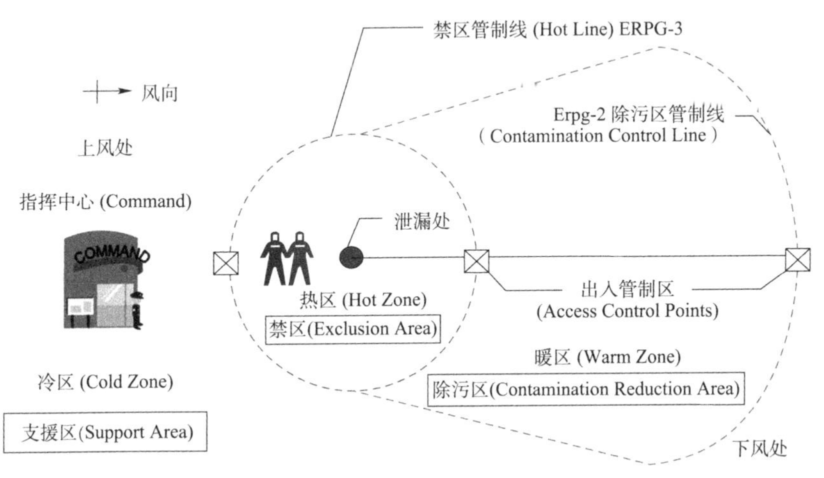

图 4-9　危险货物事故管制区域划分示意图

(1)热区(禁区)。

热区是指在事故发生现场中,因有危险货物泄漏而被划为“禁区”的区域。此区域危险货物浓度指标高,有危险货物扩散,可能伴有爆炸、火灾发生,建筑物设施及设备损坏,人员急性中毒等情况。

热区边界应有明显警戒标志。通常情况下,只有经过现场指挥者同意,救援人员方可进入该区域,并且救援人员需要全身防护,佩戴隔绝式面具。

(2)暖区(除污区、控制区)。

暖区是指对(从热区返回的)人员及器材实施污染去除作业的区域及海域(降低污染/去除污染区域)。该区域空气中危险货物浓度较高,作用时间较长,有可能发生人员或物品的伤害或损坏。

(3)冷区(安全区、支援区)。

冷区是指热区、暖区以外的可能受影响的区域,该区可能有从热区和暖区扩散的小剂量危险货物危害。进入该区域的人员没有必要穿着特别的个人防护装具,仅穿着普通的工作服或便装就可以。

3)疏散隔离距离确定

(1)疏散隔离距离相关参数。

由于每次发生危险货物泄漏事故的情况都有所不同,所以在确立危险区域时应综合考虑本次事故中泄漏化学物质的种类、数量、泄漏状况(区分为瞬间完全泄漏和持续不断地泄漏两种情况)、事故地点、气象、海况等因素,以此来设定具体的危险区域。在划定危险区域时应重点考虑危险货物的毒性效应,若该物质存在火灾爆炸潜在危害,还需要考虑爆炸极限、火灾热辐射危害、爆炸压力危害等。

①有毒物质泄漏安全距离判断指标:有毒物质泄漏不同浓度影响范围判定指标,包含立即威胁生命和健康浓度(IDLH)、时间加权平均容许浓度(TWA)、短时间接触容许浓度(STEL)、最高容许极限浓度(Ceiling)、紧急响应计划指南(ERPG)等。

②火灾爆炸危害指标:危险货物泄漏时,若浓度在爆炸极限范围内,遇点火源则会发生火灾爆炸。判断其发生火灾爆炸的主要指标为爆炸下限(LEL)。

③火灾危害热辐射安全距离判断标准:

不同程度的热辐射对周遭人员、设备及建筑物所可能造成损伤经验值见表4-4。针对火灾产生热辐射条件,其影响范围判定参数,包含37.5kW/m^2、12.5kW/m^2、4.0kW/m^{2}作为评估参考依据,采用热辐射值4.0 kW/m^{2}以下范围作为安全考虑范围标准。

热辐射影响经验值参考表　　表4-4

辐射强度(kW/m^2)	观察到的影响
37.5	对程序设备足够造成损害。暴露时间1min致死率为100%
25.0	在无限期地长时期暴露下足以点燃木材的最低能量(nonpiloted)
15.8	操作员无法从事作业并借遮蔽物隔离热辐射(例如设备后侧)的区域内的热强度
12.5	点燃木材(piloted)、熔化塑料管所需最低能量,暴露时间1min致死率为1%
9.5	8s后到达疼痛极限,20s后造成二级灼伤
4.0	如果在20s内无法到达掩蔽物遮蔽,对人员足以造成疼痛感,然而可能导致皮肤起泡(二级灼伤),致死率为0%
1.6	长时间暴露将不会造成不舒适感

④爆炸压力安全距离判断标准:

不同程度的爆炸压力对周遭人员、设备及建筑物所可能造成损伤的经验值参考见表4-5。针对爆炸产生的过压危害条件,其影响范围判定参数,包含0.5psi①(或0.3psi)、3psi、10psi为评估基准并以爆炸过压达0.5(或0.3)psi以下范围为安全考虑范围。

爆炸压力影响经验值参考表　　表4-5

压力		损害
(psi)	(bar)	
0.03	0.00207	已处在扭曲变形状况下的大型窗户,玻璃偶而破裂
0.04	0.00276	巨大噪声
0.1	0.00689	处在扭曲变形状况下的小型窗户玻璃破裂
0.15	0.01034	典型的玻璃破裂压力
0.3	0.02068	"安全距离"(在此值外有95%的或然率不会有严重的损害),射出的投射极限,造成天花板部分的损害,10%的窗户玻璃破损
0.4	0.02758	有限度的轻微结构损坏
0.5	0.03447	窗户碎裂、窗架结构损坏
0.5~1.0	0.03447~0.06894	大、小型窗户通常会破碎,对窗户外框造成经常性的破坏
0.7	0.04826	对房屋结构造成轻微损坏
1.0	0.06894	房舍部分损坏,造成无法居住
1~2	0.06894~0.1379	波状石绵瓦破碎,波状铁或铝制镶板、固定物掉落弯曲,木质镶板(标准屋内装潢)栓牢固定物掉落

① 1psi=6.895kPa=0.068947bar。

续上表

压力		损害
(psi)	(bar)	
1.3	0.08963	建筑物之钢骨结构稍微扭曲
2	0.1379	房屋之屋顶及墙壁部分崩塌
2~3	0.1379~0.2068	水泥或煤块(非钢筋水泥)墙破碎
2.3	0.1586	结构严重损害的下限
2.5	0.1726	50%的房屋砖造结构破坏
3	0.2068	工业建筑物内重机具(3000lb[①])蒙受少许的损坏,建筑物的钢骨结构扭曲并脱离地基
3~4	0.2068~0.2758	无钢骨结构、自装钢铁镶板外框的建筑物完全破坏,石油储槽破裂
4	0.2758	轻质工业建筑物破坏
5~7	0.3447~0.4826	房屋几乎完全损坏
7~8	0.4826~0.5516	砖造镶板(8~12in[②]厚,非钢筋水泥)因变形或弯曲而崩落
8	0.5516	12in未补强砖墙损毁
10	0.6894	建筑物近乎完全解体,重机具(7000lb)移动且严重损坏,非常重的机具(12000lb)可以幸免
15.5	1.0686	99%人员致死

(2)疏散隔离区域划分方法。

①有毒物质危害范围。

疏散隔离距离可参考三个数值:现场监测距离、紧急应变指南(ERG)参考距离、事故灾害模拟距离。

根据现场检测的浓度,需要采取相应的疏散隔离措施见表4-6。

现场疏散隔离措施 表4-6

侦测或评估数值	疏散动作
低于ERPG-1或未达危害的浓度	不进行疏散动作
介于ERPG-1与ERPG-2间	发布警戒管制区及就地避难警报
侦测或评估数值超过ERPG-2	发布警戒管制区及疏散警报,或做适当的就地避难
侦测或评估数值超过ERPG-3	发布疏散警报,并执行必要的强制疏散

① 1lb=0.454kg。

② 1in=2.54cm。

通过查阅紧急应变指南(ERG)中大量泄漏疏散或保护行动距离,也可判断疏散隔离距离。

此外,通过事故灾害模拟分析得出的参数,也可作为适当疏散隔离距离的参考指标。

以上三种方式所得的建议距离不尽相同,为避免选择上出现争议,仍建议将其全数以表列方式呈现,再依事故现场实际状况做适切筛选,在未知条件下,建议以最大范围作为初步疏散隔离参考。

综合考虑三种方法,事故应急时可以 ERPG-3 浓度影响范围内为热区,ERPG-3 至 ERPG-2 浓度范围间为暖区,ERPG-2 浓度范围以外至适当区域为冷区。若无以上 ERPG 参数,可依 10 TWA、Ceiling、IDLH 或 LC50 划分热区,另以 1/2 IDLH 或 TWA 划分暖区。

②火灾爆炸危害范围。

事故现场可能涉及毒性效应危害及火灾爆炸危害效应,因此在疏散隔离距离上,应同时加以考虑。在同时涉及毒化物泄漏及火灾条件时,建议在疏散管制上选用较大范围作为参考。

火灾危害:采用燃烧或爆炸下限的10%作为发布警戒管制区及疏散警报,60%的浓度范围作为发布疏散警报,并采取必要的强制疏散措施。

热辐射危害:采用模拟热辐射值 4.0 kW/m^{2}以内的范围作为发布警戒管制区及疏散警报,或做适当就地避难参考,以 12.5 kW/m^{2}作为发布疏散警报,并采取必要的强制疏散措施。

爆炸危害:爆炸超压达 0.5 psi 以内的范围作为发布警戒管制区及疏散警报,3psi 作为发布疏散警报,并采取必要的强制疏散措施。

疏散隔离距离确定综合分析见表 4-7。

疏散隔离距离确定综合分析表　　表 4-7

<table>
<tr><td colspan="7">模拟分析评估基准:</td></tr>
<tr><td colspan="7">1. 毒性效应气云扩散之安全距离判断标准:</td></tr>
<tr><td>ERPG-3</td><td>ERPG-2</td><td>10 TWA</td><td>Ceiling</td><td>IDLH</td><td>TWA</td><td>1/2 IDLH</td></tr>
<tr><td></td><td></td><td></td><td></td><td></td><td></td><td></td></tr>
<tr><td colspan="7">注:优先考虑 ERPG-3、ERPG-2,如无前述参数,应增加考虑 10 TWA、Ceiling、TWA、IDLH、1/2 IDLH</td></tr>
<tr><td colspan="7">2. 火灾爆炸性气云扩散之安全距离判断标准:</td></tr>
</table>

<table>
<tr><td colspan="2">60%爆炸下限(LEL)</td><td colspan="2">30%爆炸下限(LEL)</td><td colspan="2">10%爆炸下限(LEL)</td></tr>
<tr><td></td><td>(单位)</td><td></td><td>(单位)</td><td></td><td>(单位)</td></tr>
</table>

续上表

3. 火灾危害热辐射之安全距离判断标准：			4. 爆炸过压之安全距离判断标准：		
37.5 kW/m^2	12.5 kW/m^2	4.0 kW/m^2	10 psi	3 psi	0.5(0.3) psi

5. 泄漏源控制技术

泄漏源控制技术是指在危险货物事故发生后，针对危险货物的溢出源或泄漏源所采取的防止危险货物持续溢出或泄漏的措施。泄漏源控制技术是应急处理过程中的关键步骤，只有成功地控制住污染源，才能够有效地控制泄漏事故发生的程度。特别是在气体泄漏事故中，应急人员唯一能够做的就是控制住泄漏和进行人员疏散。

如果泄漏事故发生在工艺设备或管线上，可根据生产情况采取停车、局部循环、改走副线、降压堵漏等措施控制泄漏源。如果泄漏发生在储存容器或运输途中，可根据事故情况及影响范围采取外加包装、倒罐、堵漏等措施控制泄漏源。

(1)外加包装。

外加包装是处理外置容器泄漏事故最常用的方法，特别是运输途中发生的容器泄漏。最常见的外加包装是把小容器装入大容量的容器中。

(2)工艺措施。

工艺措施是有效处置化工、石油化工企业泄漏事故的技术手段，包括关阀断料、火炬放空和紧急停车等。

(3)堵漏。

当管道、阀门或容器发生泄漏事故，无法通过工艺措施控制泄漏源时，可以根据泄漏部位和泄漏情况采取适当的堵漏方法封堵泄漏口，以达到控制危险货物泄漏的目的。

根据工作对象的压力等级可将堵漏区分为常压堵漏和带压堵漏。比较而言，“带压”堵漏比“常压”堵漏难度大得多。根据泄漏介质的性质，堵漏又分为一般堵漏和特殊堵漏。一般堵漏指对人体危害较小的水、空气、蒸气泄漏；特殊堵漏则是指对易燃易爆、高温高压、有毒有害介质的堵漏。实际选取堵漏方法时，应根据泄漏发生的部位(如阀门、凸缘、管道、设备等)、泄漏孔的大小及形状、泄漏点处实际或潜在的压力、泄漏物质的性质和现有装备，选择最安全、最有效的方法。

①调整堵漏法。

调整堵漏法是采用调整操作、调节密封件的预紧力或调整零件间相对位置，无须封堵的一种消除泄漏的方法。

②机械堵漏法。

机械堵漏法包括支撑法、顶压法、卡箍法、压盖法、打包法、上罩法、胀紧法。

③塞孔堵漏法。

塞孔堵漏法是采用挤瘪、堵塞的简单方法直接固定在泄漏孔洞内，从而达到治漏的一种方法。这种方法实际上是一种简单的堵漏法，它特别适用于砂眼和小孔等缺陷的堵漏，包括捻缝法、塞契法、螺塞法。

④焊补堵漏法。

焊补堵漏法是直接或间接地把泄漏处堵住的一种方法。这种方法主要适用于低压管道的堵漏，包括直焊法、间焊法、焊包法、焊罩法、逆焊法。

⑤粘补堵漏法。

粘补堵漏法是利用胶黏剂直接或间接堵住管道上泄漏处的方法，适用于不宜动火以及其他方法难以堵漏的部位。胶黏剂堵漏的温度和压力与它的性能、填料及固定形式等因素有关，一般耐温性能较差。粘补堵漏法包括粘堵法、粘贴法、粘压法、缠绕法。

⑥胶堵密封法。

胶堵密封法是使用密封胶堵在泄漏处而形成一层新的密封层的方法。这种方法适用面较广，可用于管道的内外堵漏，也适用于高压高温、易燃易爆部位。包括渗透法、内涂法、外涂法、强注法。

⑦改换密封法。

改换密封法是指在管道或设备上用接管机带压接出一段新管线代替泄漏的、腐蚀严重的、堵塞的旧管线，此法多用于低压管道。

⑧其他堵漏法。

其他堵漏法包括磁压法、冷冻法、凝固法。

⑨综合治漏法。

综合以上各种方法，根据工况条件、加工能力、现场情况、合理地组合上诉两种或多种堵漏方法，称作综合性治漏法。如：先塞楔子，后粘接，最后由机械固定；先焊固定架，后用密封胶，最后机械顶压等。

(4)倒罐。

在无法实施堵漏的情况下，如果不及时采取堵漏措施随时可能有爆炸、燃烧或人员中毒危险，或虽采取了简单堵漏措施但事故设备无法移离事故现场，此时实施倒罐可以消除泄漏源。

倒罐是通过人工、泵或加压的方法从泄漏或损坏的容器中转移出液体、气体或固体的过程。

(5)转移。

当液体气体、液体槽车等罐装危险货物发生泄漏，堵漏方法不奏效又不能倒罐时，可将其转移到安全地点处置，应采取必要的车辆与安全防护设施，设定合理的转移路线和地点。

(6)点燃。

点燃是针对高蒸气压液体或液化气体采取的一种安全处置方法。当泄漏无法有效控制，泄漏物的扩散将会引起更严重的灾害后果时，可采取点燃措施使泄漏出的易燃气体或蒸气在外来引火物的作用下形成稳定燃烧，从而控制、降低或消除泄漏毒气的毒害程度和范围，避免易燃和有毒气体扩散后达到爆炸极限而引发燃烧爆炸事故。常用的点燃方法有铺设导火索点燃、使用长杆点燃、使用电打火器点燃等。

6. 陆上泄漏物控制与清除技术

1)陆上泄漏物控制技术

陆上泄漏物控制技术更多地是针对液体泄漏物。另外气体类的泄漏物在采取一定的措施控制后，最终产生的废弃物往往需要采取陆上泄漏物控制技术或入水泄漏物控制技术，将其控制在一定范围内集中处理。

(1)修筑围堤。

通常根据泄漏物流动情况修筑围堤拦截泄漏物，利用围堤以及所处地形来改变泄漏物的流动方向，将其流动到安全区域再进行处置。

常用的围堤有环形、直线型、V 形等。利用围堤拦截泄漏物的关键除了泄漏物本身的特性外，就是确定修筑围堤的地点，它既要离泄漏点足够远，保证有足够时间在泄漏物到达前修好围堤，又要避免离泄漏点太远，使污染区域扩大，带来更大的损失。

(2)挖掘沟槽/人工导流。

通常根据泄漏物流动情况挖掘沟槽收集泄漏物，如果泄漏物沿一个方向流动，则在其流动的下方挖掘沟槽；如果泄漏物四散而流，则围绕着泄漏物区域挖掘环形沟槽。挖掘沟槽收容泄漏物的关键和修筑围堤一样，除了泄漏物本身的特性外，确定沟槽的地点也极其重要，它既要离泄漏点足够远，保证有足够的时间在泄漏物到达前挖好沟槽，又要避免离泄漏点太远，使污染区域扩大，带来更大的损失。

沟槽可以改变泄漏物的流动方向，可以将其导流到安全区域后进行处置。

(3)使用土壤密封剂。

此法针对液体类泄漏物在陆地上的污染事故，可以避免液体泄漏物渗入土壤中，污染土壤和地下水。

直接用在地面上的土壤密封剂分为三类:反应性的密封剂、不反应性的密封性和表面活性的密封剂。常用的反应性密封剂有环氧树脂、脲、甲醛和脲烷,这类密封件要求在现场临时制成,能较容易地在恶劣的气候下成膜,但有一个温度使用范围。常用的不反应性密封剂有沥青、橡胶、聚苯乙烯和聚氯乙烯,温度同样是影响这类密封剂使用的一个重要因素。表面活性密封剂通常是防护剂,如硅和氟碱化合物系列,已研制出的有织品类、纸类、皮革类及砖石围砌类,最常用的是聚丙烯酸酯和氟衍生物。

一般泄漏发生后,迅速在泄漏物可能经过的地方使用土壤密封剂,防止泄漏物渗入土壤中。土壤密封剂既可单独使用,也可以和围堤或沟槽配合使用,既可直接撒在地面上,也可带压注入地面下。

土壤密封剂带压注入地面下的或称为灌浆。灌浆料由天然材料或化学物质组成。常用的天然材料有沙子、灰、膨润土及淤泥等,常用的化学物质有丙烯酰胺、尿素塑料/甲醛树脂、木质素、硅酸盐类物质等。通常天然材料使用于粗制泥土,化学物质使用于较细致的泥土。所有类型的土壤密封剂都受气温及降雨等自然条件的影响。土壤表层及底层的泥土组分将决定密封剂能否有效地发挥作用。

2)陆上泄漏物清除技术

陆上泄漏物清除技术针对的是泄漏到陆上的液体或液化气体等危险货物的处置。

(1)挥发。

当泄漏发生在不能到达的区域,泄漏量比较小,其他的处理措施又不能使用时,可考虑使用就地挥发。

对于能产生易燃或有毒气体的泄漏物,必须进行连续监测报警,以确定处理处理过程中有害气体的浓度。环境参数如大气温度、风速、风向等会影响蒸发速率,对于水体泄漏物的影响因素还包括水温等。

使用就地挥发时,要注意防止有害气体扩散至居民区。

(2)喷水雾。

喷水雾可有效降低大气中的水溶性有害气体和蒸气的浓度,是控制有害气体和蒸气最有效的方法。

使用此法时,将产生大量的污染水。为了避免污染水流入四周的河流、下水道,喷水雾的同时必须修筑围堤或挖掘沟槽收容产生的大量污水,污水必须予以处理或做适当处置。

(3)覆盖/吸收。

覆盖/吸收是处理陆地上小量液体泄漏物最常用的方法。

常用的覆盖与吸收材料有沙土、蛭石、灰粉、珍珠岩、粒状黏土、破碎的石灰石等。

应注意被吸收的液体可能在机械或热的作用下重新释放出来。当吸收材料被污染后，他们将表现出吸收液体的危险性，必须按危险废物处置。

(4)吸附。

吸附法是利用多孔性固体吸附剂处理水体的方法，吸附剂有很强的吸附能力，可以把污水中的可溶性有机物或无机物吸附到表面而除去，对污染水体中的细菌、病毒等微生物也有一定的去除作用。吸附是被吸附物与固体吸附剂表面相互作用的过程。所有的陆地泄漏和某些有机物的水中泄漏可用吸附法处理。

常用的吸附剂有碳材料、天然有机吸附物、天然无机吸附剂、合成吸附剂。

吸附法处理泄漏物的关键是选择合适的吸附剂。

(5)固化稳定化。

通过加入能与泄漏物发生化学反应的固化剂或稳定剂，可使泄漏物转化成稳定形式，以便于处理、运输和处置。

常用的固化剂有水泥、凝胶和石灰。

有的泄漏物变成稳定形式后，由原来的有害物变成了无害物，可原地堆放不需要进一步处理；有的泄漏物变成稳定形式后仍然有害，必须运至废物处理场所进一步处理或在专用废弃场所掩埋。

(6)生物处理。

生物处理是通过微生物体内的生物化学作用氧化分解污水中的有机物和某些无机毒物（如氰化物、硫化物），使之转化为稳定无毒物质，适用于陆地有机物泄漏、水体表面的有机物泄漏和某些无机毒物泄漏。

用于生物处理的微生物可以分为植物型与动物型两类，植物型微生物又可分为菌类（细菌、真菌等）与藻类，动物型微生物可分为原生动物与后生动物。

(7)抽取法。

抽取法适用于清除陆地上限制住的液体泄漏物、水中的液体泄漏物。如果泵能快速布置好，则任何溶性、不溶性漂浮物都可用抽取法清除。

(8)转移。

当陆地上固体或液体泄漏物经过覆盖、吸附等技术处理后，需要转移出污染区域，转移到安全地点集中处理。

7. 大气泄漏物控制与清除技术

1)大气泄漏物控制技术

大气泄漏物控制技术主要是对气体类危险货物、部分挥发性液体物质等进入空气后，进行抑制、疏导等操作，以控制泄漏物的量及流动方向的技术。

(1)覆盖。

覆盖是临时控制泄漏物蒸气危害最常用的方法，即用合适的材料覆盖泄漏物，暂时减少蒸气带来的大气危害。常用的覆盖材料有合成膜、泡沫、水等。

①合成膜覆盖。

合成膜覆盖适用于所有液体的陆地泄漏，常用的合成膜材料有聚氯乙烯、聚丙烯、氯化聚乙烯、异丁烯橡胶等。

②泡沫覆盖。

使用泡沫覆盖阻止泄漏的挥发，可以降低泄漏物对大气的危害和泄漏物的燃烧性。通常泡沫覆盖只适用于陆地泄漏物。

实际应用时，要根据泄漏物的特性选择合适的泡沫材料。

泡沫覆盖必须和其他的收容措施(如围提、沟槽等)配合使用，选用的泡沫必须与泄漏物相容。

③水覆盖。

对于密度比水大或溶于水但不与水反应的物质，水覆盖能有效地抑制泄漏物的挥发，还可以将泄漏物导至适宜的地方进行处理。但水覆盖仅限在小泄漏场合应用，而且现场已备有围堤或沟槽收容变稀了的泄漏物。

(2)低温冷却。

低温冷却是将冷冻剂散布于整个泄漏物的表面，减少有害泄漏物的挥发。在许多情况下，冷冻剂不仅能降低有害泄漏物的蒸气压，而且能通过冷冻将泄漏物固定住。

常用的冷冻剂有二氧化碳、液氮和冰，选用何种冷冻剂取决于冷冻剂对泄漏物的冷却效果和环境因素。

2)大气泄漏物清除技术

大气泄漏物清除技术针对的是进入空气中的气体类泄漏物，也包括发性液体的处置。

(1)通风。

通风是控制作业场所中有害气体、蒸气最有效的措施之一。借助于有效的通风，使作业场所空气中有害气体、蒸气的浓度低于规定值，保证人员的身体健康，防止火灾和爆炸事故的发生。

(2)喷水雾。

喷雾状水稀释泄漏物，可以溶解部分气体或蒸气，喷水雾可有效地降低大气中的水溶性有害气体和蒸气的浓度，是控制有害气体和蒸气最有效的方法。对于不溶于水的有害气体和蒸气，也可以喷水雾驱赶，保护泄漏区人员和泄漏区域四周居民免受有害气体的致命伤害。喷水雾还可用于冷却破裂的容器和冲洗泄漏污染区内的泄漏物。

(3)吸附法。

吸附法主要用于去除空气中的飘尘、氨气、二氧化碳、硫化氢和挥发性有机化合物等。

固体吸附剂常用的有活性炭、木炭、分子筛等碳材料吸附剂。

(4)吸收法。

吸收法是利用气体混合物中不同组分在吸收剂中的溶解度不同，或吸收剂发生选择性化学反应不同而将气体混合物分离的方法，通常需要将有害气体导入吸收液中处理，理论上常见的气态泄漏物可以选择适合的吸收液。

吸收液所用材料与气体类型有关，例如二氧化硫、氢氟酸、二甲酚橙等可以溶于水中的泄漏物可用水作为吸收液。水是最常用的吸附剂，而且价廉易得，但泄漏物的溶解度往往会随温度变化；碱性吸收液与酸性吸收液可以分别用于与碱或酸起反应的有害气体；另外还有有机吸收液，可以用于吸收苯和沥青烟灯气体。

8. 入水泄漏物控制与清除技术

1)挥发类物质的控制清除。

挥发类物质泄漏以后在空气中可分为水溶性气体云和非水溶性气体云两大类，下文将对它们的控制与清除方法逐一介绍。

(1)水溶性气体云。

产生水溶性气体云的物质主要为水溶性挥发气体，例如氯和二氧化硫。处理方法主要是喷淋法和气体覆盖法。

(2)非水溶性气体云。

对于不溶于水的气体和蒸气，也可以通过喷水雾驱赶，通过雾状水使空气形成湍流，加大大气中有害物质的扩散速度，使其尽快稀释至无危害的浓度，同时控制传播方向，从而保护泄漏区内人员和附近人员免受有害气体和蒸气的致命伤害。与此同时，喷淋法还可以起到给热表面降温或扑灭火花、降低火灾和爆炸的风险。

2)漂浮类物质的控制清除

储罐事故发生后，若无法采取有效围控措施，导致泄漏物扩散到水面上时，需要对水面漂浮物进行控制清除。水面漂浮的危险货物很多都是危害性较小的各种脂肪油，然而由于其黏度很低，会在水面迅速扩散并形成极薄的一层，因而不容易回收。而且这类物质的蒸气压往往较低，水面漂浮的危险货物会形成很大的空气接触面，在水面蒸发，容易在空气中形成很高的浓度。因此，当处置泄漏于水面的危险货物时，监视其在空气中的浓度尤为重要。这既是为了评估火灾和爆炸的风险，也是为了评估它对健康的危害。

水面漂浮的危险货物控制清除技术主要包括布放围油栏、布放吸附材料、机械回收、泡沫覆盖和低温冷却等方法。

(1)布放围油栏。

布放围油栏是控制不溶性漂浮物较常用的方法。通常将围油栏布放在水体的下游或下风向处，当泄漏物流至或被风吹至时将其捕获。为了提高围控效率，一般可设置多层围油栏。

(2)吸附/吸收。

吸附是被吸物(一般是液体)与固体吸附剂表面相互作用的过程。吸附过程会产生吸附热。大多数情况下，不溶性、漂浮在水面上的泄漏物采用此法。吸附剂可以用来吸附漂浮在水面上的危险货物，然后通过回收泄漏物与吸附剂的混合物达到消除危险货物的目的。吸附法处理泄漏物的关键是选择合适的吸附剂。常用的吸附剂有炭材料、天然有机吸附剂、天然无机吸附剂、合成吸附剂。

吸附剂经常制成片状或者泡沫塑料板状，这样容易放置到泄漏物上。有些吸附剂被做成微小颗粒或者粉状，有时为了方便使用则将它们做成吸油毡或吸油锁。在使用吸附剂时要考虑使用风险以及吸附比例，以及天气情况(风浪较大水域和恶劣天气下不能使用)。

利用吸附/吸收材料回收挥发的危险货物和漂浮的危险货物，因具有避免产生二次污染的优点，是目前世界各国经常采用的技术方法之一。

(3)机械回收。

机械回收是清除水面上液体漂浮物最常用的方法。大多数回收机械是专为收集油类液体设计的，含有塑料部件，塑料物质与许多危险货物不相容。当使用收油机械等机械清除易燃泄漏物时，收油机械所用的电动机及其他电器设备必须是防爆型的。

用于机械回收和存储的设备主要有收油机、轻便储油罐、泄漏应急桶、凝油剂等。

(4)合成材料覆盖。

对于有毒或者可燃气体的泄漏，经常首先使用泡沫覆盖泄漏物(图4-10)，泡沫的覆盖能临时阻止蒸气的形成，以降低达到有毒或燃烧浓度的风险。但是，泡沫只能用于相对较小的泄漏面积，且不同类型的泡沫只能用于特定的几种危险货物。泡沫减少了泄漏物的表面张力，使得通过特定的收油机所进行的回收工作更加困难。

图 4-10 泡沫覆盖

(5)低温冷却。

低温冷却是将冷冻剂散布于整个泄漏物的表面上,减少有害泄漏物的挥发。在许多情况下,冷冻剂不仅能降低有害泄漏物的蒸气压,而且能通过冷冻将泄漏物固定住。影响低温冷却效果的因素有冷冻剂的供应、泄漏物的物理特性及环境因素。

3)溶解类物质的控制清除

常见的储罐储存溶于水的危险货物主要有:丙酮、乙醇、磷酸、丙二醇、异丙醇、甲醇、甲乙酮、单乙基胺、氢氧化钠溶液、丙酸、环氧丙烷、硫酸、醋酸、氢氧化铵(溶解氨)等。

溶于水的危险货物在水中泄漏会不断地溶解扩散,水体中危险货物溶液对环境、渔业、休闲区和淡水等都有一定危害。此类溶于水危险货物的应急措施有围控、中和、吸附和稳定化等办法。

(1)围控。

围控可溶性泄漏物只适用于底部为平面、液流流速不大于 2n mile/h①、水深不超过 8m 的场合,围控设备的材质必须与泄漏物相容。

(2)中和。

溶于水中化学品泄漏物的处理手段主要是使用化学药品对泄漏物进行中和,以减少泄漏物对人体及环境的危害。中和是向泄漏物中加入酸性或碱性物质形成中性盐的过程。对于泄入水体的酸和碱或泄入水体后能生成酸和碱的物质,可以使用弱酸或弱碱中和,如果中和过程中可能产生金属离子,则必须用沉淀剂清除。

用于酸性泄漏物的中和剂:酸式碳酸盐钠(碳酸氢钠),用于碱性泄漏物的中和剂:磷酸二氢钠。应当注意,处理药剂应该与生态环境部门协商,还应该让生态环境部门在药剂的使用量上给出建议。如果对剂量不能确定,建议如下:查出泄漏化学品的质量。理论上正确的药剂量约为两倍的中和剂用量,并按照合适的方式把它们分散到全部泄漏区域,最后应持续监视水域的 pH 值。

① 1n mile/h≈1.852km/h。

现场使用中和法处理泄漏物受下列因素限制：泄漏物的量，中和反应的剧烈程度，反应生成潜在有毒气体的可能性，溶液的最终 pH 值能否控制在要求范围内。此外，由于碳酸钙与酸的反应速度虽然比钠盐慢，但因其不向环境中加入任何毒性元素，而被广泛采用。

(3)吸附。

吸附法除了可以应用于漂浮在水面上泄漏物的控制清除外，在不溶性的危险货物泄漏物控制清除中也经常采用此法。常用的吸附剂也与处理漂浮物类似，主要包括有炭材料、天然有机吸附剂、天然无机吸附剂、合成吸附剂等。

(4)稳定化。

稳定化就是通过加入能与泄漏物发生化学反应的稳定剂使泄漏物转化成稳定形式，以便于处理、运输和处置。用于稳定液体危险货物的稳定剂有凝胶。

凝胶是一种特殊的分散体系，其中胶体颗粒或高聚物分子相互连接，搭成架子，形成空间网状结构，液体或气体充满在结构空隙中。凝胶通过胶凝作用使泄漏物形成固体凝胶体，从而使泄漏物固化。如果形成的凝胶体仍是有害物质，需要进一步处置。

选择凝胶时，最重要的问题是凝胶必须与泄漏物相容。使用凝胶的缺点是：风、沉淀和温度变化将影响其应用并影响胶凝时间；凝胶的材料是有害物，必须做适当处置或回收使用；使用时应加倍小心，防止接触皮肤和吸入。

此外，絮凝剂、胶凝剂、活性炭、络合剂和离子交换剂还可以被用于危险货物和水的混合物的回收，并被抽入驳船或其他存储容器。

9. 现场洗消技术

由于危险货物具有一定的毒害性，危险货物事故发生后，对人员、器材装备、事故发生区及染毒区都能造成污染，只能通过洗消来消除这种危害。因此，危险货物事故应急中必须牢固树立洗消是应急救援工作中必不可少环节的意识，在处置事故后，必须因地制宜地对染毒物体进行洗消，使应急行动做到既消除了灾害，又彻底消除了污染。

危险货物事故现场的洗消技术按原理分为物理洗消法和化学洗消法两大类。物理洗消法和化学洗消法各有特点和适用条件的限制，可以依次进行，也可以同时进行。在选择洗消方法时，应考虑危险货物的种类、泄漏量、性质，以及被污染的对象等因素。

1)物理洗消法

物理洗消法是通过将毒物转移或将毒物的浓度稀释至其最高容许浓度以下或

防止人体接触来减弱或控制毒物的危害。目前常用的方法有通风、稀释、溶解、收集输转、掩埋隔离等，目的是将染毒物的浓度降低、泄漏物隔离封闭或清理现场，消除毒物危害。

在消毒处理前后毒物的化学性质和数量并没有发生变化，因此，物理洗消法多用于临时解决现场的毒物危害问题。染毒现场经物理洗消法处理后，仍存在毒物再次危害的可能性。

(1)吸附消毒法。

吸附消毒法是利用具有较强吸附能力的物质来吸附危险货物，如吸附垫、活性白土、活性炭等。

(2)溶洗消毒法。

溶洗消毒法是指用棉花、纱布等浸以汽油、酒精、煤油灯溶剂，将染毒物表面的毒物溶解擦洗掉。

(3)通风消毒法。

通风消毒法适用于局部空间区域或者小范围的消毒，如装置区内等。若排出的毒物具有燃爆性，通风设备必须防爆。

(4)机械转移消毒法。

机械转移消毒法是采用除去或覆盖染毒层，同时可采用将染毒物密封掩埋或密封移走，使事故现场的毒物浓度得到降低的方法。

(5)冲洗消毒法。

在采用冲洗消毒法实施消毒时，若在水中加入某些洗涤剂，如肥皂、洗衣粉和洗涤液等，冲洗效果比较好。冲洗消毒法的优点是操作简单、使用经济；其缺点是耗水量大，处理不当会使毒物渗透扩散，从而扩大染毒区域的范围。

2)化学洗消法

化学洗消法是利用消毒剂与毒源或染毒物发生化学反应，生成无毒或毒性很小的产物，它具有消毒彻底、对环境保护较好等特点。然而，要注意洗消剂与毒物的化学反应是否产生新的有毒物质，防止发生次生反应染毒事故。实施化学洗消需借助器材装备，消耗大量的洗消药剂，成本较高，在实际洗消中一般是化学洗消法与物理洗消法同时采用。化学洗消法主要有中和法、氧化还原法、催化法、燃烧法和络合法。

10. 消防技术

我国针对重大危险货物灾害事故的防范与控制技术取得了发展，在解决火灾的特性、预防与控制火灾新技术以及消防工程新技术的综合应用上取得了良好的

成果。而且我国也对火灾探测报警与灭火技术、消防规划与灭火救援等也进行了研发。

储罐事故消防技术包括火灾自动报警技术和灭火技术。

1)火灾自动报警技术

火灾自动报警系统主要由火灾探测器、火灾自动报警控制装置组成。

(1)火灾探测器。

火灾探测器安装在现场,根据火灾伴随的气、烟、热、光等参数,监视现场有无火警发生,有的火灾探测器还具有声光报警装置。

火灾发生后一般先出现烟雾,之后出现光(包括可见光和不可见光),并伴有升温。因此,感烟探测器报警及时,且应用最为广泛,但容易受非火灾性烟雾、灰尘、水蒸气等干扰,误报率相对较高。感温探测器的温度阈值较高,性能稳定可靠、但报警不够及时。感光探测器特别适用于火灾时烟雾微弱、火焰上升迅速的场所,安装位置高,保护面积大,工作性能稳定,但易受到非火灾性火焰的干扰。

随着我国消防事业的发展,已研制生产各式探测器。然而不同类型的探测器,其适用场所和安装技术要求也不完全相同,只有按有关消防技术规范要求,合理地选择和正确地安装,才能充分发挥探测器的应有功能。目前,功能区域复杂的场所,往往需要多传感器协同工作,通过数据融合来准确地分析火情并进行联动灭火。

(2)火灾自动报警控制装置。

火灾自动报警控制装置由各种类型报警器组成,将接收到的火灾探测器报警信号通过声光电报警显示装置告知消防人员某个部位发生了火灾,并通过火灾报警控制器启动警报装置,通知现场人员投入灭火操作或从火灾现场疏散。

按火灾报警系统判断火灾的方式,火灾报警系统可分为开关量火灾报警和模拟量火灾报警。开关量火灾报警是当火灾的烟浓度、温度或其他物理参数达到一定阈值时,经过比较器,输出开关量并上传到火灾报警控制器。

模拟量火灾报警使用模拟量探测器。系统中火灾报警器的算法很重要,好的算法可以大幅度降低火灾报警系统的误报率,而有些算法,如在火灾报警控制器设置一个报警阈值,实际与开关量火灾报警系统区别不大,只是把原来火灾探测器上的报警阈值改在了火灾报警控制器上。模拟量火灾报警系统能够根据环境的变化而改变系统的探测零点并且选用最佳的探测算法,减少火灾报警系统的误报。还有的火灾报警控制器使用智能型火灾探测器,这种探测器可以根据环境的变化而改变自身的探测零点对自身进行补偿,使用合适的算法判断是否有火警发生。

火灾报警网络监控可以将火警信息进行一定权限的网络传递，与报警控制器一起配合工作，实时对火警区域的现场数据进行记录、管理和远程监控。

2)灭火技术

灭火的基本方法主要有四种:冷却、窒息、隔离和化学抑制。前三种方法是通过物理过程进行灭火，最后一种方法则是通过化学过程灭火。

(1)冷却灭火法。

冷却灭火法是根据可燃物质发生燃烧时必须达到一定温度的条件，将灭火剂直接喷洒在燃烧着的物体上，使可燃物质的温度降到燃点以下，从而停止燃烧。如向火区喷射大量的水来降温，是最常见的冷却灭火法。用二氧化碳灭火剂灭火，由于雪花状固体二氧化碳本身温度很低，接触火源时又吸收大量的热，从而使燃烧区的温度急剧下降，以实现灭火。另外，火场上还常常用水来冷却未燃烧的可燃物和生产装置，以防止它们引燃或受热爆炸。

(2)窒息灭火法。

窒息灭火法是根据可燃物质燃烧需要足够氧化剂(空气、氧)的条件，采取阻止空气进入燃烧区的措施，或断绝氧气而使燃烧物质熄灭。为使火灾窒息，需将水蒸气、二氧化碳等惰性气体引入着火区，以稀释着火空间的氧含量。当着火区空间氧含量低于14%，或水蒸气含量高于35%，或二氧化碳含量高于35%时，绝大多数燃烧都会熄灭。但可燃物本身为化学氧化剂物质时，不能采用窒息灭火法。

在火场上运用窒息灭火法扑灭火灾时，可采用石棉被、浸湿的棉被、帆布、灭火毯等不燃或难燃材料，覆盖燃烧物或封闭孔洞;用低倍数泡沫覆燃烧液面灭火;用水蒸气、情性气体(二氧化碳、氮气等)、高倍数泡沫喷入燃烧区域内，利用建筑物上原有的门、窗以及生产储运设备上的部件，封闭燃烧区，阻止新鲜空气流入，以降低燃烧区氧气的含量，达到窒息灭火的目的。此外，在迫不得已的情况下，也可采用水淹没(灌注)的方法来灭火。

(3)隔离灭火法。

隔离灭火法是根据发生燃烧必须具备可燃物质的条件，将燃烧物质与附近的可燃物隔离或分开，中断可燃物的供应，使燃烧停止。采用隔离灭火法的具体措施有:将火源附近的可燃、易燃、易爆和助燃物质，从燃烧区转移到安全地点;关闭阀门，阻止气体、液体流入燃烧区;排出生产装置、设备容器内的可燃气体或液体;设法阻拦流散的易燃、可燃液体或扩散的可燃气体;拆除与火源毗连的易燃建筑结构，形成阻止火势蔓延的空间地带。

(4)化学抑制灭火法。

化学抑制灭火法就是使灭火剂参与燃烧的链式反应，使燃烧过程中产生的自

由基消失，形成稳定分子或活性低的自由基，从而使燃烧反应停止。采用卤代烷(1301、1211)、七氟丙烷、三氟甲烷等替代物、干粉灭火剂等，就是降低自由基的灭火方法，灭火速度快，使用得当可快速地扑灭火灾。使用卤代烷等灭火剂进行抑制灭火时，一定要将灭火剂准确地喷射到燃烧区域内，使灭火药剂参与燃烧反应。否则，将起不到抑制燃烧反应的作用，达不到灭火目的。

第二节　港口储罐及管线事故应急设备设施

应急设备设施是应急行动顺利开展的重要保障。本节在应急处置程序和应急处置关键技术的基础上，根据应急处置行动和应急处置技术的需要，从储罐事故应急特点出发，对国内外可用的应急设备设施进行梳理，为储罐及管线事故的应急处置提供参考。储罐及管线事故应急处置设备设施大体可分为关键设备和配套设备两大类。

一、关键设备

根据应用目的及适用阶段不同，储罐事故应急处置关键设备可分为侦检设备、控制设备和清除设备三大类。其中侦检设备主要适用于事故监测与评估阶段，控制设备适用于泄漏物控制阶段，清除设备适用于泄漏物清除以及洗消阶段。下面将对各类设备进行详细介绍。

1. 侦检设备

侦检是指人员到达现场后，对事故进行现场侦查、检测的过程。通过侦检可帮助应急指挥部门迅速了解事故现场应急行动状况、事故发展态势，可提高应急反应速度，最大限度地保障应急反应的高效执行，为指挥部门准确指挥和确定下一步应急行动方案提供决策依据。

港口侦检设备，主要是指通过人工或自动的检测方式，对火场或救援现场所有灭火数据或其他情况，如气体成分、火源等进行测定的仪器和用具。

下面将对各种类型的侦检设备进行详细介绍。

(1)气体检测设备。

各种类型的气体检测器和气相色谱技术是挥发性危险货物事故应急监测不可替代的有效手段。《全国环境监测站建设标准》中要求配备的应急环境监测仪器为便携式多种气体分析仪和PID检测仪等。常用的便携式气体检测器特性及其在事故应急检测中的应用情况比较见表4-8。

常用便携式气体检测器比较 表4-8

检测器名称	检测气体	优　　点	缺　　点
气体检测管（气体比色管）	有毒有害气体	能检测 ppm 级（10^{-6} 级），价格不高	无法提供定量分析及连续的报警检测；用户需大量储备比色管，而比色管存在过期问题；响应慢，几分钟才能给出结果
LEL 检测器	挥发性有机物，可燃气体	检测精度高、线性好、工作寿命长、响应快	灵敏度低
电化学传感器	有毒有害气体	能检测 ppm 级，具有良好的稳定性	需经常检查电池容量，定时标定，使用寿命2年
FID 检测器	有机化合物	线性好	不具备选择性；需要配置氢气瓶，不安全
PID 检测器	挥发性有机物和其他有毒气体	高精确度、高灵敏度（10^{-9} 级）；小巧；可连续测量；宽范围	不具有选择性，区分不同化合物的能力较差

根据常用便携式气体检测器比较情况，建议配备一定数量的检测管定性测量，给出瞬时实际浓度，同时配备有毒气体探测仪、可燃气体检测仪和氧气检测仪，达到报警值时报警。

（2）液体检测设备。

有机泄漏物检测分析主要使用 GC、GC/MS、HPLC 法，便携式气相色谱仪为《全国环境监测站建设标准》中要求配备的应急环境监测仪器，选用便携式气相色谱仪为有机物液体检测设备（图 4-11），pH 计测量酸碱 pH 值，多功能水质采样器用于样品采集（图 4-12），手持式油份测定仪用于快速测试油品及有机化合物。

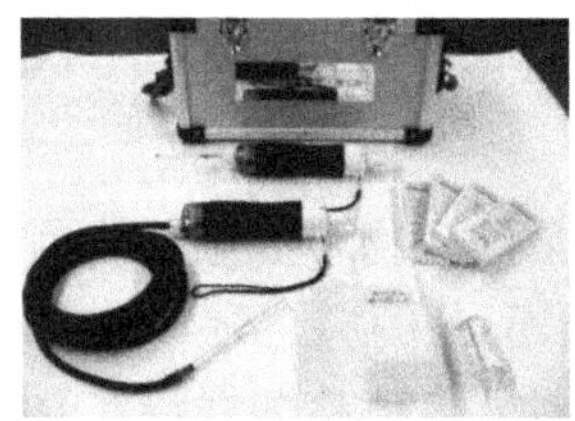
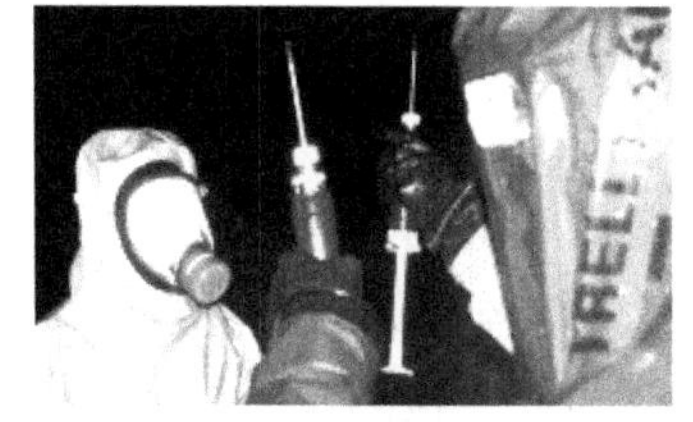
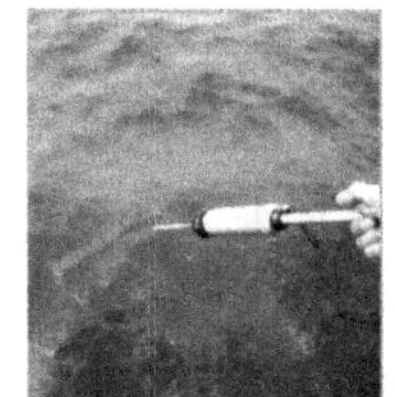

图 4-11　有机物液体检测器

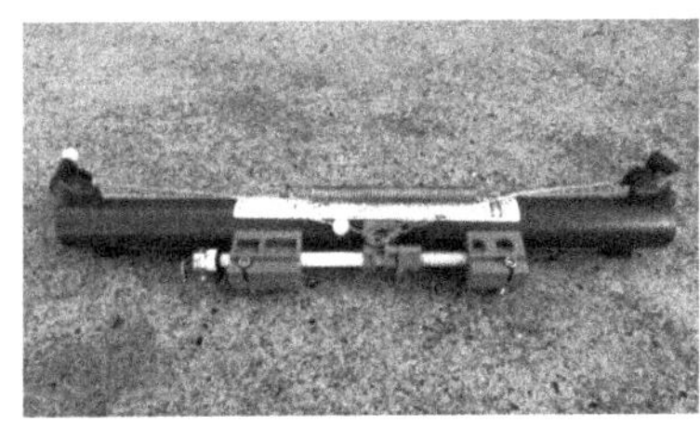
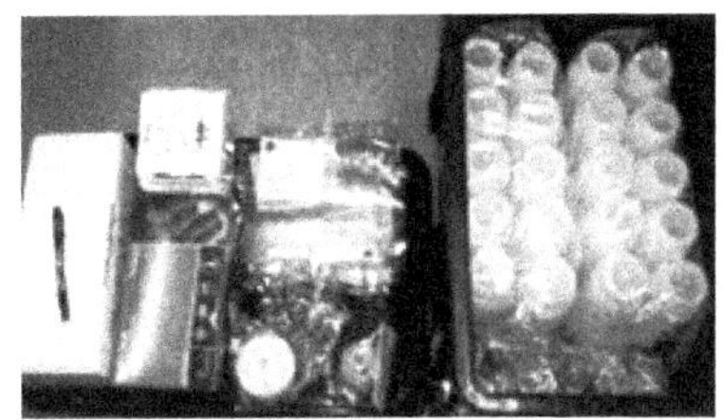
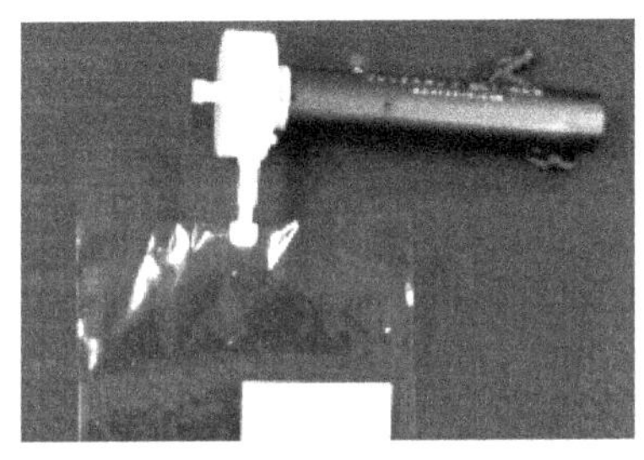

图 4-12 水质采样器

(3)气象监测设备。

①便携式综合气象仪用于现场风速、风向、温度、湿度、气压的测量。

②感温报警器。

感温报警器又叫感温探测器,火灾时物质的燃烧产生大量的热量,使周围温度发生变化。根据监测温度参数的不同,一般用于工业和民用建筑中的感温式火灾探测器有定温式、差温式、差定温式等。

(4)红外热成像仪。

使用红外热成像仪可以在事故现场黑暗、浓烟的环境中对救助目标进行快速、有效地搜寻;此外,使用红外热成像仪对于火灾、爆炸等事故应急施救效果可进行正确评估,可快速正确地探明事故现场是否还有隐火等隐患。

(5)生命探测仪,用于港口建筑物倒塌现场的生命找寻救援。

(6)漏电探测仪,用于确定港口泄漏电源的具体位置。

(7)复合式火灾探测器。

复合式火灾探测器是对两种或两种以上火灾参数响应的探测器,复合式火灾探测的思想就是将几种探测原理结合在一起,以提高火灾探测的准确性。它有感烟感温式、感烟感光式,感温感光式等型式。

(8)图像式火灾探测器。

一旦发生火灾,火源及相关区的温度必然升高,可以发出一定的红外辐射,在远处的摄像机发现这种信号,通过综合分析,若判断它是火灾信号,则立即发出报警,并将该区显示在屏幕上,值班人员可及时加以处理。在无人值班的情况下,也可以将系统设置成自动控制状态,及时启动对外报警、灭火或烟气控制系统。图像式火灾探测器是一种非接触式的探测装置,有利于较早发现火灾,加上它具有可视功能,有助于减少误报警。

进入突发环境事件现场的应急监测人员,必须注意自身的安全防护,对事故现场不熟悉、不能确认现场安全或不按规定佩戴必需的防护设备的人员,未经现场指挥或警戒人员的许可,不应进入事故现场进行采样监测。应急监测应至少两人同行;进入易燃易爆事故现场的应急监测车辆应有防火防爆安全装置。

现场监测人员常用的安全防护设备有:

(1)测爆仪;

(2)防护服、防护手套、胶靴等防酸碱、防有机物渗透的各类防护用品;

(3)各类防毒面具、防毒呼吸器(带氧气呼吸器)及常用解毒药品;

(4)防爆应急灯、醒目安全帽、带明显标志的小背心、救生衣、防护安全带、呼吸器等。

2. 控制设备

泄漏源控制的相关措施是储罐事故应急反应行动的关键措施,是防止次生灾害发生和减轻事故危害、保护水域环境的重要手段。具体措施包括控燃爆、控蒸发、控泄漏、控扩散、过驳等。通过泄漏源控制可以有效遏制泄漏物扩散,将泄漏源从敏感地区导向其他区域便于回收,保护辖区周边敏感资源不受污染。

液体危险货物事故污染源控制的作业内容繁多,不同性质的液体危险货物,不同的水文条件,采取的围控方法和使用的设备各不相同,此过程所需的主要设备是灭火剂、固化剂、堵漏装置、围油栏、集合剂、倒罐、过驳设备等。

对于不同环境行为的泄漏物质,需要配备的设备明显不同。挥发性、水面漂移性物质,应首先采用灭火剂、固化剂及其散布装置、喷水装置处置,控制火源后再用围油栏围控。而溶解、沉淀性物质,需采用扩散防护栏、筑堤沙袋围控。

1)控燃爆

(1)灭火剂。

灭火剂是能够有效地在燃烧区破坏燃烧条件,达到抑制燃烧或终止燃烧目的的物质。当灭火剂被喷射到燃烧物体表面或燃烧区域后,通过一系列的物理、化学作用,使燃烧物冷却、燃烧物与空气隔绝、降低燃烧区内氧浓度以及中断燃烧的连锁反应等,最终导致维持燃烧的条件遭到破坏,使燃烧反应终止,达到灭火的目的。

灭火剂包括水及水系灭火剂、泡沫灭火剂、干粉灭火剂、气体灭火剂、烟雾(固体)灭火剂、轻金属灭火剂等。移动式灭火装置如图 4-13 所示,粉末喷洒装置如图 4-14 所示。

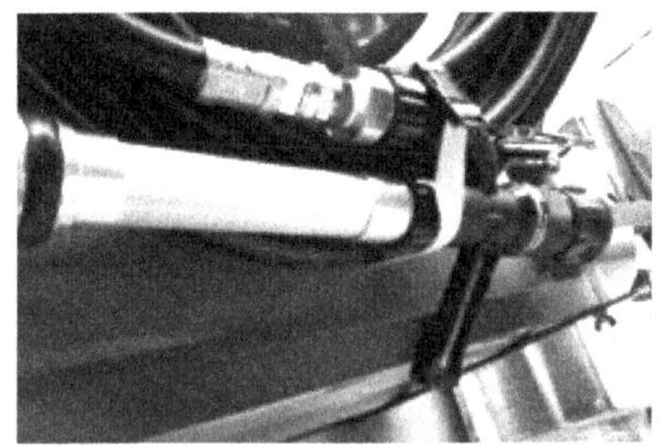

图 4-13　移动式灭火装置

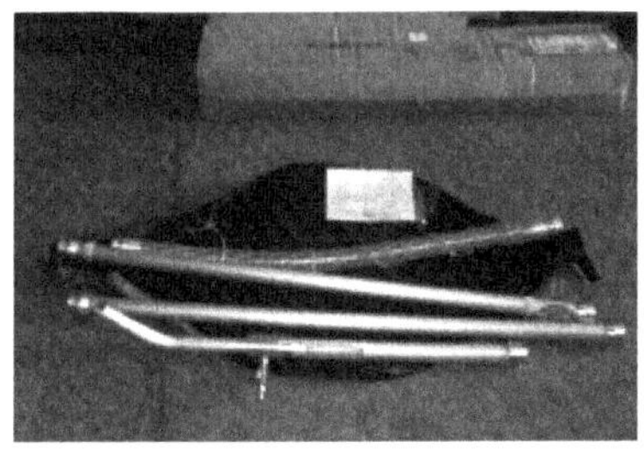

图 4-14　粉末喷洒装置

(2)喷水装置。

喷水装置是适用于挥发类危险货物的应急设备。利用喷水装置喷雾状水,可以冷却热表面减少火灾、爆炸风险,扑灭火花和压制火焰的形成;减少、阻止、改向或驱散水溶性或非水溶性气团;冲洗或击散水溶性气团。船用侧挂式喷水装置如图4-15所示,便携式喷水器如图4-16所示。

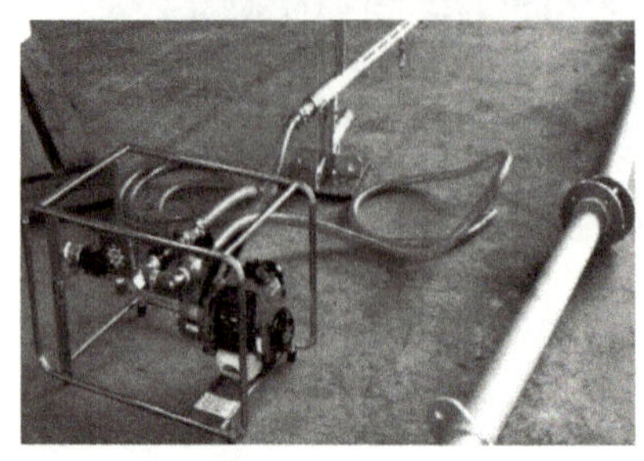

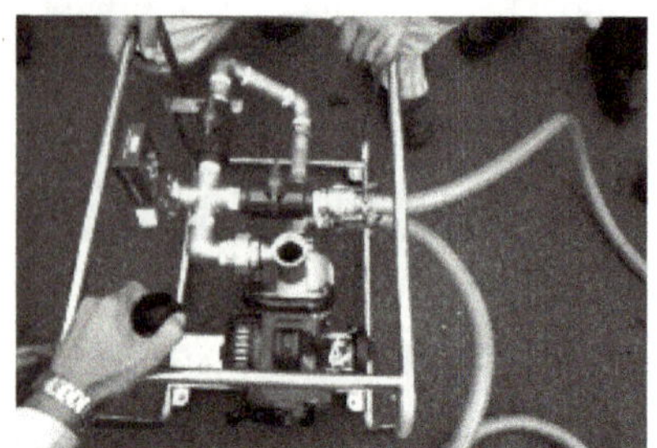

图4-15　船用侧挂式喷水装置

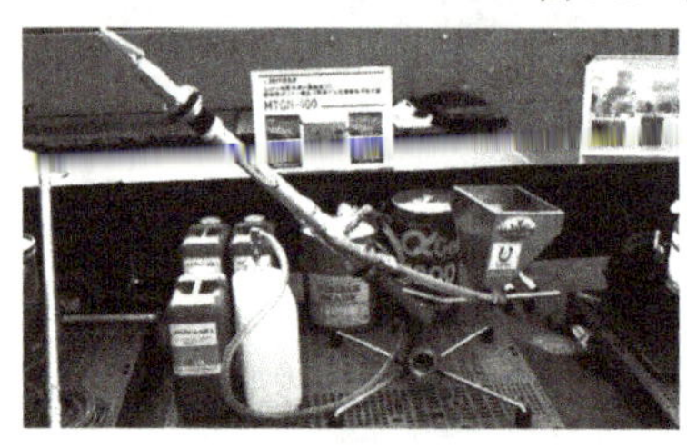

图4-16　便携式喷水器

(3)阻火装置:安全液封、阻火器、火星熄灭器、单向阀。

(4)泄压装置:安全阀、爆破片、放空管、组合型防爆泄压装置。

(5)隔爆装置:防爆墙、防爆门、爆炸减压板。

2)控泄漏

危险货物一旦发生泄漏,无论是否发生爆炸或燃烧,都必须设法消除泄漏。在危险货物泄漏事故应急救援过程中,绝大多数采用的都是带压堵漏技术。危险货物泄漏主要使用的带压堵漏技术有注剂式带压堵漏技术和带压粘接堵漏技术。其中注剂式带压堵漏过程中使用的设备主要包括密封注剂、堵漏夹具、注剂接头、注剂阀、高压注剂枪、快装接头、高压输油管、压力表、压力表接头、回油尾部接头、油压换向阀接头、手动液压油泵等。

管道泄漏多发生在其连接件和管段上。在连接螺纹、连接凸缘、阀门体、填料等部位发生泄漏的情况比较普遍;而在管段上的泄漏,则多发生在焊口、流体转向的弯头、三通及孔洞部位等处。

(1)直管泄漏及处理。

直管段的泄漏常常发生在两管对接的环向焊缝上,主要是由气孔、夹渣、裂纹、未焊透等焊接缺陷所引起。

以 DN150 以下的管道为例,对上述泄漏所采用的封堵工具有:压板式直管夹具、直管焊接夹具、管道金属封堵套具、管道内封堵气囊、管道外封堵气囊、木制封堵工具、内塞式封堵工具。

(2)弯管泄漏及处理。

弯管是流体介质改变方向的必经之路。在冲压成型弯头时,在管壁内曲率半径最大一侧的金属受到拉应力的作用,该处金属管壁的壁厚比较薄弱。使用过程中,由于弯头受到流体介质的冲刷和腐蚀,弯头曲率半径最大处即管壁的转弯处一侧承受较大的冲刷,是经常发生泄漏的部位,当然人为或撞击也能造成弯道处泄漏。此外安装在户外的管道,受天气或管道温度的影响,在弯管薄壁周围易形成稀碳酸,造成管道腐蚀泄漏等。以 DN150 以下的管道为例,对上述泄漏所采用的封堵工具主要有:压板式弯管夹具、弯管焊接夹具、引流焊接动态密封、引流叠帽封堵工具、管道外封堵气囊、捆绑式封堵工具等。

(3)连接凸缘泄漏及处理管道及罐车。

凸缘密封连接是应用最多的一种密封结构形式,如液相紧急切断阀、气相紧急切断阀、安全阀等都采用凸缘密封连接。主要是依靠其连接螺栓所发生的预紧力,由固体垫片达到足够的工作密封比压,来阻止危险源介质的向外泄漏。但无论采用何种凸缘类型、凸缘密封面形式及相应凸缘垫片,在苛刻的介质操作环境或外部环境作用下一样有可能发生泄漏。凸缘泄漏形式主要有界面泄漏、渗透泄漏和破坏泄漏。80% ~90% 的泄漏事故都是界面泄漏,即连接凸缘之间由于密封垫片压紧力不足、管道热变形、机械振动、螺栓预紧力不足造成。针对以上所采用的封堵工具主要有:带压注剂封堵器、填塞粘接工具、引流粘接封堵工具、引流焊接动态密封、管道外封堵气囊、顶压粘接工具等。

危险货物储罐发生泄漏一般体现在阀门处泄漏，凸缘密封垫片因老化开裂等损坏而泄漏，管线因材质老化后受振动、撞击等出现裂缝泄漏，储罐根部因材质问题或其他原因易出现裂缝泄漏，罐体顶部大开口泄漏等。它的泄漏形式包含了管道和凸缘等泄漏，因此可以把小直径储罐泄漏实施封堵的方式看成是对大型管件或连接处的泄漏实施封堵的方式。对上述泄漏所采取的封堵工具主要有：带压注剂式封堵器、磁压封堵装置、捆绑式封堵工具、自适应万向强磁封堵器、外封堵气囊、外封式堵漏带、钢带捆扎封堵工具、气动吸盘式封堵器、帽式封堵工具等。

3）控扩散

港口储罐因长期使用可能出现滴漏、或因破损出现泄漏、或在分装的过程中发生溢出飞溅，这些现象都会污染工作的环境，影响清洁生产。若这些危险货物泄漏的现象，没有得到及时的处理或预防，就会产生不安全因素，污染水体或土壤，需要进行控制扩散处理。

（1）围油栏。

围油栏用于围控漂浮的危险货物，考虑到众多危险货物具有易燃易爆性，建议配备适量防火型围油栏。

围油栏主要作用有：①防止危险货物外漂和扩散；②河道横截面的布放，防止泄漏危险货物进一步往下游漂移；③收油机回收油类危险货物时的导流；④敏感资源和岸线的保护。

目前市场流行的围油栏种类比较多，其分类主要按照包布材料、浮体结构、使用水域环境、使用情况和用途进行，其类型主要见表4-9。

围油栏使用分类 表4-9

分类依据	围油栏类型
包布材料	橡胶围油栏、PVC围油栏、PU围油栏、网式围油栏和金属或其他材料制成的围油栏
浮体结构	固体浮子式围油栏、充气式围油栏、浮沉式围油栏
使用水域环境	平静水域围油栏、平静急流水域围油栏、非开阔水域型围油栏和开阔水域型围油栏
使用情况	永久布放型围油栏、移动布放型围油栏和应急型围油栏
用途	一般用途围油栏、特殊用途围油栏（例如：防火围油栏、吸油围油栏、堰式围油栏、岸滩式围油栏等属特殊用途围油栏）

参考国内外船舶溢油事故应急反应主要使用围油栏的情况，本书对充气式围油栏、自充气式围油栏、固体浮子式围油栏、岸滩围油栏、防火围油栏的工作原理与

优缺点进行了比较,见表4-10。

围油栏工作原理与优缺点比较表　　表4-10

围油栏	工作原理	优点	缺点
充气式围油栏	由膨胀的气室提供浮力,配重部分由配重链或注水舱室组成	充气式围油栏气室的分布和数量使得围油栏纵、横面富有弹性,从而决定乘浪性能高,即使有破孔也不影响正常作业,比较适合远海区域	损坏造成气室干舷损失,逐个气室充气,造成速度缓慢,大型围栏配套设备沉重
自充气式围油栏	采用充气浮腔作为浮体的围油栏,但围油栏具有能使浮体自动展开的机械装置并在布放后吸入空气	气室通常采用密封,减少了每节干舷损失的可能性,便于操组、储存,能够迅速布放,适合空运,减少充气时间	气室易损坏,价格昂贵,修理费用高,回收较为困难
固体浮子式围油栏	采用固体材料做浮体的围油栏	特制橡胶布制成栏体,高强度、寿命长、耐磨、耐油、耐候及防侵蚀,浮体耐油,价格便宜,原材料广	体积大,不易操作,乘波性差需要大的储存空间,储存期间易变形不适于开阔水域作业
岸滩围油栏	岸滩围油栏能在落潮时紧密搁置在岸滩上,而在其余时间形成常规的浮栏,主要防止溢油上岸,保护敏感岸线和资源	具有优良的岸线封闭特性,良好的随波性,需要储存空间小,充气时间短(损坏容易造成全部浮力损失)	布放成型,速度缓慢使用后,维护复杂
防火围油栏	防火围油栏在拦截水面流淌火、防止火势蔓延、控制石油井喷等作业中有着不可替代的作用。由耐火材料制成	适用于近海、海湾、油港码头等水域的固定布放和应急布放。对于无法回收的溢油,可使用防火围油栏拖带溢油到适当的地点控制燃烧处理。适合码头区域和外海区域发生油层着火的情况	存储面积大,布放和回收较为困难

根据国际海事组织(IMO)油污手册第Ⅳ部分—抗御油污,围油栏选择考虑情况见表4-11。

不同操作条件下围油栏的选择　　表4-11

不同水域	平静水域	平静急流水域	遮蔽水域	开阔水域	开阔恶劣水域
浪高(m)	<0.3	<0.3	0~1.0	0~2.0	>2.0
环境状况	小浪无浪花	流速≥0.4m/s	小浪，一点浪花	中浪，浪花多	大浪，浪花泡沫
围油栏类型	固体浮子式、充气式、自充气式、栅栏型	固体浮子式、充气式、自充气式，干舷为栏高50%	固体浮子式、充气式、自充气式、栅栏型	固体浮子式、充气式、自充气式、具有外拉力支持的栅栏型	固体浮子式、充气式、自充气式
高度(mm)	150~600	200~600	450~1100	900~2300	>1500
浮力重力比	3:1	4:1	4:1	8:1	8:1
最低张力强度(N)	6800	23000	23000	45000	>45000

图4-17~图4-19为各种围油栏实际操作图片。

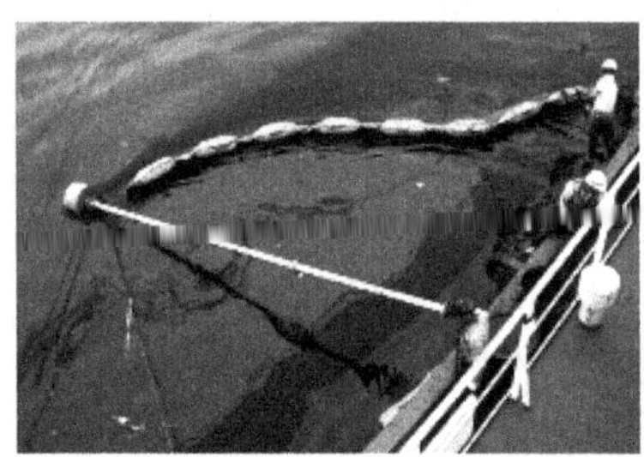

图4-17　侧挂式围控装置

图4-18　防火围油栏

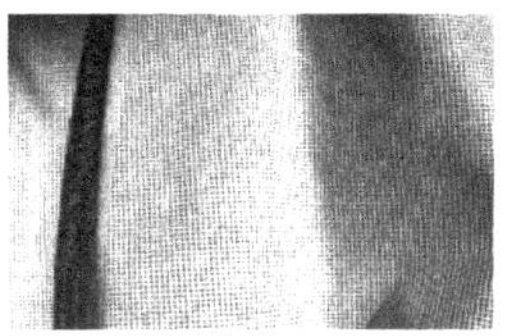

图 4-19 HNS 专用围控栏

(2)抗碾压撑扣式可折叠盛漏围堤。

抗碾压撑扣式可折叠盛漏围堤撑扣式设计,易安装,可折叠便携,提供多种不同尺寸和容量的大面积飞溅泄漏控制;耐各种油品和化学品,能防止化学液体泄漏时所产生的危害(图 4-20)。

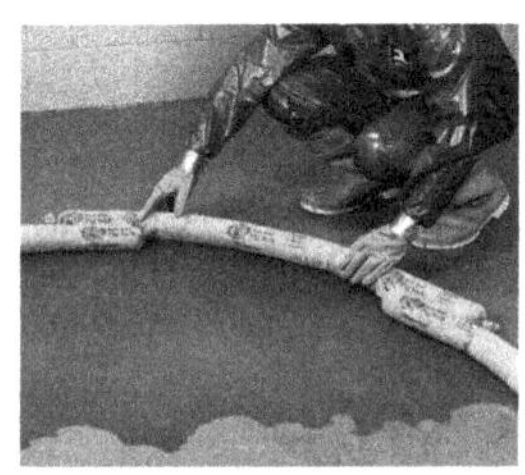

图 4-20 抗碾压撑扣式可折叠盛漏围堤

(3)盛漏托盘/盛漏平台。

盛漏托盘/盛漏平台用于泄漏液体的储存(图 4-21)。

图 4-21 盛漏托盘/盛漏平台

(4)防静电吸油棉。

防静电吸油棉为吸油专用材料(图 4-22)。

图 4-22 防静电吸油棉

3. 清除设备

一旦发生泄漏事故,按照优先次序首要目标为保护重要区域和限制泄漏源进一步扩大,其次是清除污染。由于在水上进行清除工作本身受设备性能、气象、水文等条件的限制,加上危险货物种类、性质的复杂性,采用清除油类物质的一般程序很难达到理想效果,应专门制订一套针对危险货物的水上清除方案。具体方案包括对泄漏物质进行机械回收、材料吸附、药剂消除、物理驱散等。

不同环境行为的散装液体危险货物所需设备有别。一般而言,水面漂浮性物质清除采用回收装置、吸附材料、消油剂等。回收装置主要有收油机、应急回收船、收油网等;吸附材料有吸油毡、吸油拖栏和吸油索;消油剂主要是分散剂;水中漂移与溶解性物质清除采用中和剂。

1)回收及存储设备

(1)收油机。

目前常用的机械回收设备主要为各种类型和能力的收油机、收油网、回收船、堰式收油机等。大量的机械回收设备,必须用专用或兼用的船舶运载到事故现场后回收泄漏的危险货物。机械回收的优点是将泄漏影响区域化以减少污染。

收油机是指专门设计用来回收水面溢油、油水混合物而不改变其物理、化学特性的机械装置,对水环境带来的危害小(图4-23~图4-25)。按其工作原理和操作环境,主要分为五类:堰式收油机、表面亲油型收油机、绳式收油机、真空型收油机和流体动力型收油机。

图4-23　大型收油机

图 4-24　中型收油机

图 4-25　小型收油机

①堰式收油机。

该收油机由堰体和可调节的浮体来调节堰高回收浮油，进入围堰的油通过反向螺旋桨泵泵入储油槽。可以根据收油机的特征通过将水泵入泵箱（压缩空气）来调节堰高，调节液压电动机的撞杆来调节泵的运转速率。

此收油机适用于在平静海面回收轻质油或中质油，可用于平静海面上回收危险货物。

②表面亲油型盘式收油机。

该收油机由一系列亲油圆盘组成收油机主体。圆盘油液压电动机驱动，当圆盘在油层表面垂直旋转时，油被黏附在圆盘上，圆盘转至一定位置时被刮刀刮下进入储油箱。

该收油机在中等海况和风力时受影响不大,但受油的黏性影响较大,适用于回收中等黏度的油。由于危险货物黏度较低,因此该收油机回收危险货物效果较差。

③绳式收油机。

该收油机中的亲油疏水的聚丙烯绳索通过导向滑轮将水面浮油吸附,吸附油的绳索经过挤压机,油被挤出并进入储油槽。

该收油机适用于各种油及类油危险货物,回收效率为 1 ~ 12t/h,且油中含水非常少。主要用于有较多碎片的区域或者常规收油机无法进入的区域(如排水孔)。

④真空型收油机。

位于该收油机顶部的真空泵产生吸力从水面抽吸油。可使用特殊的工具(如"Manta Ray")来增加回收效率,这主要取决于工作地点,如海面、岩石洞或沙滩上。

真空型收油机适用于除最重质油或者易挥发油(以防爆炸)以外的其他所有的油。同样,可用于回收类油类危险货物,但回收同时也会携带大量的水。

⑤动力型收油机

该收油机通过动力学原理将油收入重型泵中,主要用于回收重油(如重原油、燃油或者风化油等),回收危险货物效果较差。

泵的效率高达 100t/h,但回收效率主要取决于收油机将油收入泵室的能力及油本身的性质。

(2)轻便储油罐(图 4-26)。

图 4-26 轻便储油罐

轻便储油罐是一种可以在陆地和岸滩上应急使用的轻便型储油容器,具有携带方便、安装便捷的特点,可储存回收的溢油和多数其他液体,可用作重力分离罐、实验水池。

(3)泄漏应急桶(有毒物质密封桶)(图4-27)。

图4-27　泄漏应急桶

泄漏应急桶(也称有毒物质密封桶)是运输、转运和临时存储损坏或泄漏的存有危险物质圆桶、有毒化学物质(包括危险物质、腐蚀性物质如酸、碱以及污染过的土壤)最安全、经济的解决方案。桶容积一般为0.11～2.27 m^3(30～600加仑)。

2)疏浚设备

疏浚设备是适用于沉降的危险货物的应急设备,通过清除河床底部的污染源达到改善水域生态环境的目的。

配备原则:推荐配备绞吸式挖泥船(配备环保绞刀头),此设备对水体扰动小;设有真空释放阀,杂物不宜堵口;开挖泥层厚度控制精度好;成本相对较高且生产效率较低。

3)吸附/吸收材料

吸附/吸收回收主要利用吸附材料本身的吸附/吸收功能吸收水面危险货物,适用于吸附很薄的油层。

利用吸附/吸收材料回收挥发的危险货物和漂浮的危险货物,因具有避免产生二次污染的优点,是目前世界各国经常采用的技术方法之一。

吸附/吸收材料按类型主要分为天然有机材料、人造合成材料和无机材料等,各种吸附/吸收材料的吸油能力见表4-12。吸附/吸收材料按其吸附形式分为片状、卷筒型、枕垫型、掸子型、栅栏型和颗粒型。

吸附/吸收材料的吸油能力　　表4-12

吸油材料		每克吸油材料的最大吸油能力(g)		吸油后状态
		高黏度油	低黏度油	
无机	蛭石	4	3	沉
	火山岩灰	20	6	浮
	矿物棉	4	3	浮
天然有机	玉米谷穗	6	5	沉
	花生壳	5	2	沉
	红木纤维	12	6	沉
	麦秆	6	2	沉
	泥炭块	4	7	沉

续上表

吸油材料		每克吸油材料的最大吸油能力(g)		吸油后状态
		高黏度油	低黏度油	
天然有机	木纤维	18	10	沉
合成有机	聚氨酯泡沫	70	60	浮
	脲(甲)醛树酯泡沫	60	50	浮
	聚乙烯纤维	35	30	浮
	聚丙烯纤维	20	7	浮
	聚苯乙烯粉	20	20	浮

表4-12介绍的吸附/吸收材料，有些用于危险货物应急效果良好，例如以有机合成材料为代表的英必思和以天然有机材料为代表的木纤维类，这两种材料的吸收/吸附性能比较见表4-13。

英必思和木纤维类性能比较　　表4-13

吸附(吸收)材料	英必思	木纤维类
材料类别	吸收剂	吸附剂
吸收容量	最多可吸收本身体积27倍的液体，但不吸收水分	可吸收自身体积1倍的容量
二次污染	完全控制被吸收的散装液体危险货物，可消除二次污染	通常会产生二次污染的危害
蒸气挥发	比吸附剂减少气体蒸发85%以上，空气中燃爆性气体浓度降低使闪点升高，从而降低危险	增加的表面积加速了蒸气挥发，降低了闪点，增加了爆炸的危险
职业健康与安全	由于二次污染和气体挥发的降低，减少危险	由于二次污染和气体挥发的提高，增加危险
使用成本	容量大，仅需要使用较少的产品，意味着后续处理减少了二次污染的可能，以及更少的工作量以及更高的工作效率	容量较小，需要使用较多产品，同时增加了后续处理的费用，增加了二次污染的概率，意味着需要更多的劳动成本和较低的工作效率

由表4-13可知，对于水上危险货物应急，英必思具有极高的吸收能力、极广的吸收范围、极快的吸收速度，且其吸收过程不受水影响，吸收后不再释放危险货物，其性能明显优于木纤维类。

4)消除药剂

(1)凝油剂。

凝油剂是使溢漏油类凝成块状物(凝胶)的固体粉末化学制剂,主要用来使已溢出在水面上的类油物质凝胶状,防止扩散以便回收,并通过 HNS 分离装置(图4-28)分离处置。凝油剂分为两类:氨基酸系和糖缩醛系凝油剂,不同种类的凝油剂性能差异较大,适用于不同的油种,凝氨基酸系凝油剂对原油、燃料油、油脂及润滑油等有较好的凝胶作用,而糖缩醛系凝油剂对乙醇类,芳香族系油剂,甘醇类等有较好凝胶作用。种类不同,凝油所需时间略有差异,凝油时间6~30min。

(2)中和剂。

一些溶解的危险货物可以通过应用其他化学药品被中和、氧化、絮凝或减少(图4-28)。推荐使用碳酸氢钠($NaHCO_3$)中和强酸,磷酸二氢钠(NaH_2PO_4)中和强碱。某些案例中用石灰中和,不会对水、土壤等生态环境产生影响,效果良好。

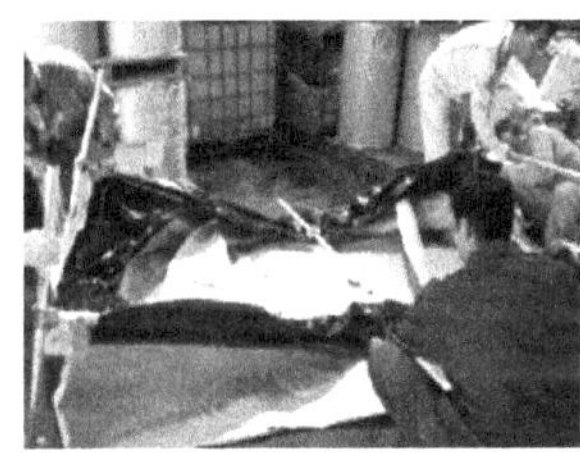

图4-28 HNS 分离装置

二、配套设备

配套设备是指危险货物应急中相关辅助设备以及后勤保障设备。主要包括个人防护设备、应急反应决策支持信息系统、应急响应设备、应急输转设备及其他相关配套设备。

1.个人防护设备

危险货物一旦泄漏,对人体的危害主要是中毒,包括急性中毒和慢性中毒。这主要是因为这些危险货物大多都能与人体体液或集体组织发生作用,扰乱或者破坏人体的正常生理功能,引起机体产生暂时性或者永久性的病理状态,甚至危及生命。因此,应急救援人员在实施抢险救援的过程中,必须配备专业的个体防护装备(图4-29)。防护装备主要包括空气呼吸器、防火防化服、防毒面具(图4-30)、防化手套、防化靴等。

图4-29　防护装备

图4-30　防毒面具

对应危险货物事故现场区域的划分，人员的个人防护装备可分为三个级别。不同等级的详细装备和防护标准描述见表4-14。

个人防护设备配备原则　　表4-14

级别	适应物质	危险区域	设备名称
一级	中毒不燃：硫酸； 中毒易燃：甲醇、苯	重度危险区	内置式重型防化服； 全棉防静电外衣； 正压式空气呼吸器或全防型滤毒罐
二级	中毒不燃：硫酸； 中毒易燃：甲醇、苯	中度危险区，轻度危险区	封闭式防化服； 全棉防静电内外衣； 正压式空气呼吸器或全防型滤毒罐
	低毒不燃：苯乙烯、氢氧化钠； 低毒易燃：邻二甲苯、甲苯、二甲苯、环氧丙烷、甲基丙烯酸甲酯	重度危险区	
三级	低毒不燃：苯乙烯、氢氧化钠； 低毒易燃：邻二甲苯、甲苯、二甲苯、环氧丙烷、甲基丙烯酸甲酯	中度危险区，轻度危险区	简易防护服； 面罩或口罩
其他			酸碱手套、护目镜

2. 应急反应决策支持信息系统

危险货物事故发生后,识别泄漏的危险货物对公众和应急人员、环境和社会经济可能造成的危害,评估其风险是危险货物应急首要考虑重要的因素之一。科学的预测预警手段、信息分析等都将在事故应急中发挥重要的作用。鉴于危险货物事故的危害性和其泄漏后行为状态的复杂性,一套系统、全面、科学、实用的智能化应急反应决策支持系统必不可少。

应急反应决策支持信息系统配备内容如下:

(1)泄漏物漂移扩散预测软件。

(2)有害大气空中扩散预测软件。

(3)数据库:化学品数据库(理化性质、毒性毒理、环境行为、环境标准、监测方法、环境影响对象及危害性质、基本应急处理方法)、危险化学品专家库、危险货物应急可调用资源等数据信息。

(4)辅助决策软件。

3. 应急响应设备

决定应急响应速度快慢的主要设备是应急交通运输工具,即应急响应船或应急响应车。可以根据设备库服务区域的水陆环境决定使用应急船舶或应急车,必要时可以水陆同时使用,以避免特殊情况引起的交通堵塞。与溢油事故相比,危险货物事故的应急响应船或车除需要配置处置事故前期阶段所需要的侦查、防护以及控制设备外,对其自身的性能要求更高,主要体现在行驶速度和便捷灵活性上。

1)应急处置平台

应急处置平台由底盘、应急处置设备、应急指挥系统、应急消洗设备和配电系统组成。其中应急处置设备位于舱体前部,主要有应急封堵装置、喷雾喷粉装置、倒灌装置、洗消溶液配制喷洒装置、就地控制柜、工具柜和应急监测仪器等。

应急处置平台是一个多功能大型应急通信陆上流动指挥部,是集卫星通信、常规通信、视频交互、指挥调度等多种应用手段于一身的移动应急指挥车。应急通信指挥车装有车载应急通信平台、应急指挥终端、视频会议系统、周边信息采集系统、车载辅助系统,以常规通信手段和卫星数据链路为依托,充分利用了海事系统信息化成果,为弥补辖区监管设施覆盖盲区、靠前指挥、提高应急水平提供了技术平台。在突发事件发生时,可携带指挥和搜救人员快速到达事故现场附近陆域,迅速展开处置,建立现场指挥部。

2)多功能应急车

由于陆域交通的方便快捷,多功能应急车的配备将有效提高现场监控能力和应急指挥水平。多功能应急指挥车将承担应急指挥中心、陆上前沿指挥部和视频语音通信中继站等任务，应配备车载应急通信平台、应急指挥终端、视频会议系统、周边信息采集系统、车载辅助系统，集卫星通信、常规通信、视频交互、指挥调度等功能，实现与各指挥中心信息的异地同步互联互通。同时还应配备一定数量的个人防护设备及检测设备。

3)多功能应急船

危险货物多功能应急船节约响应时间，便于快速应急(图4-31)。危险货物应急多功能船具有以下功能：

(1)气体、液体检测；

(2)围油栏和扩散防护栏的布放；

(3)危险货物的储存回收；

(4)现场的信息传输；

(5)应急材料的存储(凝胶泡沫、吸附材料)。

图4-31 多功能应急船

4.运输设施

应急设备运输船、围油栏布放拖带船、液体危险货物回收储存船等是应急行动的主要部分，它们既是处理设施的运载工具，又是作业平台，是应急行动的重要组成部分之一。其中应急设备运输船是指船舶发生事故后，能立即将存放在设备库中以集装箱装载的应急设备和器材装到船上，快速赶赴事故现场并作为工作母船的船舶。应急船舶的主要作用为：

(1)应急设备的运输；

(2)应急卸载泵作业依托；

(3)围油栏布放；

(4)收油机作业依托。

危险货物在输转过程中，由于设备缺陷、撞击、挤压等原因，盛装回收的易燃、易爆、有毒危险货物的容器及相关辅助设施有可能被击穿或破裂、损坏、泄漏，进而导致火灾、爆炸、中毒等二次事故发生。鉴于危险货物输转的高风险性，需有专业运输人员协作。

5. 洗消设备

事故发生后，最有效消除灾害影响的方法是洗消。洗消的范围包括在处置行动情况许可时，对受污染对象进行全面地洗消，对所有从污染区出来的被救人员进行全面地洗消，对所有从污染区出来的参战人员进行全面地洗消，对所有从污染区出来的车辆和器材装备进行全面地洗消，对整个事故区域进行全面地洗消，还须对应急人员的防化服和战斗服和使用的防毒设施、检测仪器、设备进行洗消。应适当配备洗消设备物资。

洗消方法分为物理洗消法和化学洗消法。在实际洗消中化学与物理的方法一般是同时采用的，为了使洗消剂在危险货物泄漏突发事件中能有效地发挥作用，洗消剂的选择必须符合"洗消速度快、洗消效果彻底、洗消剂用量少、价格便宜、洗消剂本身不会对人员设备起腐蚀伤害作用"的洗消原则。

洗消设备示例如图 4-32 ~ 图 4-34 所示。

图 4-32　沙滩清洗车

图 4-33　沙滩清洗器

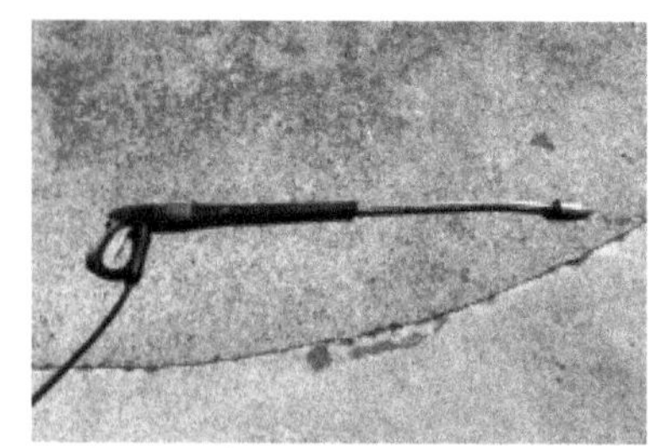

图 4-34　高温高压清洗器

6. 消防设备

港口储罐及管道泄漏常用的消防设备有灭火器、水枪、水龙带、消防栓、消防泵、消防电梯、灭火剂储存装置、消防炮、消防车、消防船、消防控制室等。

1)灭火器

灭火器按驱动灭火器的压力驱动型式可分为三类：

(1)储气式灭火器。灭火剂由灭火器上储气瓶释放的压缩气体或液化气体的压力驱动的灭火器。

(2)储压式灭火器。灭火剂由灭火器同一容器内的压缩气体或灭火蒸气的压力驱动的灭火器。

(3)化学反应式灭火器。灭火剂由灭火器内化学反应产生的气体压力驱动的灭火器。

由于港口储存的危险货物多为气体和液体,所以扑救的火灾多为 B 类和 C 类火灾。B 类火灾指液体火灾和可熔化的固体物质火灾,如汽油、煤油、原油、甲醇、乙醇、沥青等。扑灭 B 类火灾应选用干粉、泡沫、卤代烷、二氧化碳型灭火器(这里值得注意的是,化学泡沫灭火器不能扑灭 B 类极性溶性溶剂火灾,因为化学泡沫与有机溶剂按触,泡沫会迅速被吸收,使泡沫很快消失,这样就不能起到灭火的作用,醇、醛、酮、醚、酯等都属于极性溶剂)。C 类火灾指气体火灾。如煤气、天然气、甲

烷、乙烷等，扑救 C 类火灾应选用干粉、卤代烷、二氧化碳型灭火器。

2）消防水枪

消防水枪是灭火的射水工具，用其与水带连接会喷射密集充实的水流，具有射程远、水量大等优点。

（1）按水枪的工作压力范围分为：①低压水枪（0.2～1.6MPa）；②中压水枪（1.6～2.5MPa）；③高压水枪（2.5～4.0MPa）。

（2）按水枪喷射的灭火水流形式可分为直流水枪、喷雾水枪、多用水枪、多功能水枪，其中常用的水枪是直流和喷雾水枪。

①直流水枪。

直流水枪喷射的水流为柱状，射程远、流量大、冲击力强，用于扑救一般固体物质火灾，以及灭火时的辅助冷却等。一般可分为普通直流水枪和开关直流水枪。开关直流水枪是增加球阀开关等部件，可以通过开关控制水流。

②喷雾水枪。

喷射雾状水流的水枪，对建筑室内火灾具有很强的灭火能力，还可扑救带电设备火灾、可燃粉尘火灾及部分油品火灾等。

③多用水枪。

多用水枪既可以喷射直流射流，又可喷射雾状射流，有的还可以喷射水幕，并且几种水流可以互相交换，组合使用，机动性能好，对火场适应性好。

④多功能水枪。

该水枪具有反作用力小，可以根据灭火需要调节流量和射流状态，便于理顺水带扭曲打结现象等优点。

3）水龙带

水龙带是能承受一定液体压力的管状带织物。可在较高压力下输送水或泡沫灭火液，是一种常用的港口救火器材。

水龙带按耐压能力分为：①低压水龙带：能承受 8kg/cm 以下的压力；②高压水龙带：能承受 20kg/cm 的压力。消防用水龙带的口径一般有：38mm、50mm、65mm、76mm、89mm、102mm 六种。

水龙带以优质棉、麻或高强化学纤维为原料，织物组织为双经单纬平纹管状结构，用重型平织机织造。也可以用高强锦纶丝和涤纶丝作为原料，用双梭圆织机织成管坯，内衬一层 1～3mm 厚的橡胶，或将管坯内外涂覆一层较薄的高分子合成材料，使其能承受高压和耐磨、耐腐蚀。

4）消火栓

消火栓包括室内消火栓系统和室外消火栓系统。室内消火栓系统包括室内消火栓、水带、水枪。室外消火栓系统包括地上和地下两大类,室外消火栓在大型石化消防设施中应用比较广泛,由于地区的安装条件、使用场地不同,受到不同限制,石化消防水系统已多数采用稳高压水系统,消火栓也由普通型渐渐转化为可调压型。

遇有火警时,根据箱门的开启方式,按下门上的弹簧锁,销子自动退出,拉开箱门后,取下水枪拉转水带盘,拉出水带,同时把水带接口与消火栓接口连接上,按下箱体内的消火栓报警按钮,把室内消火栓手轮顺开启方向旋开,即能进行喷水灭火。

5)消防泵

消防泵是指安装于消防车固定灭火系统或其他消防设施上,用作输送水或泡沫液等液体灭火剂的专用泵。它是消防车、固定水喷淋灭火系统、泡沫灭火系统等不可缺少的核心机械。

消防泵按工作原理可分为叶片泵(离心式、轴流式、混流式)、容积泵、喷射泵、水锤泵等。

消防泵按用途可分为消防水泵、泡沫液泵、引水消防泵、液压泵等。

消防泵按结构形式不同,可分为单级离心泵、双级离心泵、串并联离心泵、离心旋涡泵、多级串联离心泵等类型。单级离心泵设置一只离心式叶轮;双级离心泵设置有串联工作的两只离心式叶轮;串并联离心泵设置两只可串联或并联的离心叶轮;离心旋涡消防泵设置一只或一只以上离心式叶轮和一只旋涡叶轮,并且离心式叶轮与旋涡叶轮可串联工作;多级串联离心泵由两只以上的离心式叶轮串联而成。

消防泵按其出水口压力不同,可分为低压、中压、高压、中低压、高低压和高中低压泵等。扬程小于1.4MPa的消防泵称为低压消防泵,中压消防泵的扬程不小于1.4MPa但不大于2.5MPa,高压消防泵的扬程大于2.5MPa,中低压消防泵是指既能提供中压又能提供低压液流的消防泵,高低压消防泵是指既能提供高压又能提供低压液流的消防泵。

6)消防电梯

消防电梯是在建筑物发生火灾时供消防人员进行灭火与救援使用且具有一定功能的电梯。因此,消防电梯具有较高的防火要求,其防火设计十分重要。目前我国大陆地区,真正意义上的消防电梯非常少见,现在见到的所谓“消防电梯”只是具有消防开关动作时,返回预设基站或者撤离层功能的普通乘客电梯,不能在发生火情时搭乘。

工作电梯在发生火灾时常常因为断电和不防烟火等停止使用,因此设置消防电梯很有必要,其主要作用是:供消防人员携带灭火器材进入高层灭火;抢救疏散受伤或老弱病残人员；避免消防人员与疏散逃生人员在疏散楼梯上形成“对撞”，既延误灭火时机，又影响人员疏散；防止消防人员通过楼梯登高时间长，消耗大，体力不够，不能保证迅速投入战斗。

消防电梯宜分别设在不同的防火分区内，便于任何一个分区发生火灾都能迅速展开扑救，其平面位置须与外界联系方便，在首层应有直通室外的出口，或由长30m以内的安全通道抵达室外。在设计时，最好把消防电梯和疏散楼梯结合布置，使避难逃生者向灭火救援者靠拢，形成一个可靠的安全区域，两梯间还要采取分隔措施，以免相互间妨碍形成不利。另外，防火分区内每个房间到达消防电梯的安全距离不宜超过30m，以保证消防人员抢救时的安全。

7）灭火剂储存装置

灭火剂储存装置是用于储存各类灭火剂的装置，包括消防泡沫罐、干粉罐、消防水罐等。

消防泡沫罐是用来储存泡沫灭火剂，并通过压力式比例混合器的作用，将消防供水置换装置内储存的泡沫灭火剂，与供水按一定的比例混合形成泡沫混合液的装置。按储罐的结构形式分为：卧式比例混合装置和立式比例混合装置；按比例混合器的个数分为：单比例混合器混合装置和多比例混合器（2只或是4只）混合装置。

8）消防炮

消防炮是一种能将一定流量、压力的灭火剂（如水、泡沫混合液或干粉等）通过能量转换，将势能（压力能）转化为动能，使灭火剂以非常高的速度从炮头出口喷出，形成射流灭火的装置。《消防炮通用技术条件》（GB 19156—2003）规定：水、泡沫混合液流量大于16L/s，或干粉喷射率大于7kg/s的射流装置为消防炮。随着工业消防技术的发展，消防炮灭火技术广泛应用在石油化工企业、油品装卸码头、飞机库、海上钻井平台和储油平台等易燃可燃液体相对集中场所的火灾扑救。

消防炮通常按照安装方式、喷射灭火剂的种类、控制方式、使用功能等进行分类。

（1）按安装方式分类。

按照安装方式，消防炮可分为固定消防炮和移动消防炮。

①固定消防炮是指安装在固定支座上的消防炮，也包括固定安装在消防车上的消防炮。

②移动消防炮是指安装在可移动支座上的消防炮，包括固定安装在拖车上的消防炮。该消防炮通过水带与消防车相连，通过消防车向消防炮提供灭火介质，实施灭火。

(2)按喷射灭火剂的种类分类。

根据喷射灭火剂的种类,消防炮可分为水炮、泡沫炮和干粉炮。

①水炮是以水为灭火介质的消防炮。该类消防炮往往具有多种射流形式,一般可喷射直流水和雾状水。该炮适用于固体可燃物的火灾扑救,不得用于遇水发生化学反应物质的火灾扑救。

②泡沫炮是以泡沫灭火剂为灭火介质的消防炮。按泡沫液吸入方式,泡沫炮可分为自吸式和非自吸式泡沫炮。自吸式泡沫炮能主动吸入空气形成泡沫,该炮可喷射蛋白、氟蛋白和水成膜等泡沫灭火剂。非自吸式泡沫炮不能吸入空气,一般用于喷射成膜氟蛋白和水成膜等泡沫灭火剂。泡沫炮适用于甲、乙、丙类液体和固体可燃物储存场所的火灾扑救,也可远距离扑救石油化工企业、飞机、油船及港口和码头等大中型场所的液体火灾,不得用于扑救遇水发生化学反应而引起燃烧、爆炸等物质的火灾。

③干粉炮是以干粉灭火剂为灭火介质的消防炮。由于该炮喷射的是固体灭火剂,在使用过程中必须经高压惰性气体携带才能进行喷射,所以在使用干粉炮时,必须配套设置惰性气体储存装置和相应的系统附件,如高压氮气储瓶、减压阀和控制阀等部件。干粉炮适用于扑救液化石油气、天然气等可燃气体火灾。

(3)按控制方式分类。

按照控制方式,消防炮可分为远控式、手动式、水力驱动式和智能型消防炮。

①远控式消防炮是由操作人员通过驱动设备间接控制消防炮射流形态的消防炮,该类炮的驱动设备主要有电气设备、液压电动机和气动电动机等类型。远控式消防炮能够实现远距离有线或无线控制,具有安全性高、操作简便和投资节省等优点。其不仅用于固定式消防炮系统中,而且移动式消防炮也逐渐具有了遥控功能。在远离火场的情况下,灭火人员也能进行操控,很好地保护了灭火人员的安全。

②手动式消防炮是由操作人员直接手动控制消防炮射流形态、回转及俯仰角度的消防炮。该炮具有操作简便、投资较省的优点。但对于一些火灾危险性较大,发生火灾后人员不能靠近的场所,不宜设置手动消防炮。

③水力驱动式消防炮主要以压力水为水平转动机构的动力,可在规定水平回转角度范围内自动往复回转摆动,因此又称自摆消防炮。水利驱动式消防炮有移动式和固定式两类。由于该炮是水力驱动式结构,在操作控制使用过程中不会产生电火花,避免了因电火花而引起的爆炸伤人事故。因此,可广泛应用于易燃易爆场所的消防安全保护。

④智能型消防炮是利用红外火灾探测技术或人工智能图像识别技术自动识别火情,判断火源点的位置,自动调整消防炮的回转和俯仰角度,使其喷射口对准起

火点,实现精确定点灭火的设备。

(4)按使用功能分类。

按使用功能,消防炮可分为单用消防炮、两用消防炮和组合消防炮。

①单用消防炮是用来喷射单一灭火剂的消防炮,如消防水炮、泡沫炮和干粉炮。

②两用消防炮是指具有喷射泡沫和水射流功能的单管消防炮。该炮在炮管处不设置空气吸入口,适用于喷射水成膜等成膜类泡沫灭火剂。

③组合消防炮指将水炮、泡沫炮、两用炮和干粉炮其中两项组合在一起的双管消防炮。该炮一个炮管用来喷射水,另一个用来喷射泡沫。

9)消防车

消防车是将消防泵、灭火救援器具及行驶机构组合在一起的消防装备之一。消防车是配备于消防队、执行灭火救援等消防业务所使用的机动车辆的总称。它装配有灭火救援器材、灭火救援设备以及灭火剂,承载消防员,可机动高效地完成火灾扑救、灾害和事故救援等多项任务,是消防部队装备的主体。

消防车的分类方法,各个国家的规定不尽相同,习惯上消防车通常按功能、汽车总质量、泵压、结构特征、水泵位置等进行分类。

(1)按功能分类。

消防车按各自功能的不同,可分为灭火类消防车、举高类消防车、专勤类消防车、保障类消防车四大类。

①灭火类消防车。灭火类消防车是指可喷射灭火剂并能独立扑救火灾的消防车,这类消防车主要包括泵浦消防车、水罐消防车、泡沫消防车、联用消防车等。

②举高类消防车。举高类消防车是指具有登高救援和举高灭火作业等功能的消防车。这类消防车主要有云梯消防车、登高平台消防车和举高喷射消防车。

③专勤类消防车。专勤类消防车是指不直接用于灭火、而用来执行灭火救援中某专项或某几项技术作业的消防车。例如,通信指挥消防车、照明消防车、抢险救援消防车、排烟消防车、火场勘察车、消防宣传车等。

④保障类消防车。保障类消防车是指主要装备各类保障器材设备,为执行任务的消防车辆或消防员提供保障的消防车,如器材消防车、勘察消防车、宣传消防车等。

(2)按结构特征分类。

①罐类消防车,如水罐消防车、泡沫消防车、干粉消防车等。

②举高类消防车,如举高喷射消防车、登高平台消防车等。

③特种类消防车,如抢险救援消防车、照明消防车等。

(3)接水泵安装位置分类。

根据水泵的安装位置,消防车分为前置式、中置式和后置式三种,目前大部分消防车都是中置式或后置式,前置式的消防车早期较多,现在很少,因为从发动机主轴前端的输出功率小,与轴功率大的泵不匹配,整车布置不好。我国大部分中型消防车水泵是中置式,安装在乘员坐垫下方,节省了空间。重型消防车采用后置式,便于操作维护。

(4)接泵的工作压力分类。

①低压泵消防车,泵的额定工作压力大于等于1.0MPa,小于1.4MPa。

②中压泵消防车,泵的额定工作压力大于等于1.4MPa,小于2.5MPa。

③中、低压泵消防车,泵的低压额定工作压力大于等于1.0MPa,小于1.4MPa;中压额定工作压力大于等于1.4MPa,小于2.5MPa。中、低压可以联用。

④高、低压泵消防车,泵的低压额定工作压力大于等于1.0MPa,小于1.4MPa;高压额定工作压力大于3.5MPa,小于等于4.0MPa。高、低压可以联用。

⑤超高压泵消防车,泵的额定工作压力大于10MPa,主要用于高压喷雾。

(5)国外消防车的分类。

目前国际上对消防车分类还没有公认的统一方法,国外比较常见的是把消防车分为城市消防车、工业消防车、机场消防车。

10)消防船

消防船是指装备有消防泵、固定式水炮或泡沫灭火系统以及曲臂高空喷射设备等消防装备器材,进行灭火救授的船舶。

消防船按使用区域不同可分为海港消防船和内河消防船,主要用于水上船舶沿岸码头和建筑物火灾的灭火作业,对陆地消防队支援供水,以及水难抢救、进水船的排水作业等。

11)消防控制室

消防控制室的功能包括火灾监测保护、火灾扑救操作、设备管理和情报积累四大块,重要的是应该把火灾报警子系统和其他联锁、联动控制设备集中于消防控制室内,即使控制设备分散在外,各种操作信号也应反馈到消防控制室。

消防控制室详细的功能要求主要有:

(1)控制室内消火栓系统、自动喷水和水喷雾灭火系统、管网气体灭火系统、干粉灭火系统、自动消防炮等消防设备的启/停。控制消防泵的启停,显示启泵按钮的位置,显示消防系统的工作状态、故障状态;显示报警阀、检修阀及水流指示器的工作状态;显示喷淋泵的工作状态、故障状态等。

(2)消防控制室应对管网式卤代烷、二氧化碳、泡沫、干粉等各类灭火系统具备控制与显示功能。能完成紧急启动和紧急切断;显示系统的工作状态;在报警、喷射灭火各个阶段,控制室应有相应的声光报警信号,并能手动切除声响警报;在延时期间能启动联锁系统,如自动关闭防火门、停止通风、关闭空调系统等。

(3)在火灾报警及火灾侵入后,消防控制室应能对联锁(系统)装置进行控制。

(4)显示火灾报警和故障报警部位。对被保护对象的重要部位、消防疏散通道和消防器材的位置要全面掌握,显示所在位置的平面图或根据消防控制室的设备情况来确定具体的显示方式。

(5)显示系统供电电源的工作状态,并能切断有关部位的非消防电源。为了扑救方便,避免电气线路因火灾而造成短路,形成二次灾害,同时也为了防止救援人员触电,发生火灾时切断非消防电源是必要的。

(6)消防控制室对警报装置、火灾应急照明灯和疏散标志灯的控制。

(7)消防控制室的消防通信功能。为了能在发生火灾时发挥消防控制室的指挥作用,在消防控制室内应设置消防通信设备,并确保通信良好有效。火灾确认后,消防控制室按照疏散顺序接通火灾(现场)警报装置和火灾事故广播。

三、危险货物事故应急设备设施分析

为了保证应急处置工作的顺利实施,根据危险货物事故的应急处置流程,对不同的事故类型进行分析比选。表4-15是各应急处置技术实施需配备的关键设备。

应急处置技术需配备的关键设备 表4-15

应急处置技术类型	应急处置技术	需配备设施设备
环境监测技术	毒性气体监测	试管气体探测器、红外线微量气体探测器、半导体探测器、便携式气相色谱仪、光电探测器、移动质谱仪、FID检测器
	可燃性气体监测	可燃气体检测仪、爆炸计量仪、袖珍式LEL检测器
	氧气监测	防水型氧气检测仪
	溶解性物质监测	便携式气相色谱仪、便携式pH计、便携式多功能水质采样器、手持式油份测定仪
	漂浮物监测	水质采样器、多功能水质检测仪、红外热成像仪
	气象监测	便携式综合气象仪、感温报警器、
扩散预测技术	软件预测	ALOHA、MET、CHEMMAP、ChemSIS
泄漏源控制技术	外加包装	
	堵漏	堵漏装备
	倒罐	卸载设备
	点燃	导火索、长杆点燃、电打火器

续上表

<table>
<tr><th>应急处置技术类型</th><th>应急处置技术</th><th>需配备设施设备</th></tr>
<tr><td rowspan="21">泄漏物控制清除技术</td><td>修筑围堤</td><td></td></tr>
<tr><td>挖掘沟槽、人工导流</td><td></td></tr>
<tr><td>使用土壤密封剂</td><td>土壤密封剂</td></tr>
<tr><td>挥发</td><td></td></tr>
<tr><td>喷水雾</td><td></td></tr>
<tr><td>覆盖/吸收</td><td></td></tr>
<tr><td>吸附</td><td></td></tr>
<tr><td>固化稳定化</td><td></td></tr>
<tr><td>生物处理</td><td></td></tr>
<tr><td>抽取法</td><td></td></tr>
<tr><td>转移</td><td></td></tr>
<tr><td>喷淋法</td><td>喷水装置</td></tr>
<tr><td>气体覆盖法</td><td>泡沫灭火剂及其喷射装置</td></tr>
<tr><td>表面水栅</td><td>围油栏</td></tr>
<tr><td>合成膜覆盖</td><td>合成膜材料</td></tr>
<tr><td>低温冷却</td><td>泡沫灭火剂及其喷射装置</td></tr>
<tr><td>吸附</td><td>吸附/吸收材料</td></tr>
<tr><td>回收</td><td>收油机、轻便储油罐</td></tr>
<tr><td>密封水栅</td><td>围油栏</td></tr>
<tr><td>中和</td><td>中和剂</td></tr>
<tr><td>稳定化</td><td>凝油剂</td></tr>
<tr><td>个人防护技术</td><td>个人防护</td><td>空气呼吸器、防火防化服、防毒面具、防化手套、防化靴等个人防护设备</td></tr>
<tr><td rowspan="2">危险货物洗消技术</td><td>物理洗消法</td><td rowspan="2">洗消剂</td></tr>
<tr><td>化学洗消法</td></tr>
<tr><td rowspan="2">消防技术</td><td>火灾探测</td><td>火灾自动报警系统</td></tr>
<tr><td>灭火</td><td>灭火器、水枪、水龙带、消防栓、消防泵、消防梯、灭火剂储存装置、消防炮、消防车、消防船、消防控制室</td></tr>
</table>

第五章　港口储罐安全风险管理与应急平台

第一节　事故危害后果模拟模型和算法

港口危险货物储罐重大事故是指港口危险货物储罐区发生危险货物泄漏、火灾或爆炸等重大事故，这些事故导致的损失大、影响范围广，给现场人员、港区和危险货物港口企业财产造成重大灾害，对环境造成严重污染。为了减少事故的损失，必须确定事故模型算法，明确事故可能的影响范围，对事故区域内人员采取及时有效的救护措施。

一、泄漏事故的模拟模型和算法

1.泄漏量计算

当发生泄漏的储罐或管线的裂口规则、裂口尺寸已知，泄漏危险货物的热力学、物理化学性质及参数可查到时，可以根据流体力学中有关方程计算泄漏量。当裂口不规则时，采用等效尺寸代替，考虑泄漏过程中压力变化等情况时，往往采用经验公式计算泄漏量。

1)液体泄漏量

单位时间内液体泄漏量，即泄漏速度，可按流体力学的伯努利方程计算：

$$Q_0 = C_d A\rho \sqrt{2(P-P_0)/P+2gh} \tag{5-1}$$

式中：Q_0——液体泄漏速度，kg/s；

C_d——泄漏系数，按表5-1选取；

A——裂口面积，m^2；

ρ——泄漏液体密度，kg/m^3；

P——设备内物质压力，Pa；

P_0——环境压力，Pa；

g——重力加速度，$9.8m/s^2$；

h——裂口之上液位高度，m。

液体泄漏系数 表5-1

雷诺数（Re）	裂口尺寸		
	圆形(多边形)	三角形	长方形
>100	0.65	0.60	0.55
≤100	0.50	0.45	0.30

如果液体是过热液体，一旦溢出，在大气压下就会急剧蒸发，蒸发吸收热量使储罐或管线内剩余液体的温度降到常压沸点以下。这种情况下，泄漏时直接蒸发的液体所占百分比 F 可按下式计算：

$$F=\frac{C_{\mathrm{p}}(T-T_{\mathrm{d}})}{H} \tag{5-2}$$

式中：C_{p}——液体的定压比热容，J/(kg·K)；

T——泄漏前液体温度，K；

T_{d}——液体在常压下的沸点，K；

H——液体的蒸发热，J/kg。

泄漏时直接蒸发的液体将以细小烟雾的形式形成云团，与空气相混合而吸收热量蒸发。如果空气传给液体烟雾的热量不足以使其蒸发，则烟雾将凝结成液滴降落地面，形成液池。根据经验，当 $F>0.2$ 时，一般不会形成液池。

2）气体泄漏量

气体在压力条件下从储罐或管线的裂口泄漏时，通常用气体流动标准方程计算。首先要判断泄漏时气体流动属于亚声速流动还是声速流动，前者称为次临界流，后者称为临界流。

当有下式成立时，气体流动属于亚声速流动：

$$\frac{P_0}{P}>\left(\frac{2}{\gamma+1}\right)^{\frac{\gamma}{\gamma+1}} \tag{5-3}$$

当有下式成立时，气体流动属于声速流动：

$$\frac{P_0}{P}\leqslant\left(\frac{2}{\gamma+1}\right)^{\frac{\gamma}{\gamma+1}} \tag{5-4}$$

上述两式中：P_0，P——意义同前；

γ——比热比，即定压比热容 C_{p} 与定容比热容 C_{v} 之比。

$$\gamma=\frac{C_{\mathrm{p}}}{C_{\mathrm{v}}} \tag{5-5}$$

气体呈亚声速流动时，泄漏速度 Q_0 为：

$$Q_0=YC_{\mathrm{d}}A\sqrt{P\rho\gamma\left(\frac{2}{\gamma+1}\right)^{\frac{\gamma+1}{\gamma-1}}} \tag{5-6}$$

气体呈声速流动时，泄漏速度 Q_0 为：

$$Q_0 = YC_d A\rho \sqrt{R\gamma\left(\frac{2}{\gamma+1}\right)T\left(\frac{2}{\gamma+1}\right)^{\frac{1}{\gamma-1}}} \tag{5-7}$$

上述两式中：C_d——气体泄漏系数，当裂口形状为圆形时取1.00，三角形时取0.95，长方形时取0.90；

A——裂口面积，m^2；

ρ——泄漏气体密度，kg/m^3；

R——气体常数，J/(mol·k)；

T——气体温度，K；

Y——气体膨胀因子，对于亚声速流动。

$$Y = \sqrt{\left(\frac{1}{\gamma-1}\right)\left(\frac{\gamma+1}{2}\right)^{\frac{\gamma+1}{\gamma-1}}\left(\frac{P}{P_0}\right)^{\frac{2}{\gamma}}\left[1-\left(\frac{P_0}{P}\right)^{\frac{\gamma-1}{\gamma}}\right]} \tag{5-8}$$

对于声速流动，$Y=1$。

随着气体泄漏，储罐或管线内物质减少而气体泄漏的流速变化时，泄漏速度的计算比较复杂，可以计算其等效泄漏速度。

3）两相流泄漏量

在过热液体发生泄漏的场合，有时会出现液、气两相流动。均匀两相流的泄漏速度 Q 可按下式计算：

$$Q_0 = C_d A\sqrt{2\rho(P-P_C)} \tag{5-9}$$

式中：C_d——两相流泄漏系数；

A——裂口面积，m^2；

P——两相混合物的压力，Pa；

P_C——临界压力，可取为 $0.55P$；

ρ——两相混合物的平均密度，kg/m^3。

由以下公式计算：

$$\rho = \frac{1}{\frac{F_v}{\rho_1}+\frac{1-F_v}{\rho_2}} \tag{5-10}$$

其中：ρ_1——液体蒸发的密度，kg/m^3；

ρ_2——液体密度，kg/m^3；

F_v——蒸发的液体占液体总量的比例，它由下式计算：

$$F_v = \frac{C_p(T-T_c)}{H} \tag{5-11}$$

其中：C_p——两相混合物的定压比热容，J/(kg·K)；

T——两相混合物的温度，K；

T_c——临界温度，K；

H——液体的蒸发热，J/kg。

当 $F_v > 1$ 时，表明液体将全部蒸发为气体，应该按气体泄漏处理；如果 F_v 很小，则可近似地按液体泄漏速度计算公式来计算。

2. 泄漏后的扩散

危险货物从储罐或管线中泄漏出来后，将向周围扩散，向低洼处流动并形成液池；液体蒸发的蒸气、泄漏的气体将在大气中形成弥散的气团（或称蒸气云）逐渐扩散。

1）液池蒸发

液体泄漏后沿地面一直流到低洼处或人工边界，如防火堤、隔堤，形成液池。液体离开裂口后不断蒸发，当液体蒸发速度与泄漏速度相等时，液池中的液体量将维持不变。

如果泄漏的液体挥发度较低，则液池中液体蒸发量较少，不易形成气团。如果是挥发性的液体或低沸点的液体，泄漏后液体蒸发量大，大量蒸气在液池上面形成蒸气云。

如果泄漏的液体已经到达人工边界，则液池面积即为人工边界围成的面积。如果泄漏的液体没有到达人工边界，可以假定液体以泄漏点为中心呈扁圆柱形沿光滑的地表向外扩散，这时液池半径 r 可按下述公式计算。

瞬时泄漏（泄漏时间不超过 30s）时：

$$r = \sqrt{\frac{8mg}{\pi p}} \tag{5-12}$$

连续泄漏（泄漏持续 10min 以上）时：

$$r = \sqrt{\frac{32mg}{\pi p}} \tag{5-13}$$

式中：r——液池半径，m；

m——泄漏液体量，kg；

g——重力加速度，9.8m/s^2；

p——储罐或管线中液体压力，Pa。

液池内液体蒸发按其发生机理可分为闪蒸、热量蒸发、质量蒸发。过热液体泄漏后由于液体自身的热量直接地迅速蒸发，液池表面之上气流运动使液体蒸发，为质量蒸发。由于泄漏的液体物质性质不同,并非每种液体的蒸发都包含这三种蒸发,有些过热液体通过闪蒸或热量蒸发而完全气化。

(1)闪蒸。发生闪蒸时液体蒸发速度 Q_t 可按下式计算:

$$Q_t = \frac{F_v M}{t} \tag{5-14}$$

式中:F_v——直接蒸发的液体占液体总量的比例;

M——泄漏的液体总量,kg;

t——闪蒸时间,s;

(2)热量蒸发。如果闪蒸不完全,即 $F_v < 1$ 或 $Q_t < M$ 则发生热量蒸发,热量蒸发时液体蒸发速度 Q_t 为:

$$Q_t = \frac{kA_t(T_0 - T_b)}{H\sqrt{\pi\alpha t}} + \frac{k}{H}Nu\frac{A_t}{L}\left(T_0 - T_b\right) \tag{5-15}$$

式中:A_t——液池面积,m^2;

T_0——环境温度,K;

T_b——液体沸点,K;

H——液体蒸发热,J/kg;

L——液池长度,m;

α——热扩散系数,mz/s;

k——导热系数,J/(m·K);

t——蒸发时间,s;

Nu——努舍尔特(Nusselt)数。

表5-2列出了一些地面情况的 k,α 值。

地面情况的 k,α 值　　表5-2

地面情况	k(J/m·K)	α(m^2/s)
水泥	1.1	1.29×10^{-7}
地面(8%水)	0.9	4.3×10^{-7}
干涸土地	0.3	2.3×10^{-7}
湿地	0.6	3.3×10^{-7}
沙砾地	2.5	1.1×10^{-7}

(3)质量蒸发。当地面向液体传热减少时,热量蒸发逐渐减弱;当地面传热停止时,由于液体分子的迁移作用会使液体蒸发。这种场合液体的蒸发速度 Q_t 为:

$$Q_t = \alpha S_h \frac{A}{L}\rho_t \tag{5-16}$$

式中：α——分子扩散系数，m^2/s；

S_h——舍伍德（Sherwood）数；

A——液池面积，m^2；

L——液池长度，m；

ρ_t——液体密度，kg/m^3。

2）射流扩散

气体泄漏时从裂口射出形成气体射流。一般情况下，泄漏的气体压力将高于周围环境大气压力，温度低于环境温度。在进行射流计算时，应该以如下等价射流孔口直径来计算：

$$D = D_0 \sqrt{\frac{\rho_0}{\rho}} \tag{5-17}$$

式中：D_0——裂口直径，m；

ρ_0——泄漏气体的密度，kg/m^3；

ρ——周围环境条件下气体密度，kg/m^3。

如果气体泄漏瞬间便达到周围环境的温度、压力状况，即 $\rho_0 = \rho$，则等价射流孔口直径等于裂口直径，$D = D_0$。在射流轴线上距孔口 x 处的气体浓度 $C(x)$ 为：

$$C(x) = \frac{\dfrac{b_1 + b_2}{b_1}}{0.32\dfrac{x}{D} \cdot \dfrac{\rho}{\sqrt{\rho_0}} + 1 - \rho} \tag{5-18}$$

式中：b_1，b_2——分布函数：$b_1 = 50.5 + 48.2\rho - 9.95\rho^2$，$b_2 = 23.0 + 41.0\rho$。

如果把上式写成 x 是 $C(x)$ 的函数形式，则给定某浓度值 $C(x)$，可以计算出具有该浓度的点到孔口的距离 x。在过射流轴上点 x 且垂直于射流轴线的平面内任一点处的气体浓度 $C(x,y)$ 为：

$$C(x,y) = C(x)^{e^{-b_2\left(\frac{y}{x}\right)^2}} \tag{5-19}$$

式中：b_2——分布参数，同前；

y——对象点到射流轴线的距离，m。

随着距孔口距离的增加，射流轴线上一点的气体运动速度减少，直到等于周围的风速时为止，此后的气体运动就不再符合射流规律了。在后果分析时需要计算出射流轴线上速度等于周围风速的临界点，以及该点处的气体浓度（临界浓度）。射流轴线上距孔口 x 处一点的速度 $U(x)$ 为：

$$\frac{U(x)}{U_0} = \frac{\rho_0}{\rho} \cdot \frac{b_1}{4}\left[0.32\frac{x}{D} \cdot \frac{\rho}{\rho_0} + 1 - \rho\right]\left(\frac{D}{x}\right)^2 \tag{5-20}$$

式中：ρ_0——泄漏气体的密度，kg/m^3；

ρ——周围环境条件下气体密度，kg/m^3；

D——等价射流孔口直径，m；

b_1——分布函数，同前；

U_0——射流初速度，等于气体泄漏时流经裂口时的速度，可按下式计算：

$$U_0=\frac{Q_0}{C_d\rho\pi\left(\frac{D_0}{2}\right)^2} \tag{5-21}$$

其中：Q_0——气体泄漏速度，kg/s；

C_d——气体泄漏系数；

D_0——裂口直径，m。

当临界点处的临界浓度小于允许浓度时，只需要按射流扩散分析泄漏扩散；当临界点处的临界浓度大于允许浓度时，还需要进一步关注泄漏气体此后在大气中扩散的情况。

3）绝热扩散

闪蒸液体或加压气体瞬时释放的场合，假定泄漏的危险货物与周围环境之间没有热交换，属于绝热扩散过程。泄漏的气体（或液体闪蒸形成的蒸气）呈半球形向外扩散。根据浓度分析情况，把半球分成两层：内层浓度均匀分布，具有50%的泄漏量；外层浓度呈高斯分布，具有另外50%的泄漏量。

绝热过程分为两个阶段，首先气团向外扩散，压力达到大气压力；然后与周围空气掺混，范围扩大，当内层扩散速度低到一定程度时，认为扩散过程结束。

4）气团扩散能

在气团扩散的第一阶段，泄漏气体（或蒸气）内能的一部分用来增加动能对周围大气做功。假设该阶段为可逆绝热过程，并且等熵。

（1）气体泄漏的场合。根据内能变化得出扩散能计算公式如下：

$$E=C_v(T_1-T_2)-P_0(V_1-V_2) \tag{5-22}$$

式中：C_v——等容比热容，J/(kg·K)；

P_0——环境压力，Pa；

T_1——气团初始温度，K；

T_2——气团压力降到大气压力时的温度，K；

V_1——气团初始体积，m^3；

V_2——气团压力降到大气压力时的体积，m^3。

(2)闪蒸液体泄漏的场合。蒸发的蒸气团扩散能按下式计算:

$$E = H_1 - H_2 - (P - P_0)V_1 - T_b(S_1 - S_2) \tag{5-23}$$

式中:H_1——泄漏液体初始焓,J;

H_2——泄漏液体最终焓,J;

P——初始压力,Pa;

P_0——环境压力,Pa;

V_1——初始体积,m^3;

T_b——液体的沸点,K;

S_1——液体蒸发前的熵,J/(kg·K);

S_2——液体蒸发后的熵,J/(kg·K)。

5)气团半径与浓度

在扩散能的推动下气团向外扩散,并与周围空气发生紊流掺混。团内层半径 R_1 和浓度 C 变化有如下规律:

$$R_1 = 1.36\sqrt{4K_d t} \tag{5-24}$$

$$C = \frac{0.0478V_0}{\sqrt{(4K_d t)^3}} \tag{5-25}$$

式中:t——扩散时间,s;

V_0——在标准温度、压力下的气体体积,m^3;

K_d——紊流扩散系数。

外层半径与浓度。根据实验观察,气团外层半径 R_2 可以按下式计算:

$$R_2 = 1.456R_1 \tag{5-26}$$

气团浓度自内层向外呈高斯分布。

6)气团在大气中的扩散

液体、气体泄漏后在泄漏源附近扩散,在泄漏源上方形成气团,气团将在大气中进一步扩散,影响广大区域。因此,气团在大气中的扩散成为重大事故后果分析的重要内容。

气团在大气中的扩散情况与气团自身性质有关。当气团密度小于空气密度时,气团将向上扩散而不会影响下面的人员或环境;当气团密度大于空气密度时,气团将沿着地面扩散,危害很大。在后果分析中,我们仅考虑其密度接近于或大于空气密度的气团扩散。除了气团本身性质外,气团的扩散还受大气稳定度(描述大气情况的参数,主要取决于太阳辐射等)、风速、风向、地表粗糙度(反映地表地形、建筑物影响风流)。

(1)高斯(Gauss)烟羽模型。该模型适用于计算浓度呈高斯分布的中等浓度(接近于空气密度)气羽状气团中任一点的浓度。按风速 u 的大小,垂直风向扩散系数 σ_z 与大气混合层高度 H_0 之间关系,可以选择下述三个公式之一。

①连续泄漏,风速 $u>1\text{m/s}$,且 $\delta_z \leqslant 1.6H_0$ 的场合,以泄漏源为原点,风向方向为 X 轴的空间坐标系中一点 (x,y,z) 处的浓度为:

$$C(x,y,z)=\frac{Q_0}{2\pi u\sigma_y\sigma_x}\exp\left(-\frac{y^2}{2\sigma_y^2}\right)\cdot\left\{\exp\left[-\frac{(z-H)^2}{2\sigma_z^2}\right]+\exp\left[-\frac{(z+H)^2}{2\sigma_z^2}\right]\right\} \tag{5-27}$$

式中:$C(x,y,z)$——空间点 (x,y,z) 处的浓度,kg/m^3;

Q_0——泄漏源强,kg/s;

u——风速,m/s;

σ_x——下风向扩散系数,m;

σ_y——侧风向扩散系数,m;

σ_z——垂直风向扩散系数,m;

H——有效源高,m,它等于泄漏源高度与抬升高度之和:

$$H=H_S+\Delta H$$

其中:H_S——泄漏源高度,m;

ΔH——抬升高度,由抬升模型求得。

②连续泄漏,风速 $u<0.5\text{m/s}$,假定蒸气围绕泄漏源在全方位呈均匀分布,此时距泄漏源 r 处的浓度 $C(r)$ 为:

$$C(r)=\frac{2Q}{(2\pi)^{3/2}}\cdot\frac{b}{b^2r^2+a^2H^2}\cdot\exp\left[-\frac{b^2r^2+a^2H^2}{2a^2b^2(m\Delta)^2}\right] \tag{5-28}$$

式中:$C(r)$——距泄漏源 r(m)处的浓度,kg/m^3;

a,b——扩散系数,m;

$m\Delta$——静风持续时间,$v=3600\text{s}$,m 取 1,2,3,…。

③连续泄漏,风速 $0.5\text{m/s}<u<1\text{m/s}$ 时,把连续泄漏看作 Δt 时间内气团泄漏量为 $Q\Delta t$ 的瞬时泄漏的叠加。于是,以泄漏源为坐标原点,下风向为 X 轴的三维空间一点 (x,y,z) 处的浓度为:

$$C(x-y-z)=\int_0^\infty C\mathrm{d}t$$

$$C=\frac{2Q}{(2\pi)^{3/2}\sigma_x\sigma_y\sigma_z}\cdot\exp\left[-\frac{(x-ut)^2}{2\sigma_x^2}\right]\cdot\exp\left(-\frac{y^2}{2\sigma_y^2}\right)\cdot$$

$$\left\{\exp\left[-\frac{(z-H)^2}{2\sigma_z^2}\right]+\exp\left[-\frac{(z+H)^2}{2\sigma_z^2}\right]\right\} \tag{5-29}$$

(2)高斯气团模型。

瞬时泄漏形成的气团或重气体作用消失后气团的扩散，应用高斯气团模型计算以泄漏源为坐标原点，下风向为 X 轴的三维空间一点(x,y,z)处的浓度：

$$C(x,y,z,t)=\frac{2Q}{(2\pi)^{3/2}\sigma_x\sigma_y\sigma_z}\cdot\exp\left[-\frac{(x-ut)^2}{2\sigma_x^2}\right]\cdot\exp\left(-\frac{y^2}{2\sigma_y^2}\right)\cdot$$
$$\left\{\exp\left[-\frac{(z-H)^2}{2\sigma_z^2}\right]+\exp\left[-\frac{(z+H)^2}{2\sigma_t^2}\right]\right\} \tag{5-30}$$

式中符号意义同前。

7)扩散参数的确定

大气中物质扩散参数是大气稳定度、风速和表面粗糙度的函数。风速和表面粗糙度合并影响局部的紊流，但其影响模式十分复杂，以至不能在实践中应用。在简化的情况下，扩散参数只需要由大气稳定度来确定。

大气稳定度是指大气层稳定程度，它影响了气团扩散过程中的形状和大小。通常使用 Riehardson、Tumer 和 Pasquill 方法确定大气稳定度类别。其中 Pasquill 法最简单易行，故我们采用这种方法(表 5-3)。

Pasquill—大气稳定度分级 表 5-3

<table>
<tr><td rowspan="2">地面上 10m 处的风速(m/s)</td><td colspan="3">白天日照强度</td><td rowspan="2">阴云密布的白天或夜晚</td><td colspan="2">夜晚的云量</td></tr>
<tr><td>强</td><td>中</td><td>弱</td><td>薄云遮天或低云 >3/8</td><td><3/8</td></tr>
<tr><td><2</td><td>A</td><td>A—B</td><td>B</td><td rowspan="5">D</td><td>—</td><td>—</td></tr>
<tr><td>2 ~ 3</td><td>A—B</td><td>B</td><td rowspan="2">C</td><td>E</td><td>F</td></tr>
<tr><td>3 ~ 5</td><td>B</td><td>B—C</td><td rowspan="3">D</td><td>E</td></tr>
<tr><td>5 ~ 6</td><td rowspan="2">C</td><td>C—D</td><td rowspan="2">D</td><td rowspan="2">D</td></tr>
<tr><td>>6</td><td>D</td></tr>
</table>

按照表 5-3，根据当地的气象情况就可以得到大气稳定度的级别。

应用较多的扩散系数确定方法是 P-G 扩散曲线方法。P-G 扩散曲线方法是在 Pasquill 和 Gifford 扩散参数估算的基础上，将它修改为表示扩散参数的曲线，用近幂函数表示：

$$\begin{cases}\sigma_y=aX^b\\ \sigma_x=cX^d\end{cases} \tag{5-31}$$

式中：X——下风距离；

a、b、c、d——取决于大气稳定度和地面粗糙度的系数,按表 5-4 取值。

扩散系数 表 5-4

稳定度级别	扩散系数			
	a	b	c	d
A	0.527	0.865	0.28	0.90
B	0.371	0.866	0.23	0.85
C	0.209	0.897	0.22	0.80
D	0.123	0.905	0.20	0.76
E	0.098	0.902	0.15	0.73
F	0.065	0.902	0.12	0.67

对于连续泄漏,σ_x可以忽略;对于瞬时泄漏,可以假定 $\sigma_x = \sigma_y$。

3. 泄漏事故危险区域的划分和 GIS 算法

使用毒负荷(Toxic Load,TL)准则计算有毒物质对人的伤害程度,划分危险区域。毒负荷的概念是由英国卫生安全执行局提出的,是有毒物质浓度与接触时间的函数:

$$TL = KC^n t^m \tag{5-32}$$

式中:TL——毒负荷,决定受害者中毒程度,ppm · s;

K——靶剂量有关的系数;

C——有毒物质的浓度,ppm;

n——修正系数,反映毒物浓度在中毒效应中的作用;

t——人员接触有毒物质的时间,s;

m——修正系数,反映接触时间在中毒效应中的作用。

有毒物质浓度 C 是毒物质泄漏扩散的浓度 $c(t)$ 在一定时间内的平均值:

$$C = \frac{1}{t_2 - t_1}\int_{t_2}^{t_1} c(t)\,\mathrm{d}t \tag{5-33}$$

泄漏气团的浓度由中心向边缘逐渐降低。一般按照毒负荷的大小将危险区域分为致死区、重伤区、轻伤区和影响区。

二、火灾事故的模拟模型和算法

易燃、易爆的液体、气体泄漏后遇到引火源就会被点燃而着火燃烧,它们被点燃后的燃烧方式有池火、喷射火、火球和突发火几类。

1. 池火

可燃性液体泄漏后流到地面形成液池，或流到水面并覆盖水面，遇到引火源燃烧而形成池火。

1)燃烧速度

当液池中的可燃物的沸点高于周围环境温度时，液池表面上单位面积燃烧速度 $\mathrm{d}m/\mathrm{d}t$ 为：

$$\frac{\mathrm{d}m}{\mathrm{d}t}=\frac{0.001H_{\mathrm{C}}}{C_{\mathrm{p}}(T_{\mathrm{b}}-T_{0})+H} \tag{5-34}$$

式中：$\mathrm{d}m/\mathrm{d}t$——单位表面积燃烧速度，$\mathrm{kg/(m^2 \cdot S)}$；

H_{C}——液体燃烧热，J/kg；

C_{p}——液体的定压比热容，J/(kg·K)；

T_{b}——液体沸点，K；

T_{0}——环境温度，K；

H——液体蒸发热，J/kg。

当液池中液体的沸点低于环境温度时，如加压液化气或冷冻液化气，液池表面上单位面积的燃烧速度 $\mathrm{d}m/\mathrm{d}t$ 为：

$$\frac{\mathrm{d}m}{\mathrm{d}t}=\frac{0.001H_{\mathrm{C}}}{H} \tag{5-35}$$

表 5-5 列出一些可燃液体的燃烧热。

一些可燃液体的燃烧热 表 5-5

物　质	密度($\mathrm{kg/m^3}$)	自燃点(℃)	热值(kJ/kg)
乙醇	0.789	100	30984
丙醇	0.804	404	34789
丁醇	0.810	365	37247
戊醇	0.817	300	39009

2)热辐射

设液池为一半径为 r 的圆形池，则液池燃烧时放出的总热通量 Q 为：

$$Q=(\pi r^{2}+2\pi rh)\frac{\mathrm{d}m}{\mathrm{d}t}\eta H_{\mathrm{C}}\left[\left(\frac{\mathrm{d}m}{\mathrm{d}t}\right)^{0.61}+1\right] \tag{5-36}$$

式中：r——液池半径，m；

η——效率因子，可取 0.15～0.35；

H_{C}——液体燃烧热，J/kg；

h——火焰高度,m。

可按下式计算:

$$h = 84r\left(\frac{\frac{\mathrm{d}m}{\mathrm{d}t}}{\rho_0\sqrt{2gr}}\right)^{0.6} \tag{5-37}$$

式中:ρ_0——周围空气密度,kg/m^3;

g——重力加速度,$9.8m/s^2$。

假设全部辐射热都是从液池中心点的一个微小的球面发出的,则在距液池中心某一距离的入射热辐射强度 I 为:

$$I = \frac{Qt_c}{4\pi x^2} \tag{5-38}$$

式中:Q——总热辐射通量,W;

t_c——空气导热系数;

x——目标点到液池中心距离,m。

2. 喷射火

加压气体泄漏时形成射流,如果在裂口处被点燃,则形成喷射火。在计算喷射火的热通量时,把它看作一系列位于射流轴线上的点热源,每个点热源的热辐射通量都是 q,于是可以按射流扩散公式计算总热辐射通量。

点热源热辐射通量可按下式计算:

$$Q = \eta Q_0 H_C \tag{5-39}$$

式中:η——效率因子,可取 0.35;

Q_0——效率速度,kg/s;

H_C——燃烧热,J/kg。

喷射火的火焰长度等于从泄漏裂口到可燃混合气燃烧下限的射流轴线长度。有时为了计算简便,取射流轴线距离该点 x 处一点的热辐射强度为:

$$I_j = \frac{Rq}{4\pi x^2} \tag{5-40}$$

式中:R——辐射率,可取 0.2;

q——点热源的辐射通量,W;

x——点热源到对象点的距离,m。

某一对象点的入射热辐射强度等于喷射火的全部点热源对该点热辐射通量的总和。

$$I = \sum_{j=1}^{n} I_j \tag{5-41}$$

式中：n——计算时选取的点热源数，一般取 $n=5$。

3. 火球

发生火球时，火球的最大半径 r 为：

$$r = 2.665M^{0.322} \tag{5-42}$$

式中：M——急剧蒸发的可燃物质的质量，kg。

火球燃烧的持续时间 t 为：

$$t = 1.089M^{0.322} \tag{5-43}$$

火球燃烧时发出的辐射通量为：

$$Q = \frac{\eta H_C M}{t} \tag{5-44}$$

式中：H_C——燃烧热，J/kg；

M——燃烧的物质量，kg；

t——燃烧持续时间，s；

η——效率因子，取决于设备中可燃物质的饱和蒸气压 p：

$$\eta = 0.27p^{0.32} \tag{5-45}$$

距火球中心 x 处一点的入射热辐射强度 I 可按下式计算：

$$I = \frac{Qt_c}{4\pi x^2} \tag{5-46}$$

式中：Q——火球燃烧热辐射通量，W；

t_c——空气导热系数。

4. 突发火

泄漏的可燃气体、液体蒸发的蒸气在空气中扩散，遇引火源突然燃烧而没有发生爆炸。此种情况下，处于气体燃烧范围内的全部室外人员将遇难死亡，建筑物内的部分人员将遇难死亡。

突发火后果分析，主要是计算可燃混合气体燃烧下限随气团扩散到达的范围。为此，可按气团扩散模型计算气团大小和可燃混合气体的浓度。

5. 火灾事故危险区域的划分

火灾通过热辐射的方式影响周围环境。当火灾产生的热辐射强度足够大时，可使周围的物体燃烧或变形。强烈的热辐射可能烧死、烧伤人员，造成财产损失。热辐射造成伤害或损坏的情况取决于人员或物体处辐射热的多少，可以按单位表面积受到的热辐射功率大小，即入射热辐射通量来计算热辐射量。表5-6为不同入射热辐射通量造成损失的情况。

不同入射热辐射通量造成损失的情况 表5-6

热辐射通量(kW/m^2)	对设备设施的破坏	对人的伤害
37.5	严重损坏设备，钢结构暴露30min后变形	1min内死亡率100%，10s内死亡率1%
25.0	无明火时，木材长时间暴露将被引燃	1min内死亡率100%，10s内严重烧伤
12.5	有明火时，木材被点燃，塑料管熔化	1min内死亡率1%，10s内一度烧伤
4.0	玻璃暴露30min后破裂	超过20s引起疼痛，但不会起水泡
1.6	—	即使长时间暴露，也不会有不适感

因此，在火灾事故模拟中，可以根据辐射热入射通量对周围人员和设备等的损害，将火灾发生点周围的区域划分为：死亡区（入射通量≥37.5kW/m^2）、重伤区（37.5kW/m^2＞入射通量≥25kW/m^2）、轻伤区（25kW/m^2＞入射通量≥12.5kW/m^2）、感觉区（12.5kW/m^2＞入射通量≥4.0kW/m^2）。

将事故参数输入，使用事故模型计算，将结果交由GIS系统平台处理，并通过GIS系统本身具有的地理运算功能，查询出不同事故区域内的构筑物及人员信息，最后把所有信息以图形和数据列表的形式展现在使用者的面前。

三、爆炸事故的模拟模型和算法

爆炸是物质由一种状态迅速转变为另一种状态，并在瞬间以机械力的形式释放出巨大能量，或是气体、蒸气在瞬间发生剧烈膨胀等现象。它的一个重要特征就是其周围发生剧烈的压力突跃变化，产生冲击波。

危险物质泄漏后可燃气团遇引火源发生爆炸，往往会造成极强的破坏和巨大的伤亡。表5-7为国外重大工业爆炸事故事例。

国外重大工业爆炸事故举例 表5-7

物 质	死亡(人)	重伤(人)	地点与时间
二甲基	245	3800	路德维希港，联邦德国，1948
煤油	32	16	比特堡，联邦德国，1954
异丁烷	7	13	莱克查尔斯，路易斯安那州，美国
废油	2	85	佩尔尼斯，荷兰，1968
丙烯	—	230	东圣路易斯，伊利诺伊州，美国，1972
丙烷	7	152	迪凯诺斯州，英国，1974

续上表

物　质	死亡(人)	重伤(人)	地点与时间
环己烷	28	89	费利克斯巴勒,英国,1974
丙烷	14	107	贝克,荷兰,1975

爆炸事故有以下几种类型:

(1)蒸气云团的可燃混合气体遇火源突然燃烧,在无限空间中的气体爆炸;

(2)受限空间内可燃混合气体爆炸;

(3)由于化学反应失控或工艺异常造成的压力容器爆炸;

(4)不稳定的固体或液体爆炸;

(5)不涉及化学反应的压力容器爆炸。

其中前4种爆炸发生时会释放出大量的化学能,爆炸影响范围较大;最后一种属于物理爆炸,仅释放出机械能,影响范围较小。

1. 物理爆炸的爆炸能

储罐或管线在内部介质压力作用下发生的爆炸属于物理爆炸。当储罐或管线内部介质相态不同时,发生物理爆炸时的爆炸能计算公式也不相同。

(1)当盛装气体的压力容器发生爆炸时,其释放的爆炸能 E 为:

$$E = \frac{PV}{10(\gamma - 1)}\left[1 - \left(\frac{10^5}{P}\right)^{\frac{\gamma-1}{\gamma}}\right] \tag{5-47}$$

式中:P——爆炸时容器内部介质的压力,Pa;

V——储罐的容积,m^3;

γ——气体的热容比。

表5-8列出了常见气体的热容比 γ 值。

常见气体的热容比 γ 值　　表5-8

气体名称	γ	气体名称	γ
空气	1.4	丙烯	1.15
氮气	1.4	一氧化碳	1.395
氧气	1.391	二氧化碳	1.295
氢气	1.412	一氧化氮	1.4
甲烷	1.315	一氧化二氮	1.274
乙烷	1.18	二氧化氮	1.31
丙烷	1.13	氢氰酸	1.31
正丁烷	1.10	硫化氢	1.32
乙烯	1.22	二氧化硫	1.25

(2)当盛装压缩气体或液化气体的压力容器发生爆炸时,其爆炸能 E 可按下式计算:

$$E=\frac{\Delta P^2 V\beta}{2} \tag{5-48}$$

式中:ΔP——爆炸前后介质的压力差,等于破坏压力与工作压力之差,Pa;

V——压力容器的容积,m^3;

β——液体的压缩系数,Pa^{-1}。

(3)当盛装液化气体的压力容器发生爆炸时,除了气体的急剧膨胀外,尚有液体的激烈蒸发过程。过热状态下液体在容器破裂时放出的爆炸能 E 可按下式计算:

$$E=[(H_1-H_2)-(S_1-S_2)T_1]W \tag{5-49}$$

式中:H_1——爆炸前液化气体的比焓,kJ/kg;

H_2——大气压力下饱和液化气体的比焓,kJ/kg;

S_1——爆炸前液化气体的熵,kJ/(kg·K);

S_2——大气压力下饱和液化气体的熵,kJ/(kg·K);

W——饱和液化气体的质量,kg;

T_1——介质在大气压力下的沸点,K。

压力容器爆炸时,爆炸能量在相外释放时以冲击波能量、碎片能量和容器残余变形能量三种形式表现出来,即:

$$E=E_1+E_2+E_3 \tag{5-50}$$

式中:E——压力容器爆炸时释放的总能量,J;

E_1——冲击波能量,J;

E_2——碎片能量,J;

E_3——容器残余变形能量,J。

由于容器残余变形能量与其他两种形式能量相比可以忽略不计,所以近似地认为:

$$E=E_1+E_2 \tag{5-51}$$

根据一些实验研究,可以按下述公式计算爆炸时的冲击波能量 E_1 和碎片能量 E_2:

$$E_1=FE \tag{5-52}$$

$$E_2=(1-F)E \tag{5-53}$$

式中:F——碎片破裂能屈服系数,对于脆性破裂,$F=0.2$,对于塑性破裂,$F=0.6$。

2.冲击波影响范围

冲击波以爆炸源为中心向外传播,冲击波超压逐渐衰减。冲击波超压大于某一破坏压力的范围即为冲击波影响范围，一般以冲击波影响半径来度量。

1）压力容器爆炸的冲击波影响半径

压力容器爆炸时冲击波影响半径 R 可以按下式计算：

$$R = 0.022 r_1 E_1 + \frac{d}{2} \tag{5-54}$$

式中：r_1——影响半径变化率；

E_1——冲击波能量，J；

d——压力容器直径，m。

上式中的影响半径变化率 r_1 可查表取得。

2）蒸气云团爆炸的冲击波影响半径

易燃易爆物质在生产、储存和运输过程中可能由于泄漏至开敞空间而形成蒸气云，蒸气云如被意外点燃就有可能形成破坏极大的气相爆炸，造成巨大的经济损失和人员伤亡。科学分析事故的严重程度和影响范围，对事故预防、控制、应急救援和减少事故损失等有重大意义。

蒸气云爆炸模型作为一种事故模拟分析手段，能够为安全生产监督管理、事故应急救援、安全评价等提供技术依据。蒸气云爆炸冲击波对人和建筑物的损害情况见表 5-9。

冲击波对人和对建筑物损坏情况 表 5-9

冲击波超压 P（MPa）		损害或破坏程度
对人的损害情况	0.02～0.03	人员轻微伤害
	0.03～0.05	人员严重伤害
	0.05～0.10	内脏严重损伤或死亡
	>0.10	大部分人员死亡
对建筑物的损坏情况	0.005～0.006	门、窗玻璃部分破碎
	0.006～0.015	受压面门窗玻璃大部分破碎
	0.015～0.02	窗框损坏
	0.02～0.03	墙出现裂纹
	0.04～0.05	墙出现大裂纹，屋瓦掉下
	0.06～0.07	木建筑厂房房柱折断，房架松动
	0.07～0.10	砖墙倒塌
	0.10～0.20	防震钢筋混凝土破坏，小房屋倒塌
	0.20～0.30	大型钢架结构破坏

荷兰应用科研院(TNO)建议按下式计算蒸气云团爆炸的冲击波影响半径 R:

$$R = C_s (N \cdot E)^{1/3} \tag{5-55}$$

式中:E——爆炸能量,J;

N——效率因子,冲击波能量与总能量的比率,一般 $N = 10\%$

C_s——经验常数,取决于损坏等级,查表 5-10 可得。

损 坏 等 级　　　表 5-10

损坏等级	C_s 值(mJ)	设 备 损 坏	人 员 伤 害
1	0.03	重创建筑物和加工设备	1% 死亡于肺部伤害,>50% 耳膜破裂,>50% 被碎片击伤
2	0.06	建筑物外表可修复性破坏	1% 耳膜破裂,1% 被碎片击伤
3	0.15	玻璃破裂	被碎玻璃击伤
4	0.4	10% 玻璃破裂	

3)碎片能量及碎片打击

压力容器爆炸时碎片具有很大的动能向四周飞散,当碎片击中人员或设备、建筑物时将发生伤害或破坏。

压力容器内介质为液体时,容器爆炸瞬间碎片具有的能量较小,可以不考虑其影响。当容器内介质为气体或液化气体时,碎片具有较大的破坏力。

压力容器爆炸时碎片发出的初速度为:

$$v_0 = \sqrt{\frac{2}{m_0} \cdot F \cdot \frac{\Delta P}{\gamma - 1} V} \tag{5-56}$$

式中:m_0——压力容器本体质量,kg;

F——碎片破裂能屈服系数;

ΔP——爆炸前后的压力差,Pa;

γ——热容比;

V——压力容器内气体体积,m^3。

受空气阻力影响,碎片飞行 S 距离以后,其速度变为 v:

$$v = v_0 \exp\left(-\frac{A}{m}\rho_0 S\right) \tag{5-57}$$

式中:v_0——碎片的初速度,m/s;

A——碎片面积,m^2;

m——碎片质量,kg;

ρ_0——空气密度,kg/m^3;

S——碎片飞行距离,m。

高速飞行的碎片撞击到设备、建筑物,碎片的打击深度取决于碎片具有的动能和结构的强度。可以按下式计算碎片的打击深度 X:

$$X = 1.85 \times 10^{-8} C_p m^{0.33} v^{1.33} \tag{5-58}$$

式中:C_p——贯透常数,其取值情况见表 5-11;

m——碎片质量,kg;

v——碎片打击时的速度,m/s。

不同结构的贯透常数 C_p 表 5-11

材　料	强度(MN/m^2)	贯透常数 C_p
碳钢		1
不锈钢		0.6
混凝土	15	20
混凝土(强化)	22	12
钢筋混凝土	40	7
砖		50
松软地面		90

科克斯(Cox)等建议按下式计算打击深度 X:

$$X = KM^{n_1} v^{n_2} \tag{5-59}$$

式中:M——碎片质量,kg;

v——碎片打击时的速度,m/s;

K, n_1, n_2——被打击物体的参数,其取值情况见表 5-12。

被打击物体的有关参数 表 5-12

物　料	K	n_1	n_2
混凝土,积压强度($35N/m^2$)	1.8×10^{-5}	0.4	1.5
砖结构	2.3×10^{-5}	0.4	1.5
软钢	0.6×10^{-5}	0.33	1.0

3. 爆炸事故危险区域的划分和 GIS 算法

根据前面论述的爆炸事故模型,可以将爆炸事故的影响范围划分为:建筑物重创破坏区、建筑物可修复破坏区、玻璃破碎区、冲击波影响区等区域。将事故参数输入,使用事故模型计算,然后把结果交由地理信息系统(GIS)平台处理,并通过 GIS 本身具有的地理运算功能,查询出不同事故区域内的建筑物及人员信息,最后把所有信息以图形和数据列表的形式展现在使用者的面前。

第二节　基于GIS的应急疏散最优路径规划模型及算法

一、路径规划影响因素分析

路径规划最终的目标是通过合理地选择路径,使储罐区路网的疏散效率最高、安全性最好,能在最短的时间内将储罐区受影响范围内的人员安全地转移到避难区域。储罐区应急疏散是放在储罐区突发事故发生后的特殊场景里,规划疏散路径不能仅仅考虑实际疏散距离的长短,因路径最短并不一定就是疏散时间最短,如路径的畅通性、宽阔性、安全性等都是影响疏散效率的因素。因此路径规划时除考虑疏散路径实际上的距离外,还应综合考虑多方面因素的影响,最终使疏散效率最高。

1. 储罐区及其周边道路等级

港区道路等级分为四类,分别为快速路、主干路、次干路和支路,见表5-13。

港区道路等级　　表5-13

道路等级	说　明
快速路	为城市中长距离、快速交通服务,两侧不应设置吸引大量车流、人流的公共建筑物进出口,一般在建筑物的进出口应加以控制
主干路	为连接城市各主要分区的干路,以交通功能为主;自行车交通量大时,宜采用机动车与非机动车分隔形式,路两侧不应设置吸引大量车流、人流的公共建筑物进出口
次干路	又叫区干道,为联系主要道路之间的辅助交通路线;次干路是城市的交通干路,以区域性交通功能为主,兼有服务功能;与主干路组成路网,广泛连接城市各区与集散主干路交通
支路	又叫支路、街坊道路,通常是各街坊之间的联系道路;支路应为次干路与街坊路的连接线,解决局部地区交通,以服务功能为主

快速路、主干路、次干路、支路的设计通行速度、道路宽度及机动车车道数为依次递减,表明其运输能力也依次递减。因此,若通行距离相等,选择快速路所需的通行时间要优于主干路、次干路及支路,也就是说,在疏散路径规划时,应首选道路等级较高的路径,优先等级依次为快速路、主干路、次干路、支路。

2. 储罐区路网的交通流状况

由于受到道路上其他车辆的影响,车辆实际通行速度并不能达到设计值,背景车流的大小对车辆实际的通行速度影响很大。因此在规划路径时,为提高实际车辆的通行速度,同时避免在通行过程中发生拥堵现象,以及方便后续实施交通管制,能最大限度减少对道路上其他车辆的影响,应优先选择道路背景车流较少的路径,即较畅通的道路。路径选择完毕后,如有必要,可在路径的交叉路口处实施交通管制,确保该疏散路径持续畅通,保证疏散车辆不发生拥挤。

3. 储罐区事故后果影响下道路的安全性

在规划疏散路径时,要确保所选路径足够安全,避免产生二次伤害,按离事故点的远近及受事故后果影响的程度,将路网区域划分为:死亡区、重伤区、轻伤区,安全区,见表5-14。

路网区域划分 表5-14

分区	说明
死亡区(R1)	该区内的人员如缺少防护,则被认为无例外地蒙受严重伤害或死亡,死亡率取50%
重伤区(R2)	该区的人员如缺少防护,则被认为将无例外地蒙受严重伤害,极少数人可能死亡或受轻伤
轻伤区(R3)	该区的人员如缺少防护,绝大多数人将遭受轻微伤害,少数人将受重伤或平安无事
安全区(R4)	该区的人员不会受到任何伤害

二、路径规划优化模型

路网规划的最终目标是选择距离最短,同时道路等级较高、畅通性及安全性较好的路径,而且在选择过程中要避开因事故影响被破坏的路径。因此,储罐区疏散路网规划实际就是针对储罐区事故类型及后果,结合储罐区交通路网的实际情况,以及实时的疏散环境,进行多指标优化的过程,数学模型如下:

$$\begin{cases} \min\sum_{i=1}^{n}\sum_{j=1}^{n}L_{ij} \\ \max\sum_{i=1}^{n}\sum_{j=1}^{n}D_{ij} \\ \max\sum_{i=1}^{n}\sum_{j=1}^{n}C_{ij} \\ \max\sum_{i=1}^{n}\sum_{j=1}^{n}S_{ij} \end{cases} \tag{5-60}$$

集合:

$i,j\in$ {V,V为路网路径节点编号的集合}

$L_{ij}\in$ {路径 P_{ij} 的实际长度}

$D_{ij}\in$ {快速路、主干路、次干路、支路}

$C_{ij}\in$ {畅通、堵塞}

$S_{ij}\in\{$致死区、重伤区、轻伤区、安全区$\}$

式中：L_{ij}——路径 P_{ij} 的实际长度；

C_{ij}——路径 P_{ij} 的畅通性；

D_{ij}——路径 P_{ij} 道路等级；

S_{ij}——路径 P_{ij} 的安全性。

为了便于该路网优化模型的求解，可将多个指标通过加权模型转化为单指标，这里引用“当量长度”的概念，将其他指标通过一定的方法转为对路径长度的修正系数，具体做法如下。

(1) T 时刻路径 P_{ij} 的当量长度：

$$\gamma_{ij}=\alpha\cdot\beta\cdot W_{ij}\cdot L_{ij} \tag{5-61}$$

式中：γ_{ij}——路径 P_{ij} 的当量长度，表征路径 P_{ij} 被破坏与否。当路径 P_{ij} 被破坏时，$\alpha=+\infty$；当路径 P_{ij} 完好时，$\alpha=1$。

β——路径 P_{ij} 的畅通性对其实际长度的修正系数，由路径 P_{ij} 的设计通行速度 v_{ij} 和 T 时刻路径 P_{ij} 上车辆的平均通行速度 $\bar{v}$ 计算得到。

$$\beta=\frac{v_{ij}}{\bar{v}} \tag{5-62}$$

W_{ij}——道路等级及安全性对路径 P_{ij} 的修正系数，取道路等级对应的权值和安全性对应权值的乘积，见表 5-15。

L_{ij}——路径 P_{ij} 的实际长度。

路径 P_{ij} 上 W_{ij} 取值　　表 5-15

因　素	分　级	权　值
道路等级	快速路	1
	主干路	3
	次干路	5
	支路	7
安全性	致死区	100
	重伤区	50
	轻伤区	10
	安全区	1

(2)路径当量长度最短规划模型：

$$\min\sum_{i=1}^{n}\sum_{j=1}^{n}Y_{ij}=\min\sum_{i=1}^{n}\sum_{j=1}^{n}\alpha\cdot\beta\cdot W_{ij}\cdot L_{ij} \tag{5-63}$$

三、路径优化模型求解算法

最短路径计算中运用最多的是 Dijkstra 算法，它的基本思想是从起点开始，由近到远，一步一步搜索原点至所有其他节点的最短路径，一直到目标点为止。由于该算法拥有极强的抗差性，在 GIS 中使用很广泛，图 5-1 为一路网网络图，需规划从节点 A 到节点 F 的阻抗最小的路径，算法流程如下：

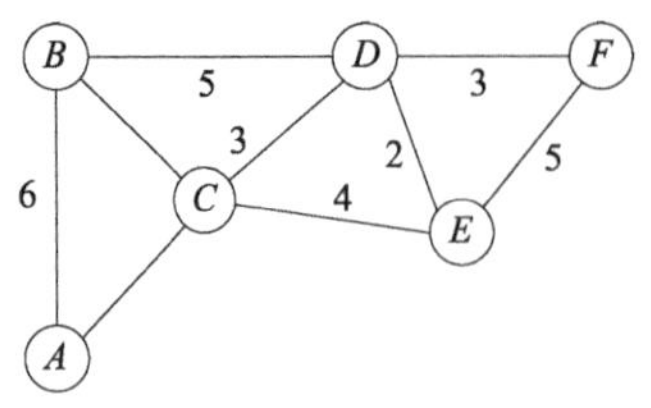

图 5-1　路网节点及其阻抗

(1)初始时，创建两个空的集合 S 和 U。将源节点为编号为 x_1，其余则编号为 $x_2,x_3\cdots x_n$，将 x_1 作为搜索起点，放入集合 S 中，即 $S=\{x_1\}$。除 x_1 外的其他节点则放入集合 U 中，即：$U=$ {除 x_1 外的其他节点}，若 x_1 与 U 中某节点 x_i 有边，从节点 x_1 到节点 x_i 记为 (x_1,x_i)，其有正常的权值，若 x_i 不是 x_1 的邻边节点，则 (x_1,x_i) 的权值为 $+\infty$。

(2)从 U 中选取一个离 x_1 权值最小的节点 x_j，并加入 S 中，该选定的权值就是 x_1 到 x_j 的最小阻抗。

(3)以 x_j 为新起点，即将 x_j 编号改为 x_1，修改 U 中各节点的权值。

(4)重复步骤(2)和(3)直到 U 集合为空。

针对图 5-1 中的路网网络图，规划从节点 A 到节点 F 阻抗最小路径的详细计算步骤见表 5-16，其中集合 S 用于储存已搜索的节点，集合 U 用于储存未搜索的节点。

Dijkstra 算法流程　　表 5-16

步骤	S 集合中	U 集合中
1	进入 A，此时 $S=(A)$， 记录最短路径 $A—A=0$； 以 A 为始点，从 A 开始搜索	$U=(B、C、D、E、F)$ 记录路径： $A—B=6$； $A—C=3$； $A—D=5$； $A—E=7$； $A—U$ 中其他节点的权值记为正无穷； 发现 $A—C$ 的权值最小为 3
2	进入 C 节点，记录 $S=(A、C)$ 记录得到的最小权值路径： $A—A=0$； $A—C=3$； 以 C 节点为始点，开始搜索	$U=(B、D、E、F)$ 记录路径： $A—C—B=5$； $A—C—D=6$； $A—C—E=7$； $A—C$—其他节点的权值记为正无穷； 发现 $A—C—B$ 的权值最小为 5

续上表

步骤	S 集 合 中	U 集 合 中
3	进入 B 节点，记录 $S=(A、C、B)$ 记录得到的最小权值路径： $A—A=0$； $A—C=3$； $A—C—B=5$ 以 B 节点为始点，开始搜索	$U=(D、E、F)$ 记录路径： $A—C—B—D=8$； $A—C—B$—其他节点的权值记为正无穷； 发现 $A—C—D$ 的权值最小为 6
4	进入 D 节点，记录 $S=(A、C、B、D)$ 记录得到的最小权值路径： $A—A=0$； $A—C=3$； $A—C—B=5$； $A—C—D=6$ 以 D 节点为始点，开始搜索	$U=(E、F)$ 记录路径： $A—C—D—E=8$； $A—C—D—F=9$ 发现 $A—C—E$ 的权值最小为 7
5	进入 E 节点，记录 $S=(A、C、B、D、E)$ 记录得到的最小权值路径： $A—A=0$；$A—C=3$； $A—C-B=5$； $A—C—D=6$； $A—C—E=7$ 以 E 节点为始点，开始搜索	$U=(F)$ 记录路径： $A—C—E—F=12$ 发现 $A—C—D—F$ 的权值最小为 9
6	进入 F 节点，记录 $S=(A、C、B、D、E、F)$ 记录得到的最小权值路径： $A—A=0$； $A—C=3$； $A—C—B=5$； $A—C—D=6$； $A—C—E=7$； $A—C—D—F=9$	U 集合为空，退出
7	输出从节点 A 到节点 F 阻抗最小的路径：$A—C—D—F=9$	

四、基于 GIS 的路径规划流程

基于 GIS 的路径规划就是利用 GIS 强大的网络分析功能，在 GIS 图上实现最优疏散路径的搜索及显示，其中最重要的便是储罐区 GIS 路网数据集的建立，用于储存储罐区路网相关的各种属性，在求解路网优化模型时，直接调用储罐区路网相对应的路网数据集，再把求解出来的结果绘制在 GIS 图层上。如图 5-2 所示。

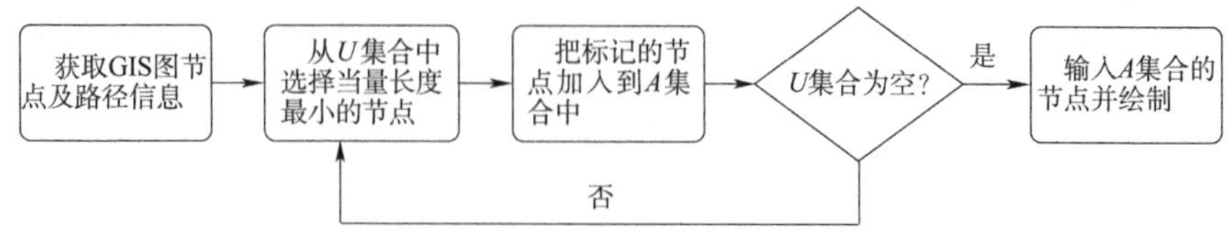

图 5-2 储罐区应急疏散最优路径规划算法流程

第三节 基于 GIS 的港口储罐事故应急资源调配行程时间优化

基于突发事件应急资源需求紧急性和时效性的特点,必然对应急资源从应急出救点至事故灾害点的调配行程时间有所要求。应急资源调配行程时间是影响应急资源调度方案制订的关键因素,对于应急资源调度的优化具有重要影响。

本节将结合港口储罐事故特点,分析其应急资源调配行程时间的优化目标,提出影响行程时间优化的若干关键因素,并针对每种影响因素构建量化计算模型。最终结合 GIS 的网络分析功能对应急资源调配最优行程时间实现快速求解,为应急资源调度优化奠定基础。

一、应急资源调配行程时间优化目标分析

1. 基本前提与假设

(1)可进行应急资源调配运输的交通工具类型众多且差异巨大,本节只对通过机动车辆和道路交通进行应急资源调配的行程时间优化问题进行分析,通过航空、铁路等其他交通方式进行的应急资源调配不在本节的分析范畴内。

(2)应急资源调配行程时间不受应急资源运输车辆性能的影响。即假设不同应急资源运输车辆在同一时刻从同一应急出救点沿相同行车路线驶往事故灾害点,其行程时间相同。

2. 优化目标分析

基于前文假设不难分析发现,应急资源调配行程时间与应急资源运输车辆行车路径直接相关,应急资源调配行程时间优化与应急资源运输车辆行车路径优化是一个等价命题。普通资源运输车辆行车路径优化属于多目标组合优化问题,通常以运输成本和调配行程时间的加权平均值最小为优化目标。然而应急资源作为一种特殊的物流对象,由于内在的强时效性和弱经济性特点,决定其必须在尽可能

短的时间从应急出救点运至事故灾害点，而无须过多地考虑成本问题。因此应急资源调配行程时间优化或者应急资源运输车辆行车路径优化一般以时间最短为优化目标。

需要注意的是，与一般火灾事故等其他类型突发事件相比，危险货物事故由于自身的蔓延扩展特性，极有可能覆盖影响事故源以外的大片区域。当应急资源运输车辆穿越受影响区域时，客观上使得应急救援人员和应急资源处于不安全状态，存在发生人员伤亡或应急资源损失事故的可能，从而导致应急救援工作无法顺利开展。因此，对于储罐区危险货物事故应急资源调配行程时间优化问题而言，应急资源运输车辆行车安全问题应成为决策人员首要的考量因素。

综上分析认为，储罐区危险货物事故应急资源调配行程时间优化应以确保行车安全前提下的行程时间最短为优化目标，如式(5-64)所示：

$$\begin{cases} R \to 0 \\ \min T \end{cases} \tag{5-64}$$

式中：R——从应急出救点到事故灾害点的风险；

T——从应急出救点到事故灾害点的行程时间。

二、应急资源调配行程时间优化影响因素分析

应急资源调配行程时间是指应急资源运输车辆通过应急出救点至事故灾害点之间若干连通路段的时间。图 5-3 为一个简易的路网示意图，图中的圆点代表交叉路口，任意连通的两个圆点之间的连接线代表路段。交叉路口和路段构成了最基本的道路交通网络结构。在路网范围内分布着事故灾害点和应急出救点，其中，“★”代表事故灾害点、“▲”代表应急出救点。因此，应急资源调配行程时间优化问题可转化为寻找一条确保安全前提下行程时间最短的行车路径。

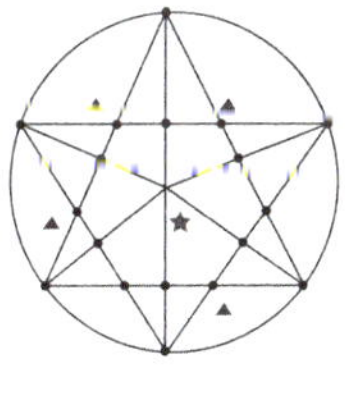

图 5-3　简易路网结构示意图

车辆在路网中行驶会至少存在两个方面的时间消耗：其一为通过路段的时间消耗，其二为通过交叉路口的时间消耗。此外，根据前文分析，危险货物事故发生后由于自身的蔓延扩展特性，可能使得部分路段和交叉路口成为高风险区域，导致道路通行能力下降，继而产生额外的时间消耗。

综合以上分析认为，影响储罐区危险货物事故应急资源调配行程时间的主要因素有三个，包括路段时间消耗、交叉路口时间消耗及由风险引发的额外时间消耗。引入道路交通领域中“阻抗”的概念，进一步将上述三个方面影响因素提炼

为：路段阻抗、交叉路口阻抗、风险阻抗。所谓阻抗是用来表述车辆沿路网行驶过程中遇到阻力大小的物理量，反映了路网的通畅程度。广义的阻抗包括人、车、路三个方面因素对交通出行的阻力作用，一般用时间、费用或它们的某种加权平均来表示。狭义的阻抗一般是指机动车辆在路网上所花费的行程时间。本节所研究的是狭义上的阻抗，即以行程时间作为阻抗表征值。

1. 路段阻抗

路段阻抗指车辆通过某路段的行程时间。有一种看似直观简单的方法可对路段阻抗进行估算，港区道路网中各级别道路上的机动车规划行驶速度，见表 5-17，结合各路段的空间长度，可估算车辆通过每个路段的行程时间。

港区道路网机动车行驶速度规划指标 表 5-17

类　别	城市规模与人口(万人)		快速路	主干路	次干路	支路
机动车速度(km/h)	大城市	>200	80	60	40	30
		≤200	60~80	40~60	40	30
	中等城市			40	40	30
	小城市	>5		40	40	20
		1~5		40	40	20
		<1		40	40	20

这是一种典型的基于自由流速度的路段阻抗计算方法。所谓自由流速度是指不受上下游条件影响的交通流运行速度，也即交通量很小、车流量密度很低情况下的路段车辆平均行驶速度。然而随着我国汽车保有量不断增多，道路车流量不断加大，交通拥堵已经成为常态，车辆在路网中各路段的行驶很难达到自由流速度且在不同时间段呈现巨幅变化。若简单地以道路的规划行驶速度，也即自由流速度来对路段阻抗进行估算，极有可能导致估算结果与实际情况存在巨大差别，进而影响应急资源调度决策的科学性和有效性，并影响应急救援工作的开展。在实际道路交通环境下，路段阻抗主要由以下四个因素综合作用决定：

(1)路段长度。路段空间距离越大，所需的行程时间越长；反之则越短。

(2)路段等级。路段等级不同，其限定的最高行车速度会有所不同(表 5-17)。同等路段长度下，路段等级越高，所需行程时间越短；反之则越长。

(3)机动车流量。路段机动车流量越大，机动车之间的相互影响作用就越明显，机动车行驶速度就越低；反之越高。

(4)路段行车道数量。同等机动车流量下，行车道数量越多，机动车之间的相互影响作用就越小，机动车行驶速度就越高；反之越低。

2. 交叉路口阻抗

交叉路口是路网中车辆实现转向的基本节点，也是交通流交汇、冲突的高发地段。随着道路密度越来越高，车辆在交叉路口所耗费的时间也越来越多，约占整个行程时间的20% ~40%。车辆在交叉路口受到的阻抗主要是由信号控制灯对车辆行驶的约束作用造成的，集中体现在两个方面：

(1)等待绿灯的时间消耗。信号灯周期越长、绿信比越低，机动车通过交叉路口的时间越长；反之则越短。

(2)信号灯控制造成的压车现象导致的速度损耗。信号灯控制造成的压车情况越严重，机动车在起步过程中的速度损失越多，通过交叉路口的时间就越长；反之则越短。

3. 风险阻抗

风险阻抗是针对储罐集中区危险货物事故场景下的应急资源调配行程时间优化提出的一个特有概念。由于危险货物事故，尤其是有毒、可燃气体或低沸点液体泄漏事故发生后，会形成有毒或可燃气云，并在大气中扩散蔓延，影响范围覆盖储罐集中区内一片较大区域。因此，当应急资源运输车辆通过受影响区域内的道路时，客观上存在发生人员伤亡和应急资源损失事故的风险。对于储罐集中区危险货物事故影响范围内风险较高的区域，原则上应禁止通行，这与进行人员疏散时禁止横穿事故影响区域的出发点相同。因此，在路网中可能存在一些路段，虽然在物理层面不存在影响车辆通行的阻碍，但车辆通过该路段时存在发生人员伤亡的风险，所以限制其无法通行或认为通过该路段的行程时间趋于无穷大，这就是本书所指的风险阻抗。

三、阻抗函数模型

1. 路段阻抗函数模型

目前对于路段阻抗函数模型的研究主要通过理论建模和实测数据回归的方法进行，其中有一些模型沿用至今，包括流量守恒法模型、圆锥形流量-延误模型等，其中最具有代表性的是美国公路局提出的 BPR(Bureau of Public Roads)路段阻抗函数模型，如式(5-65)所示：

$$t_a = t_0[1 + \alpha (q_a/c_a)^{\beta}] \tag{5-65}$$

式中：t_a——车辆通过路段 a 的实际行驶时间，min；

t_0——自由流速度下车辆通过路段 a 的行驶时间，min；

q_a——路段 a 的机动车流量，veh/h；

c_a——路段 a 的实用通行能力，veh/h；

α、β——回归系数，建议取值为 $\alpha=0.15$、$\beta=4$。

BPR 模型是当前应用最为广泛的路段阻抗函数模型，在国外应用非常广泛，在国内的相关研究中也常常被借鉴引用。但该路段阻抗函数模型在实际应用过程中存在以下两方面的不足：

（1）BPR 模型是根据城际公路的大量观测数据拟合建立的，对于空间距离长、交叉路口少的连续流路段比较适合，但对于路段空间距离短、交叉路口多、以间断交通流为特点的港区交通则适用性较低。

（2）BPR 模型是以自由流为基础建立起来的理论模型，不符合我国混合交通流的特点，也不适用于我国目前港区道路交通发展的实际情况。

虽然 BPR 模型存在不足，但鉴于其对路段阻抗实质把握的准确性及良好的数学性质（单调性和可导性），国内学者依然沿用了该模型的基础，但对其回归系数 α、β 进行了重新标定，使其更加符合我国的实际交通状况。

结合《城市综合交通体系规划标准》（GB/T 51328—2018）对城市道路的分级及大量观测数据，分别对快速路、主干路、次干路、支路的 BPR 模型回归系数 α、β 进行了重新标定，见表 5-18。根据表 5-18，得到快速路、主干路、次干路、支路的路段阻抗函数模型，如式（5-66）所示。

不同级别路段的 BPR 模型 α、β 值 表 5-18

道路级别	α	β
快速路	0.884	3.425
主干路	0.679	2.479
次干路	0.721	2.251
支路	0.513	1.234

$$\begin{cases}\text{快速路}: t_a = t_0\left[1+0.884\ (q_a/c_a)^{3.425}\right] \\ \text{主干路}: t_a = t_0\left[1+0.679\ (q_a/c_a)^{2.479}\right] \\ \text{次干路}: t_a = t_0\left[1+0.721\ (q_a/c_a)^{2.251}\right] \\ \text{支路}: t_a = t_0\left[1+0.513\ (q_a/c_a)^{1.234}\right]\end{cases} \tag{5-66}$$

BPR 模型中的路段实用通行能力 c_a 可根据经典的 Greenshields 道路交通容量计算模型求得，如式（5-67）所示：

$$c_a = \frac{1}{4}NV_{fa}K_a \tag{5-67}$$

式中：N——路段 a 的单向行车道数量；

V_{fa}——路段 a 的自由流通行速度,km/h;

K_a——路段 a 的单行车道机动车密度,veh/km,建议取值 $K_a=250$veh/km。

综上,通过式(5-66)、式(5-67)可以方便且尽量准确地对机动车辆通过不同路况条件下的路段所花费的行程时间进行计算。

2. 交叉路口阻抗函数模型

根据前面对调配时间行程影响因素的分析可知,交叉路口阻抗集中表现在信号控制灯对车辆行驶的约束作用而造成的延误,因此控制延误一直是交叉路口阻抗研究的核心内容。根据美国《道路通行能力手册》(Highway Capacity Manual, HCM)对控制延误的界定,其包括初始减速延误、在队列中行进时间延误、停车延误和重新加速延误。早期最具影响的控制延误计算方法是英国学者 Webster 在 1958 年基于排队论提出的 Webster 模型,如式(5-68)所示:

$$t_b=\frac{C_b(1-\lambda_b)^2}{2(1-\lambda_b X_b)}+\frac{X_b^2}{2\nu_b(1-X_b)}-0.65\left(\frac{c_b}{\nu_b^2}\right)^{1/3}[X_b^{2+5\lambda_b}] \tag{5-68}$$

式中:t_b——车辆在交叉路口 b 的平均控制延误时间,min;

C_b——交叉路口 b 的信号灯周期长度,min;

λ_b——交叉路口 b 的有效绿灯时间周期比(简称绿信比),$\lambda_b=g_b/C_b$,其中 g_b 为有效绿灯时间,min;

ν_b——交叉路口 b 的机动车交通量,veh/h;

c_b——与交叉路口 b 接驳路段的实用通行能力,veh/h;

X_b——交叉路口 b 的饱和流量比,$X_b=v_b/c_b\lambda_b$。

然而 Webster 模型在实际应用过程中并不适合于饱和度比较大的情况。从式(5-68)可以看出,当饱和度 X_b 趋近于 1 时,延误时间 t_b 趋于无穷大,这与实际情况并不相符。基于此,2000 年出版的《道路通行能力手册》在借鉴 Webster 模型思想基础上对其进行了改进,提出了控制延误计算的 HCM 模型,如式(5-69)所示:

$$\begin{cases} t_b=t_{b1}P_F+t_{b2} \\ t_{b1}=0.5C_b\dfrac{[1-(g_b/C_b)]^2}{[1-(g_b/C_b)\cdot\min(X'_b,1)]} \\ t_{b2}=900T\left[(X'_b-1)+\left((X'_b-1)^2+\dfrac{8k_bI_bX}{cT}\right)^{1/2}\right] \end{cases} \tag{5-69}$$

式中:t_{b1}——车辆在交叉路口 b 的标准延误时间,min;

t_{b2}——车辆在交叉路口 b 的增量延误时间(min);

P_F——连续通行因子,独立交叉路口为 1.0;

T——分析时间长度,默认值为 0.25h;

X'_b——交叉路口 b 的饱和流量比,$X'_b = v_b / c_b$;

k_b——交叉路口 b 的增量延误因子,默认值为 0.5;

I_b——交叉路口 b 的上游过滤系数,独立交叉路口为 1.0;

其余符号含义与式(5-68)相同。

HCM 模型提出后被广泛采纳,成为交叉路口阻抗计算的重要依据。然而 HCM 模型是基于美国的道路交叉路口设计模式及交通流特点提出的,并不完全适用于我国的道路交通情况。基于此,国内学者结合我国的道路交通特点,对 HCM 模型进行了修正。结合大量的观测数据分析认为,利用 HCM 模型对我国的道路交叉路口控制延误进行计算时结果偏低。因此,进一步对观测数据进行回归分析,提出了相应的修正系数 μ,如式(5-70)所示:

$$t'_b = \mu t_b \tag{5-70}$$

式中:t'_b——交叉路口 b 的修正控制延误时间,min;

μ——修正系数,为 1.269。

3. 风险阻抗模型

风险阻抗集中表现在有毒、易燃易爆气体或低沸点液体泄漏后,形成的有毒或可燃气云环境对路网中路段通行能力的影响,并认为具有较高风险的路段应禁止通行。本小节将分别针对有毒气云和可燃气云构建风险阻抗模型。

1)有毒气云风险阻抗模型

有毒气云对人体的伤害程度一般按重、中、轻三个级别划分,相对应地形成了重度区、中度区和轻度区三个伤害区域。重度区为半致死区,由有毒物质对人体的半致死剂量 LC_{50} 确定;中度区为半失能区,由有毒物质对人体的半失能剂量 IC_{50} 确定;轻度区为中毒区,由有毒物质对人体的半中毒剂量 PC_{50} 确定。

选择合适的泄漏事故后果定量分析模型,可以确定事故影响范围内任意位置的毒气浓度,结合 LC_{50}、IC_{50}、PC_{50} 值可以绘制各自的等浓度线,确定重度区、中度区、轻度区的范围,如图 5-4 所示。考虑到车辆具有一定的密闭性,当穿越事故影响区域时,其内部毒气浓度较周围环境有所降低。因此本书认为可将重度区和中度区设置为禁止通行区域,而轻度区则设置为可通行区域,如式(5-71)所示:

$$t_a^f = \begin{cases} \infty & \text{当}\ \max(W_a^i) > IC_{50}^i \\ 0 & \text{当}\ \max(W_a^i) \leqslant IC_{50}^i \end{cases} \tag{5-71}$$

2)可燃气云风险阻抗模型

可燃气云扩散后,可在一定区域范围内形成易燃易爆环境。若应急资源运输车辆贸然通过受影响区域，则极有可能因为自身携带的电火花、高温等因素成为点火源，引发蒸气云爆炸事故(VCE)，造成应急救援人员伤亡和应急资源损失。

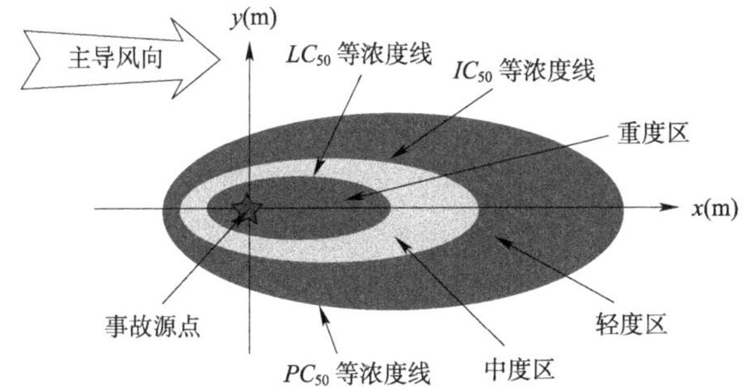

图 5-4　毒气云扩散影响范围示意图

可燃气云的影响范围可根据具体事故场景(重气/非重气，连续/瞬时)，选择合适的泄漏扩散模型进行计算。需要注意的是，并非所有的可燃气云覆盖范围都会发生爆炸，而需要满足《可燃物质在气云中的比例在爆炸极限范围》这一条件。考虑到即使可燃物质比例在某处超过爆炸上限，也可能很快由于气体的扩散作用降至爆炸极限范围内，依然存在引发事故的风险，因此本书以爆炸下限为界，将可燃气云影响区域划分为可通行区和不可通行区，如式(5-72)所示：

$$t_{\mathrm{a}}^{f}=\begin{cases}\infty & 当 \max(P_{\mathrm{a}}^{k})\geqslant LEL^{k}\\ 0 & 当 \max(P_{\mathrm{a}}^{k})<LEL^{k}\end{cases} \tag{5-72}$$

由于一般的气体泄漏扩散模型计算结果的表征值为浓度(g/m^3)，因此需要在气体浓度与体积占比之间进行转换。

$$P_{\mathrm{a}}^{k}=\frac{V_{可燃}}{V_{总}}=\frac{\dfrac{V_{总}W_{\mathrm{a}}^{k}}{M^{k}}V_{\mathrm{m}}}{V_{总}}=\frac{W_{\mathrm{a}}^{k}V_{\mathrm{m}}}{M^{k}}\Rightarrow W_{\mathrm{a}}^{k}=\frac{P_{\mathrm{a}}^{k}M^{k}}{V_{\mathrm{m}}} \tag{5-73}$$

则上式可变换为：

$$W_{\mathrm{a}}^{k}=44.64LEL^{k}M^{k} \tag{5-74}$$

因此可燃气云发生爆炸的浓度临界量下限为 $44.64LEL^{k}M^{k}$。基于此，对式(5-72)进行变换得到：

$$t_{a}^{f}=\begin{cases}\infty & 当 \max(W_{\mathrm{a}}^{k})\geqslant 44.64M^{k}LEL^{k}\\ 0 & 当 \max(W_{\mathrm{a}}^{k})<44.64M^{k}LEL^{k}\end{cases} \tag{5-75}$$

四、基于 GIS 的最优应急资源调配行程时间求解

根据上述分析，应急资源调配行程时间优化问题在本质上等价于应急资源运

输车辆行车路径优化问题,即寻找从应急出救点至事故灾害点之间在确保行车安全前提下行程时间最短的路径。虽然已构建了相关的阻抗量化计算模型,但不难分析发现,当路网中路段和交叉路口数量较多时,求解最优应急资源调配行程时间或最优行车路径的工作量将变得异常庞大,通过人工计算的方式进行求解将变得不切实际,而 GIS 的网络分析功能是求解该问题的有效手段。

GIS 拥有强大的网络分析功能,常用的包括路径分析功能、查找服务区分析功能和最近设施点分析功能,其中路径分析功能可以实现最优路径的搜索。路径分析功能的作用是在路网集合内求出从起点至终点间阻抗(Impedance)最小的路径。这里的阻抗是广义上的阻抗,可以为通行费用,也可以为空间距离。就本节的研究对象而言,阻抗应为行程时间。因此通过 GIS 的路径分析功能可以方便地计算出从应急出救点至事故灾害点之间的最优行车路径和最优行程时间。

第四节　港口储罐安全风险管理与应急平台总体设计

一、实现目标与主要内容

1. 实现目标

通过构建具备储罐及管线安全风险监测、预测、防控和应急智能联动处置功能的应急平台,实现对储罐及管线安全状态的动态监控和智能化应急防控与处置。

2. 主要内容

建立标准化的基础地理数据库、应急资源数据库、风险评估模型库与预案库,在开发港口储罐安全风险管理与应急平台过程中需要的各种计算机辅助决策功能基础上,形成符合行业需要的港口储罐安全风险管理与应急平台。

二、设计原则

1. 技术先进性原则

采用较先进和成熟的软硬件及网络技术,使建成的系统能很好地适应今后技术发展变化和业务发展变化的需要。

当今的计算机技术发展日新月异,所以在系统建设时要放远眼光,综合全盘考虑。关键技术和重要的模式一定要顺应主流的发展趋势,并且具有一定的超前把握。尽可能保障系统在较长的一段时间内具有先进的特点。在保证先进性的同时考虑系统的总体稳定性,选用经受住考验比较稳定的产品。

2. 可扩展性原则

系统在业务、技术、功能上具有扩展性,能做到系统扩展的平滑过渡;具有外部数据接口的扩展性。系统各部分采用模块化的设计思想,系统各模块可灵活配置、增减。需充分考虑以后可能的系统互连互通和系统兼容性,以及可能的功能扩充。

系统必须要具有开放性。主要表现在系统本身的设计要遵循软件总线、构件化设计原则,各部分遵循标准的规范接口,支持各个部分之间灵活的沟通与联系,在统一的安全控制下,实现信息数据的充分共享与灵活集成。

3. 一致性原则

在充分考虑系统阶段性建设的同时,必须保持整个系统的一致性。同时,作为一项系统工程,遵循国家和行业制定的相关标准和规范。

4. 实用性原则

系统从实际出发,满足工作和管理实际需要,结构优化、数据库管理完善,便于系统管理与数据更新,并确保已有数据资源能够被充分利用。系统界面操作简单、实用。

5. 安全性原则

系统在设计时,将按照国务院办公厅和国家保密局的有关规范要求,从网络安全和应用安全两个层面进行统一的安全规划和管理,对系统中的用户权限和角色进行严格、合理的规定和划分,对用户身份进行严格的审核,对用户行为、基本信息单元的存取进行严格的监控与审核。并且还要注意使用各种防火墙技术、防入侵技术等先进的安全保证技术,切实保证政府网络不受入侵,从而保证信息、数据的安全。

三、数据接口

1. 地理数据接口

数据是一个 GIS 的最基础组成部分。空间数据是 GIS 的操作对象,是对现实世界的模型抽象。一个 GIS 必须建立在准确合理的地理数据基础上。数据来源包括室内数字化和野外采集,以及从其他数据的转换。数据包括空间数据和属性数据,空间数据的表达可以采用栅格和矢量两种形式。空间数据表现了地理空间实体的位置、大小、形状、方向以及几何拓扑关系。属性数据表现了空间实体的空间属性以外的其他属性特征,属性数据主要是对空间数据的说明。本书涉及的航道图、海图、地图、卫星遥感影像都是空间数据。

传统空间数据的管理方法是把所有的数据都放入内存,优点是实现起来简单、快捷,但是计算机内存毕竟有限的,无法承载大数据量的应用。平台采用的 ECIVMS SDK 采用先进的网格索引和虚拟内存管理算法,支持海量海图数据的调度和管理,能够保证用户页面在调用地图服务时迅速地加载,为使用者提供良好的使用感受。

系统同时导入全球电子海图,任何情况下系统显示性能表现优异。系统采用金字塔算法支持海量卫星遥感数据的显示,实现对空间数据有效管理。系统提供了丰富的接口实现对上述数据的导入、导出、更新、版本控制。

2. 应急资源数据库接口

SQL Server 是由 Microsoft 开发和推广的关系数据库管理系统(DBMS)。SQL Server 能够满足今天的商业环境要求不同类型的数据库解决方案。它是一种应用广泛的数据库管理系统,具有许多显著的优点,如易用性、适合分布式组织的可伸缩性、用于决策支持的数据仓库功能、与许多其他服务器软件紧密关联的集成性、良好的性价比等。性能、可伸缩性及可靠性是对其的基本要求。

SQL Server 具有功能强大、运行速度快、支持面向对象、安全性高、成本低、支持各种开发语言、数据存储量大、支持强大的内置函数等特点。

SQL Server 采用 C/S (Client/Server)结构,也就是一个客户端对应一个服务器端守护进程的模式,这个守护进程分析客户端来的查询请求,生成规划树,进行数据检索并最终把结果格式化输出后返回给客户端。为了便于客户端的程序编写,由数据库服务器提供了统一的客户端 C 接口。而不同的客户端接口都是源自这个 C 接口,例如 ODBC、JDBC、Python、Perl、Tcl、C/C ++ 、ESQL 等,同时也要指出的是,SQL Server 对接口的支持也是非常丰富的,几乎支持所有类型的数据库客户端接口。这一点也可以说是 SQL Server 的一大优势。

3. 现场监测仪器数据接口

现场监测数据(包括储罐及管线厚度、温度、压力、气体浓度、液位等数据)通过网络通信协议传输到数据处理平台。数据处理平台软件对接收到的数据进行解析入库存储、转发。

图 5-5　储罐监测信息

储罐监测信息如图 5-5 所示。

4. 与模拟预测模型数据接口

(1)事故模拟模块可以对重大火灾、爆炸、泄漏事故进行数学模拟,通过 NavGis 平台显示各种事故后果:确定死亡、重伤、建筑物破坏区域。当事故发生后,系统根据事故现场实时监测参数，启用事故后果计算模型，快速计算影响范围，如当有毒气体扩散时的扩散速度及扩散范围。

(2)气象参数包括：事故时间、天气状况(晴天少云、多云、阴天)、风速、风向、大气压力、大气温度、地面温度、相对湿度。事故参数包括：泄漏孔直径、泄漏孔形状、距离罐底高度、瞬时泄漏量、液池面积、泄漏孔方位角度、罐内物质质量。

(3)事故设备信息包括：直径、高度、压力、温度、液位。

模拟预测模型采用组件式开发方式嵌入系统，可实现与系统的无缝链接。模型预测结果数据：场景数据以文本文件输出，结果数据以公开的格式输出。

第五节　平台总体架构

一、系统总体框架

本系统由基础数据库子系统、监测预警子系统、应急管理子系统和应急辅助决策支持子系统四部分组成，基础数据库子系统为后面三部分提供数据支撑。

(1)系统能够兼容标准电子海图、电子江图、S-57、CJ57 和常规电子地图(如 shape、mapinfo 文件)、卫片等多种数字图形格式。

(2)系统内嵌应急资源管理系统，包括：应急资源的类型、分布和管理(应急设备库、应急基地和应急设施等)。

(3)系统集成储罐及管线检测监测信息(温度、压力、液位、流量、阀位等直接安全参数)、安全事故风险等级和风险评估结果，开发出储罐及管线安全风险预警、预测、防控和应急处置等功能，具备较好的扩展性。

(4)系统提供视频接口，满足危险货物事故应急决策预警预测的要求，事故后果影响预测及形成应急决策方案时间少于 10min；易于维护更新。

二、系统基础数据库

系统基础数据库由以下基础信息构成：

(1)基于 MapInfo 格式的全国 1∶250000 比例尺的全国基础地理数据，系统背景图。

(2)港口所在城市的大比例尺(1∶2000)导航地图。包含企业地理信息、消防地理信息、道路地理信息、避难场所地理信息、应急仓库地理信息等。

(3)卫星遥感图像，支持海量卫星遥感图像的导入与处理。网络下载的卫星影像，不是最新的影像。采用商业卫星的影像分辨率可达 0.6m，但是价格昂贵。

(4)适用于应急的通用标绘,实现诸如危险货物码头、储罐及取水口等敏感资源的标绘。

(5)企业基本数据库,包括企业档案信息、企业化学品数据库、企业危险源数据库。

(6)应急资源数据库,包括重大事故数据库、专家知识数据库、应急预案数据库、应急物资数据库、应急队伍数据库。

平台基础数据库构成如图 5-6 所示。

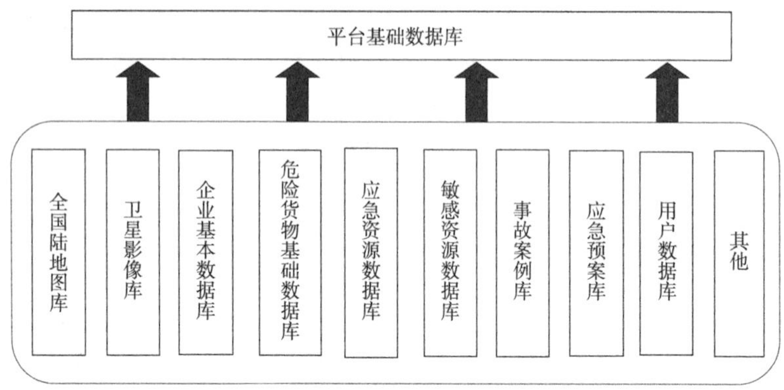

图 5-6　基础数据库构成

三、系统运行环境

平台运行需要一定的软硬件环境,平台运行的最低配置硬件环境见表 5-19,平台运行的操作系统和相关应用软件等软件环境见表 5-20。

平台应用硬件环境　　表 5-19

名　称	配置规格
应急综合服务系统服务器	架构:x86 (32-bit)、x86-64 (64-bit); 中央处理器:1GHz 或更快的处理器,支持 SSE2、PAE、NX 处理; 存储器:4 GB; 显示卡:使用 WDDM 1.0 或更高版本驱动程序的 DirectX 9 绘图设备; 硬盘:100G

平台应用软件环境　　表 5-20

操作系统	Windows 系列操作系统	Windows 7.0/8.0
应用环境	Visuacl Studio . NET	2010
	SQL Server	2008 以上
	Apache Http Server	2.4 以上

第六节　平台系统应用

一、兼容多种格式空间数据

平台系统兼容电子地图、电子海图、陆图、电子海图与陆图结合、电子航道图、卫星遥感影像、水文图等多种格式的空间数据。

二、数据标绘功能

1. 地图标绘工具

标绘采用标绘图库的管理模式，采用空间数据库（SDE）的浮点因子算法，减少浮点运算数量提高显示速度。标绘数据库能与S57海图数据库进行叠加显示；提供强大的海图标绘功能，支持点、线、面各类符号在海图上的标绘；支持用户自定义图层，图层内要素可以点、线、面混合存储；同时支持长事务处理任意的Undo，redo系统提供有标绘数据库，用户可以定义任意多的层，每层可以实现点、线、面、文字的混合存储，每个要素都可以参与数学计算，例如点到点、点到线、点是否在面等几何计算。该功能可用于报警检测。

地图标绘如图5-7所示。

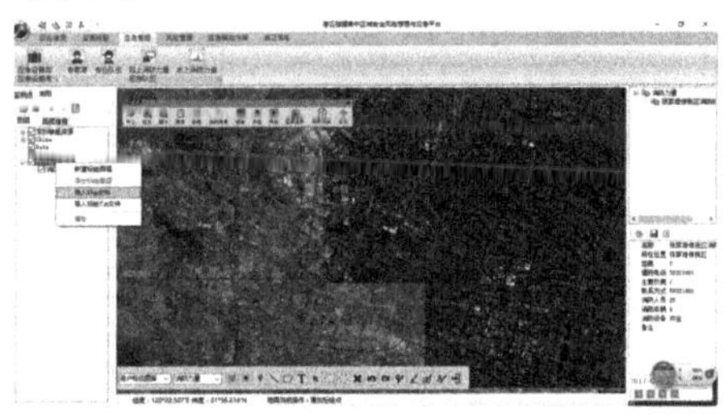

图5-7　地图标绘

2. 态势标绘

用户可在系统中标绘以下内容：目标（各种危险源）态势标绘、设施（港口设施、消防设施）标绘、撤离路线标绘、疏散区域标绘、警戒区域标绘。

态势标绘提供了丰富直观形象的应急信息，使得指挥员对事故现场态势的把握更加准确，决策形成更加迅速。同时极大地提高了态势分析过程的实时性、交互性和动态性，为指挥决策提供了强有力的支撑。

态势标绘如图5-8所示。

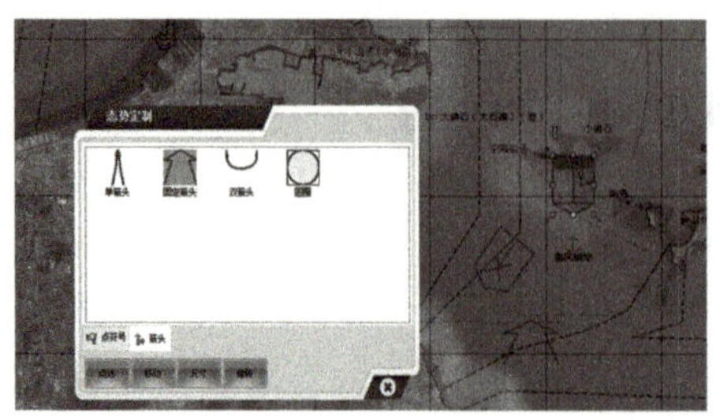
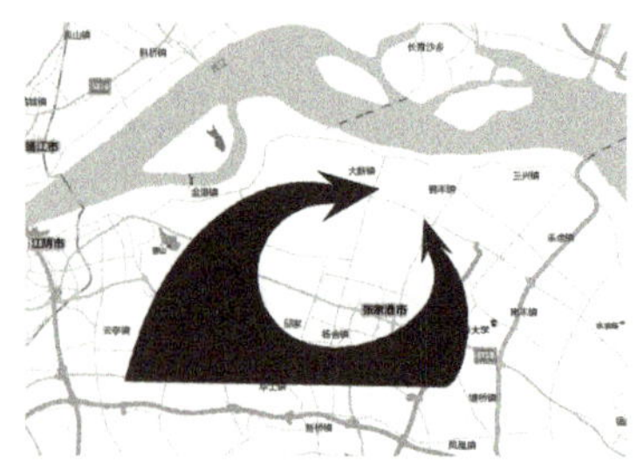

图 5-8　态势标绘

三、数据分析

1. 分析内容

以危险货物事故模拟预测系统平台为支撑,基于危险货物基础数据库、空间数据、敏感资源数据、现场采集数据进行分析。

(1)基于基础数据库的基本信息查询分析、处置方法分析。

(2)基于预测结果、空间数据、敏感资源的预警分析。

(3)基于事故概率的分析。

(4)基于评估模型的风险评估。

(5)基于以上分析的应急决策分析。

2. 分析方法

1)方差分析

方差分析就是要分析控制变量的不同水平是否对观察变量产生了显著影响。如果控制变量的不同水平对实验结果产生了显著影响,那么它和随机变量共同作用必然使得观察变量数据有显著变动;相反,如果控制变量的不同水平对实验结果没有产生显著影响,那么,观察变量数据的变动就不会明显表现出来,它的变动可以归结为受随机变量影响造成的。

2)回归分析

回归分析以现象之间是否相关、相关的方向和密切程度等为主要研究内容,它一般不区分自变量与因变量,对各变量的构成形式也不涉及。其主要分析方法有绘制相关图、计算相关系数和检验相关系数。回归分析包括对现象间具体相关形式的分析,在回归分析中根据研究的目的,应区分出自变量和因变量,并研究确定自变量和因变量之间具体关系的方程式。回归分析是将相关的因数进行测定,确定其因果关系,并以数学模型来表示其具体关系式,从而进行的各类统计分析。分析中所形成的这种关系式称为回归模型,其中,以一条直线方程表示两变量相关关

系的模型称一元线性回归模型，以曲线方程表示两变量相关关系的模型称曲线回归模型。

3）层次分析

层次分析（Analytic Hierarchy Process，AHP）是将与决策总是有关的元素分解成目标、准则、方案等层次，在此基础之上进行定性和定量分析的决策方法。把一个复杂的多目标决策问题作为一个系统，将目标分解为多个目标或准则，进而分解为多指标（或准则、约束）的若干层次，通过定性指标模糊量化方法算出层次单排序（权数）和总排序，以作为目标（多指标）、多方案优化决策的系统方法。

层次分析法是将决策问题按总目标、各层子目标、评价准则直至具体备投方案的顺序分解为不同的层次结构，然后得以求解判断矩阵特征向量的办法，求得每一层次的各元素对上一层次某元素的优先权重，最后再以加权求和的方法递阶归并各备择方案对总目标的最终权重，此最终权重最大者即为最优方案。

4）空间分析

空间分析是为了解决地理空间问题而进行的数据分析与数据挖掘，是从 GIS 目标之间的空间关系中获取派生的信息和新的知识，是从一个或多个空间数据图层中获取信息的过程。空间分析通过地理计算和空间表达挖掘潜在的空间信息，其本质包括探测空间数据中的模式，研究数据间的关系并建立空间数据模型，使得空间数据更为直观地表达出其潜在含义，改进地理空间事件的预测和控制能力。

系统平台拥有强大的空间分析能力，支持空间几何交并差计算、缓冲区分析、空间时序变化分析等。

第七节　平台总体功能

一、平台功能结构

港口储罐安全风险管理与应急平台是基于基础信息数据库、储罐及管线检测监测信息，以及 GIS 平台、闭路电视（CCTV）视频监控系统，实现港口储罐安全风险管理与应急的平台系统。系统功能总体框架如图 5-9 所示。

二、平台功能

平台功能主要包括港口储罐及管线基础信息数据库管理、监测预警管理、应急管理和应急辅助决策管理。

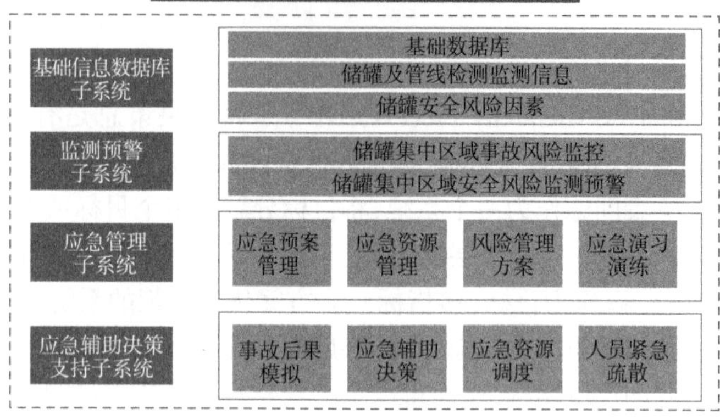

图 5-9　系统功能总体框架

1. 基础信息数据库子系统

基础信息数据库包括以下数据库信息。

1）企业档案信息

企业档案信息包括：单位名称、详细地址、邮政编码、联系电话、企业负责人、产品名称（或经营范围、职能范围）、所属行业、职工人数等。

2）企业危险货物数据库

危险货物系指有爆炸、易燃、毒害、腐蚀、放射性等性质，在运输、装卸和储存保管过程中，易造成人员伤亡和财产损毁而需要特别防护的物品。

危险货物有如下特征：

（1）具有爆炸、易燃、毒害、腐蚀、放射等性质。

（2）在生产、运输、使用、储存和回收过程中易造成人员伤亡和财产损毁。

（3）需要特别防护的。

一般认为，只要同时满足了以上三个特征，即为危险货物。

3）企业危险源数据库

危险源分类信息数据库包含危险介质和危险设备。

（1）危险介质：包括易燃、易爆和有毒，如危险性描述和分析、应急措施、消防措施、泄漏应急处置。

（2）危险设备：设备名称、编号，设备危险参数，设备分布空间位置、环境和环境影响分析。

4）重大事故数据库

系统提供重大事故数据库。对于真实的发生的应急案例需要编写个案报告，

形成重大事故案例数据库。数据库功能包含事故案例的输入、编辑、删除、查询、导出导入功能。案例包含:

(1)事件(或事故)情况,包括事件(或事故)发生时间、地点、波及范围、损失、人员伤亡情况、事件发生原因等。

(2)应急处置救援过程。

(3)处置过程中专业救援队伍、装备等应急资源的动用情况,救援过程中发生的实际费用。

(4)处置过程遇到的问题、取得的经验和吸取的教训。

(5)应急预案启动和执行情况以及对预案的修改建议。

5)专家知识数据库

专家知识数据库中存放的主要是危险货物接方面的各种知识以及国家法律法规、标准和应急专家得来的各种经验。资料存在系统的文件夹中,文件夹以日期作为名称,而该日期与系统日期相匹配。数据库中的表包括文件名、标题、内容、上传人、日期时间。

6)应急预案数据库

系统提供应急预案数据库,该数据库提供以下功能。

(1)应急预案管理:应急预案增加、删除、修改、查询功能。

(2)应急分类和分级功能。

(3)响应流程:提供应急响应流程配置,根据具体应用需求编制响应流程。

(4)应急处置措施:编制具体的应急处置措施,包括设备紧急开、关、断,消防灭火,人员疏散,现场警戒等。

7)应急物资数据库

应急物资数据库包含以下信息。

(1)物资保障编码:名称、类别、主管部门、机构编码格式。

(2)行政区划代码、行政区划代码。

(3)负责人、该物资负责人的联系电话、传真,物资描述,物资数量,计量单位,物资存放场所名称。

(4)更新时间:数据的更新时间。

(5)备注:用来保存对该记录进行简短描述的文字,或者补充说明信息。

8)应急队伍数据库

应急队伍数据库包含编号、名称、主管部门、机构信息、地址、经度、纬度、负责人、负责人电话、应急值班电话、传真、总人数、成立时间、主要装备描述、专长描述、备注。

9)地理信息数据库

(1)基础图层。

地理信息数据库基础图层见表5-21。

地理信息数据库基础图层　　表5-21

ID	图层名称	要素类型	数据格式	要素编辑	字段编辑
1	餐饮	点	.shp	支持	支持
2	港区快速路	线	.shp	支持	支持
3	村	点	.shp	支持	支持
4	村2	点	.shp	支持	支持
5	村3	点	.shp	支持	支持
6	村4	点	.shp	支持	支持
7	大厦	点	.shp	支持	支持
8	岛屿	面	.shp	支持	支持
9	地级市	点	.shp	支持	支持
10	地铁	线	.shp	支持	支持
11	高速公路	线	.shp	支持	支持
12	高速服务区	点	.shp	支持	支持
13	公安交警	点	.shp	支持	支持
14	功能区	面	.shp	支持	支持
15	购物	点	.shp	支持	支持
16	购物2	点	.shp	支持	支持
17	国道	线	.shp	支持	支持
18	行人道路	线	.shp	支持	支持
19	火车站	点	.shp	支持	支持
20	机场	点	.shp	支持	支持
21	加油站	点	.shp	支持	支持
22	建成区界	面	.shp	支持	支持
23	交通出行	点	.shp	支持	支持
24	金融服务	点	.shp	支持	支持
25	九级路	线	.shp	支持	支持

续上表

ID	图层名称	要素类型	数据格式	要素编辑	字段编辑
26	科研教育	点	.shp	支持	支持
27	轮渡	线	.shp	支持	支持
28	旅游	点	.shp	支持	支持
29	绿地	面	.shp	支持	支持
30	其他设施	点	.shp	支持	支持
31	其他设施 2	点	.shp	支持	支持
32	其他设施 3	点	.shp	支持	支持
33	其他设施 4	点	.shp	支持	支持
34	其他道路	线	.shp	支持	支持
35	其他道路 2	线	.shp	支持	支持
36	汽车服务	点	.shp	支持	支持
37	省道	线	.shp	支持	支持
38	省会	点	.shp	支持	支持
39	省界	面	.shp	支持	支持
40	市界	面	.shp	支持	支持
41	水系	面	.shp	支持	支持
42	铁路	线	.shp	支持	支持
43	停车场	点	.shp	支持	支持
44	县	点	.shp	支持	支持
45	县道	线	.shp	支持	支持
46	县界	面	.shp	支持	支持
47	乡镇	点	.shp	支持	支持
48	乡镇村道	线	.shp	支持	支持
49	乡镇村道 2	线	.shp	支持	支持
50	兴趣区界	面	.shp	支持	支持
51	休闲娱乐	点	.shp	支持	支持
52	医疗服务	点	.shp	支持	支持
53	政府机关	点	.shp	支持	支持
54	住宿	点	.shp	支持	支持

(2)POI数据。

POI是“Point of Information”的缩写,可以翻译成“信息点”,每个POI包含四方面信息:名称、类别、经度纬度、消防、避难场所、应急仓库。

2. 监测预警子系统

1)监测预警子系统逻辑结构

监测预警子系统由物理层、通信层、数据层和应用层构成,其逻辑结构如图5-10所示。

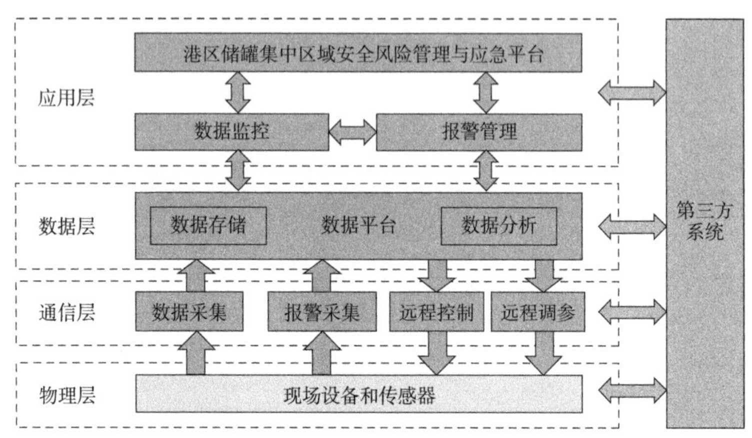

图5-10 监测预警子系统逻辑结构

2)现场监测数据类型

对于储罐区(储罐)、库区(仓库)、生产场所三类固定危险源,因监控对象不同,所需要的安全监控预警参数略有不同。现场监测数据主要可分为:

(1)储罐以及生产装置内的温度、压力、液位、流量、阀位等直接安全参数。

(2)当易燃易爆及有毒物质为气态或气液两相时,应监测现场的可燃/有毒气体浓度。

(3)气温、湿度、风速、风向等环境参数。

(4)明火和烟气。

(5)避雷针、防静电装置的接地电阻以及供电状况。

传感器采集的数据通过网络发送到数据处理平台,数据处理平台为一台服务器,装有数据库和开发的数据接收、存储、转发服务软件。

3)监测预警子系统功能要求

(1)与GIS和重大危险源系统智能结合,在地图上可点击某个重大危险源当前状态和传感器数据变化曲线。

(2)可在 GIS 地图上显示应急资源的整体分布情况。

(3)根据数据库和出事地点信息,快速查询事故发生地点附近的救援力量(包括:消防、急救与企业救援资源力量等),以及交通和建筑分布情况。

(4)提供预警功能:根据采集的数据进行特征识别,并与安全阈值对比,当达到预警条件,以闪烁、声音等方式提示系统报警。

(5)将业务信息与 GIS 信息相结合,在电子地图上对应急资源的地理信息进行查询、标注、删除等管理,同时将地理信息与业务信息相结合,通过地理信息可以查询相关应急资源的业务信息,以及危险源的位置与实时状态,并可以查询历史状态和传感器数据曲线。

(6)趋势分析功能。

参数监测软件在平时监控状态下或事故报警状态下可以对企业每个监测的点进行实时数据或历史数据趋势分析,并形成对应的曲线,具体功能要求如下:

①实时趋势和历史趋势都是实时性的,但历史趋势记录于监控节点的硬盘上,而实时趋势只记录于内存中。

②实时趋势有固定的采样时间,通常采样点和采样速率在实时趋势群组创建时设定,一旦实时趋势群组建立,用户能够指定趋势采样速率,也可任意添加或更新数据采集点,并通过实时趋势显示模板以实时显示数据趋势图。

③历史趋势是非常灵活的,既有历史值又有实时数据显示,并且用户能够自由切换扫描时间(秒、分、时),更改数据记录类型(最大、最小、平均值等),也可任意添加或更新数据采集点,添加或删除点不会丢失历史数据。

④自定义趋势显示:用户可灵活将实时趋势显示嵌入创建的图面,此功能常用于显示 PID 控制等功能。

⑤历史趋势:提供历史趋势显示模板以显示数据记录趋势图,用户能够自由切换扫描时间(秒、分、时),更改数据记录类型(最大、最小、平均值等),也可任意添加或更新数据采集点。

⑥自定义趋势显示:用户可灵活将实时趋势显示嵌入创建的图面,此功能常用于显示 PID 控制等功能

监测数据趋势如图 5-11 所示。

3. 应急管理子系统

通过应急管理子系统主要实现应急预案管理、应急资源管理和优化配置、风险管理方案生成、风险隐患管理以及应急演练二维推演和应急疏散模拟。

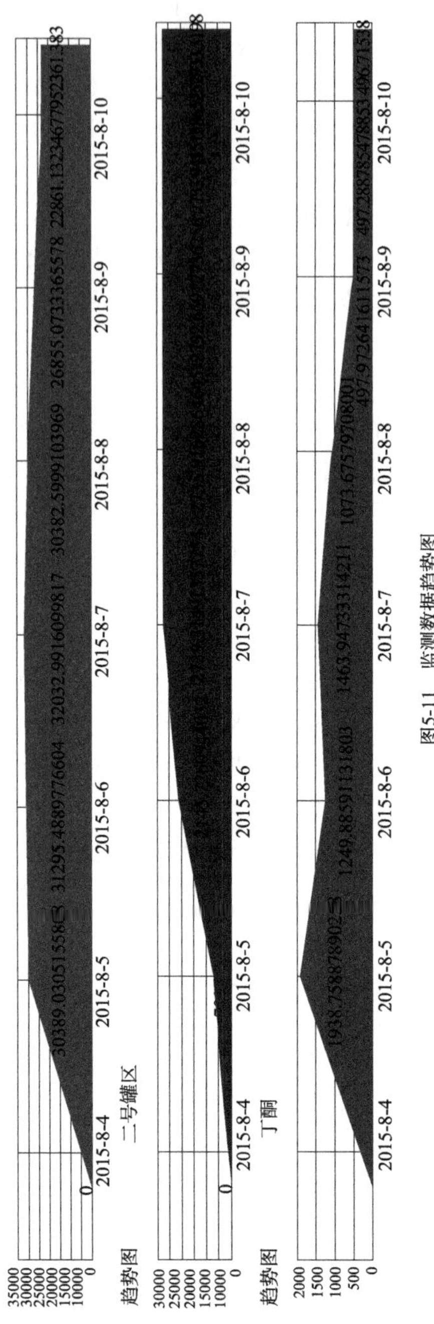

图5-11　监测数据趋势图

(1)应急预案管理

系统提供应急预案的录入、修改、删除、查询功能,能自动导入应急预案 Word 电子文档,应急预案也可以导出生成 Word 电子文档,提供便捷的接口方式。

应急预案管理如图 5-12 所示。

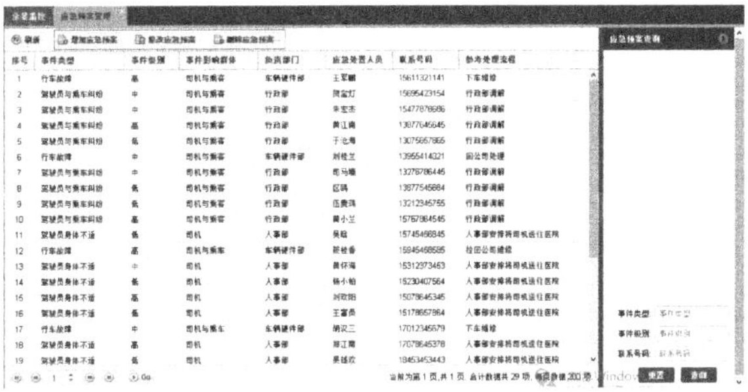

图 5-12　应急预案管理

(2)应急资源管理和优化配置

系统面向应急救援资源的合理规划、整合和利用,通过对周边区域现有指挥机构、救援队伍、技术装备、应急物资、专家等资源及分布区域进行调查,建立集通信、信息、指挥和调度于一体的应急资源和资产数据库。

在突发事件应急时,应急指挥人员通过 GIS、图表等多种方式展现资源的地点、数量、特征、性能、状态等信息和有关人员、队伍的培训、演练情况,迅速调集救援资源进行有效的救援。应急资源管理包括在日常时的应急资源信息管理,在应急过程中的应急资源调度管理等。

应急资源管理系统结构如图 5-13 所示。

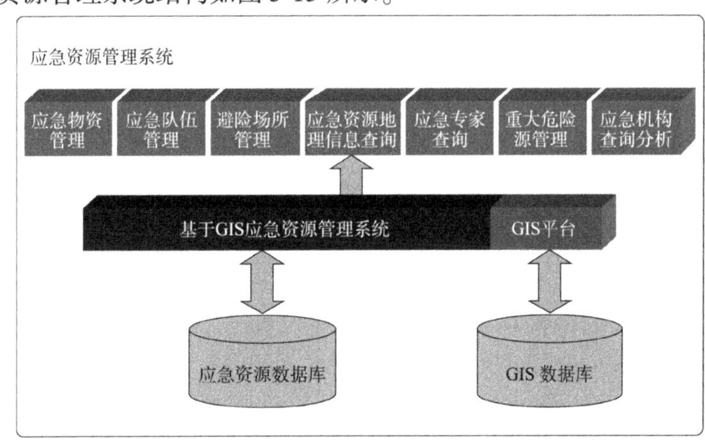

图 5-13　应急资源管理

(3)风险管理方案。

根椐事故后果的严重程度和发生事故的可能性来进行风险评价,其结果从高到低分为:1 级、2 级、3 级、4 级、5 级。

事故风险分级标准见表 5-22。

事 故 风 险 分 级 表 5-22

风险级别	风险名称	风险说明
1	不可容许风险	事故潜在的危险性很大,并难以控制,发生事故的可能性极大,一旦发生事故将会造成多人伤亡
2	重大风险	事故潜在的危险性较大,较难控制,发生事故的频率较高或可能性较大,容易发生重伤或多人伤害,会造成多人伤亡,粉尘、噪声、毒物作业危害程度分级达 3、4 级的风险
3	中度风险	虽然导致重大事故的可能性小,但经常发生事故或未遂过失,潜伏有伤亡事故发生的风险
4	可容许风险	具有一定的危险性,虽然重伤的可能性较小,但有可能发生一般伤害事故的风险
5	可忽视风险	危险性小,不会伤人的风险

事故的后果与可能性的综合评价结果可得出风险级别见表 5-23。

事 故 后 果 表 5-23

后　　果	可　能　性		
	极不可能	不可能	可能
轻微伤害	5	4	3
一般伤害	4	3	2
严重伤害	3	2	1

(4)风险隐患管理。

针对风险隐患定性和定量评价,隐患等级划分、应急响应文档。

(5)应急演练二维推演。

(6)应急疏散模拟。

基于 GIS 平台的标绘功能,设置事故发生地点,影响范围(可设置影响区的范围),添加人员,设计疏散路线,赋予人员状态(儿童、少年、青年、中年、老年),性别(男、女),给出平均移动速度。按照设计的疏散路线进行疏散仿真。

4. 应急辅助决策子系统

通过应急辅助决策子系统可实现对港口储罐危险货物的事故后果模拟、应急辅助决策、应急资源调度、人员紧急疏散、应急指挥调度和事故应急处理等功能。

(1)事故后果模拟

系统通过二次开发,集成危险货物泄漏、火灾、爆炸等事故评估模型,在 GIS 平台上显示事故影响范围。

(2)应急辅助决策

需要模型提供满足用户需求的所有算法模块供系统调用。

(3)应急资源调度

在能够读取模型计算结果前提下,系统对地图数据、应急资源库、应急队伍进行查询统计分析,生成应急资源调配方案。

(4)人员紧急疏散

根据事故现场情况、影响范围,搜索附近避难场所,制定疏散路线。

(5)应急指挥调度

需要视频厂商提供视频接入接口或以网络地址的方式接入。

(6)事故应急处理

根据事故现场情况及事故信息,模型预测结果,生成事故应急处置方案。

第八节　平台的管理使用

一、综合基础数据管理

用于维护危险货物企业基本信息、医疗救助机构、消防力量、应急避难场所、港航设施和事故情况等各类基础信息,可对基础信息进行添加、删除、导入和导出等操作。

各类基础信息维护界面如图 5-14 ~ 图 5-19 所示。

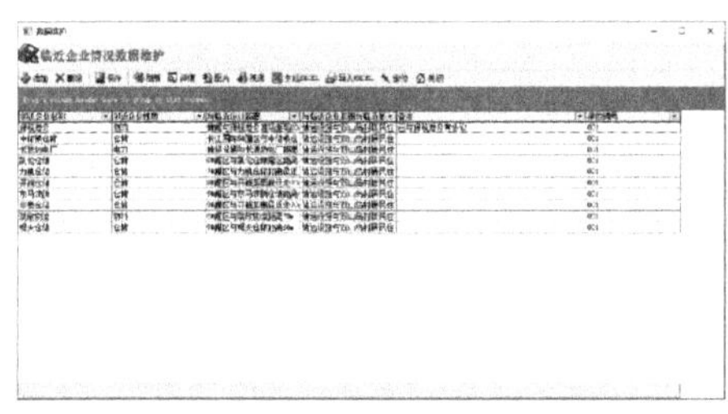

图 5-14　危险货物企业基本信息

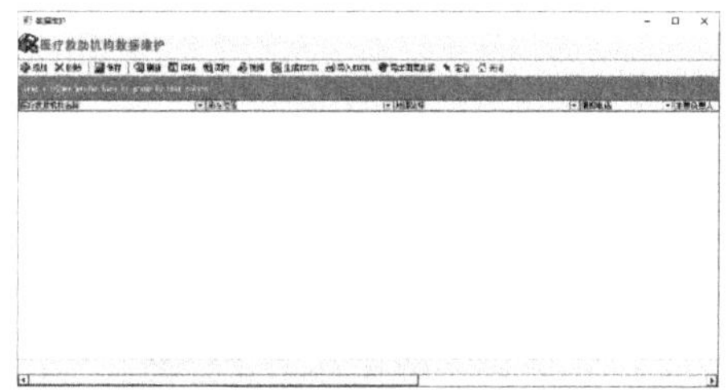

图 5-15　医疗救助机构信息

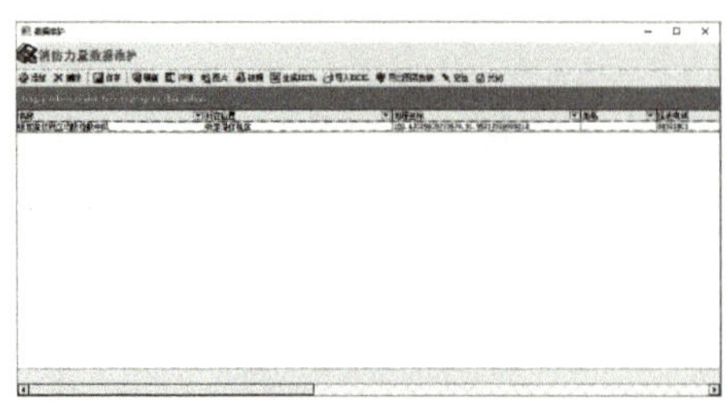
图 5-16　消防力量信息

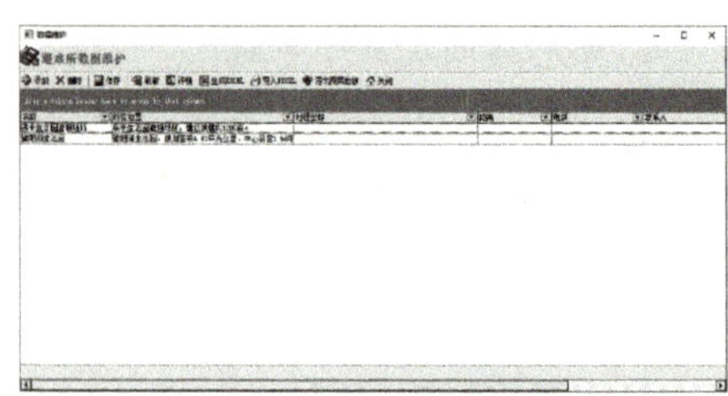
图 5-17　应急避难所信息

图 5-18　港航设施信息

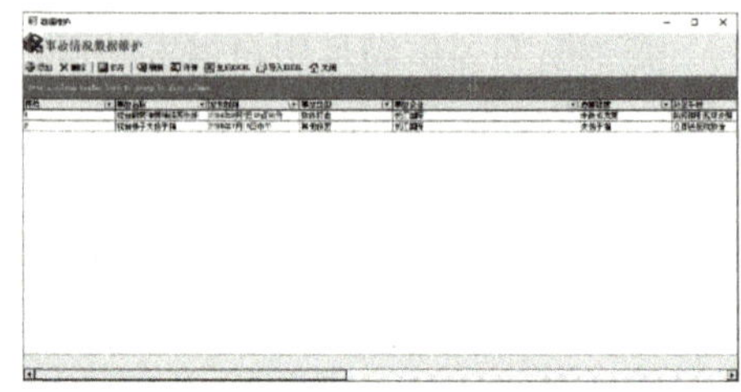
图 5-19　事故情况信息

二、储罐监测预警

1. 逻辑结构

传感器与仪表信号安全监测预警子系统通过对生产现场可能直接产生重大事故的生产及环境关键参数（液位、温度、湿度、压力、流量、阀位、火焰、可燃及有毒气体、风向和风速等）进行数据采集记录，并实现区域联网预警和联防等功能，它由传感器或各种仪器仪表装置、数据预警记录与传输单元、数据通信网络以及中心计算机数据监管系统等仪表和计算机通信器材所组成。其逻辑结构如图 5-20 所示。

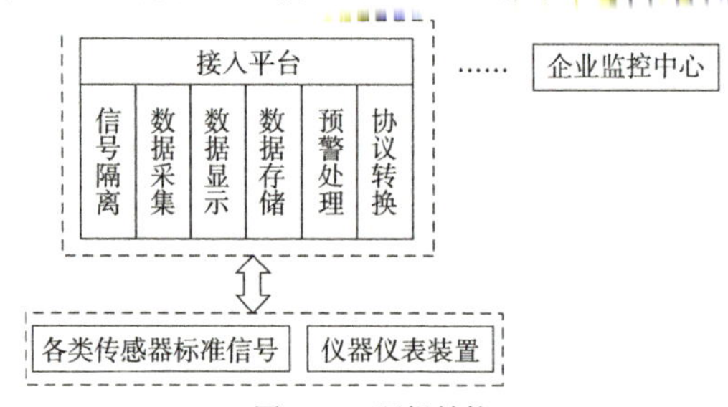

图 5-20　逻辑结构

2. 储罐定位

在储罐列表中选择指定储罐后，用鼠标双击，该储罐就会被选中并显示在屏幕中心。

储罐定位示意如图 5-21 所示。

3. 监测数据历史和实时趋势

监测数据历史趋势和实时趋势都是实时的，历史趋势记录于监控节点的硬盘上，而实时趋势只记录于内存中。

实时趋势有固定的采样时间。以图表方式动态显示系统监控对象的实时数据。历史趋势以图表方式展示监控历史数据。

储罐实时监测数据显示如图 5-22 所示。储罐监测数据历史趋势如图 5-23 所示。

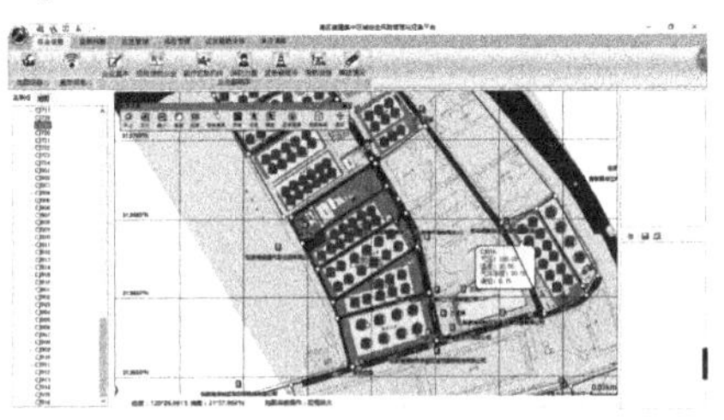

图 5-21　储罐定位

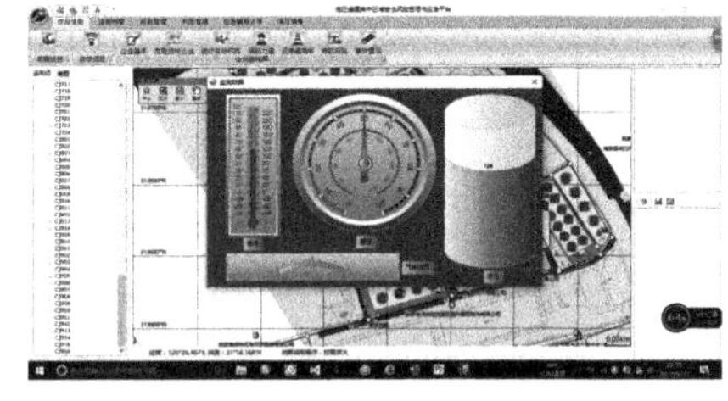

图 5-22　储罐实时监测数据

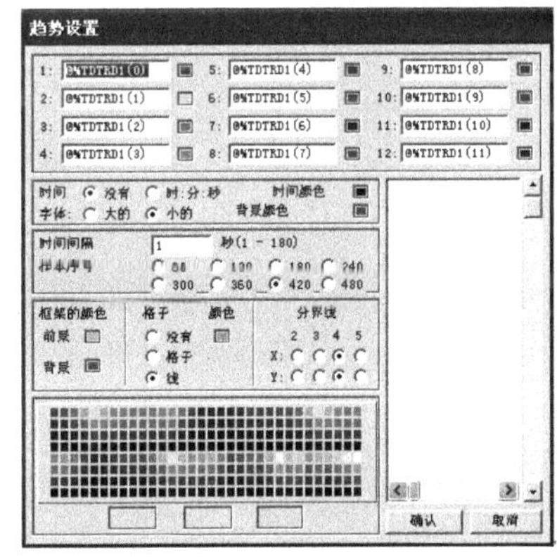

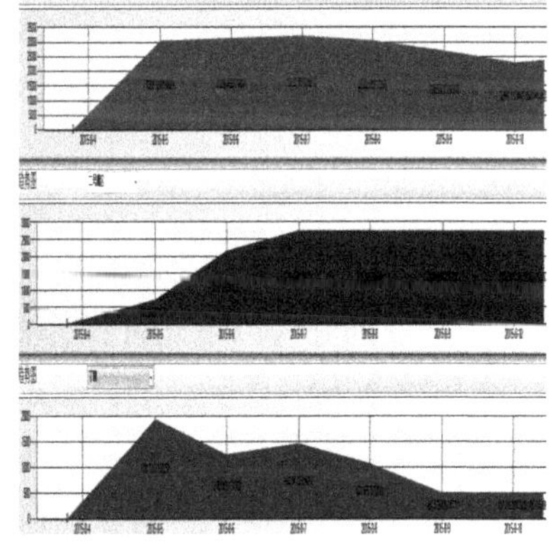

图 5-23　储罐监测数据历史趋势

4. 报警条件设置、实时报警显示、记录和报警记录查询统计

储罐的报警条件设置、实时报警显示、记录和报警记录查询统计如图 5-24 所示。

5. 报警提示

系统会对异常的检测数据在地图上以红色标注并进行声音报警，报警提示如图 5-25 所示。

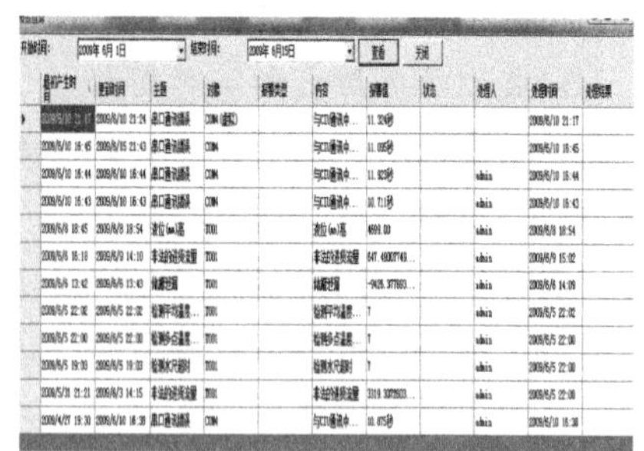

图 5-24　储罐报警条件设置、显示与记录查询

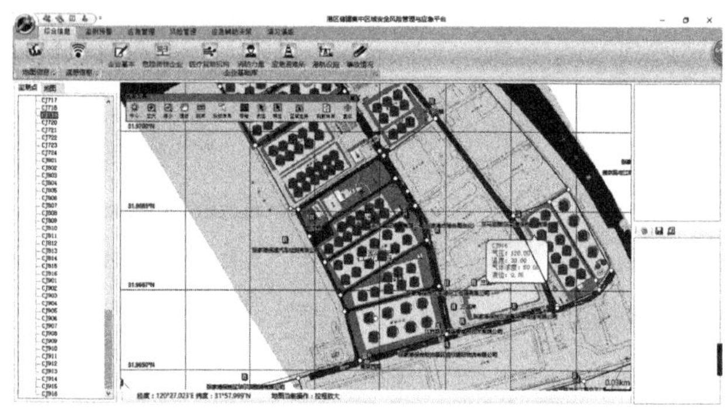

图 5-25　检测数据异常报警提示

6. 储罐信息查询

储罐信息查询分为以下几种操作模式：

(1)在储罐列表中直接双击目标条目。

(2)点击主工具条上储罐查询按钮，然后在地图上点击要查询的储罐。

(3)鼠标漂移到储罐上自动弹出储罐静态信息和监控信息。

储罐属性信息包括：储罐类型、储罐材质、储罐公称容积(m^3)、储罐半径(m)、储罐高度(m)、货物名称、货物密度(g/m^3)、平均装填率(%)、设计压力(MPa)、工作压力(MPa)、工作温度(℃)，年均使用时间(h)、该储罐与相邻储罐之间的距离(m)等。

储罐信息可进行添加、编辑、删除等操作，并可进行 Excel 一次性导入数据。可对储罐监控数据指标阈值进行设置，当实时监测数据超过设定阈值将产生报警。

储罐信息查询如图 5-26 所示，导出的储罐信息如图 5-27 所示。

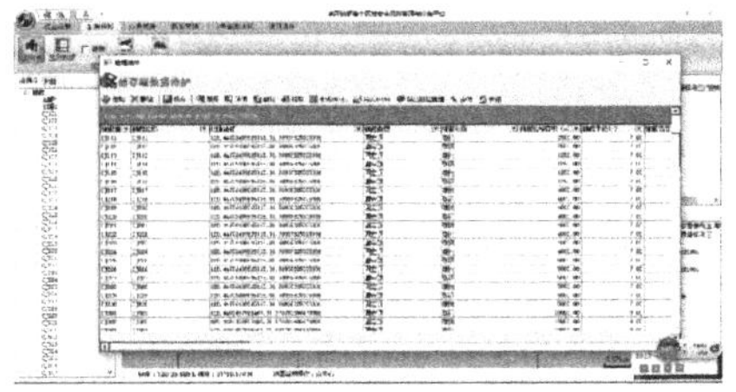

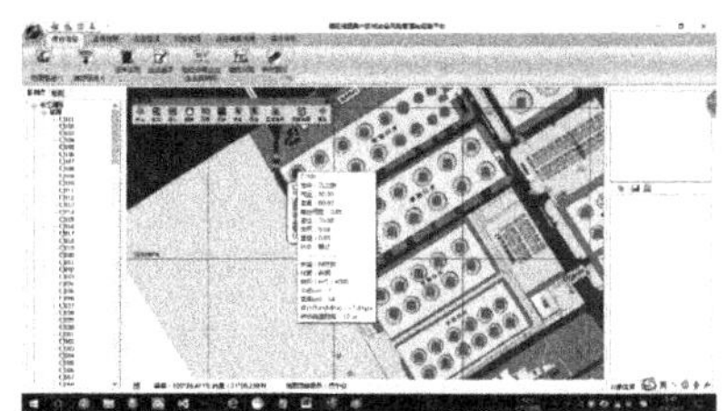

图 5-26　储罐信息查询

历史趋势群组 1:the history data trend					
	SinData 实时历史数据之正弦波	RectData 实时历史数据之方波	HackleData 实时历史数据之锯齿波	RandData 实时历史数据之随机数	TimeData 全局脚本之循环值
	LAST	LAST	LAST	LAST	LAST
2008-12-11 14:23:56	75.10	20.00	28.00	0.54	206.00
2008-12-11 14:23:57	71.33	20.00	32.00	3.67	206.00
2008-12-11 14:23:58	66.72	20.00	32.00	3.67	206.00
2008-12-11 14:23:59	61.44	60.00	36.00	3.67	206.00
2008-12-11 14:24:00	55.70	60.00	36.00	3.67	218.00
2008-12-11 14:24:01	49.73	20.00	20.00	6.80	218.00
2008-12-11 14:24:02	43.78	20.00	20.00	6.80	218.00
2008-12-11 14:24:03	38.67	20.00	24.00	6.80	218.00
2008-12-11 14:24:04	32.84	60.00	24.00	6.80	218.00
2008-12-11 14:24:05	28.30	60.00	28.00	9.93	218.00
2008-12-11 14:24:06	24.81	20.00	28.00	9.93	230.00
2008-12-11 14:24:07	24.61	20.00	32.00	9.93	230.00
2008-12-11 14:24:08	20.39	20.00	32.00	9.93	230.00
2008-12-11 14:24:09	20.36	60.00	36.00	13.06	230.00
2008-12-11 14:24:10	20.39	60.00	36.00	13.06	230.00
2008-12-11 14:24:11	20.39	20.00	20.00	13.06	230.00
2008-12-11 14:24:12	25.90	20.00	20.00	13.06	242.00
2008-12-11 14:24:13	29.93	20.00	24.00	16.19	242.00
2008-12-11 14:24:14	34.76	60.00	24.00	16.19	242.00
2008-12-11 14:24:15	40.20	60.00	28.00	16.19	242.00
2008-12-11 14:24:16	46.03	20.00	28.00	16.19	242.00
2008-12-11 14:24:17	52.62	20.00	32.00	19.32	242.00

图 5-27　储罐导出数据

三、视频监控—实时监控

在地图上布置每个摄像机的位置，并以点击镜头的方式观看镜头画面。选中列表中的监控点右键弹出快捷菜单,点击视频监控。

视频实时监控画面如图 5-28 所示。

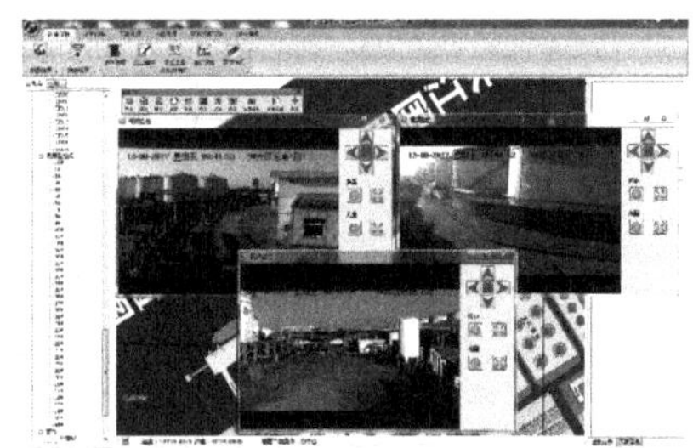

图 5-28　视频实时监控

四、应急管理

平台应急管理功能可实现对管理部门和危险货物港口企业应急预案、风险源和应急资源数据的管理,并可实现危险货物事故的模拟演习演练。

1. 应急预案与风险源管理

应急预案与风险源管理界面如图 5-29 和图 5-30 所示。

图 5-29　应急预案管理

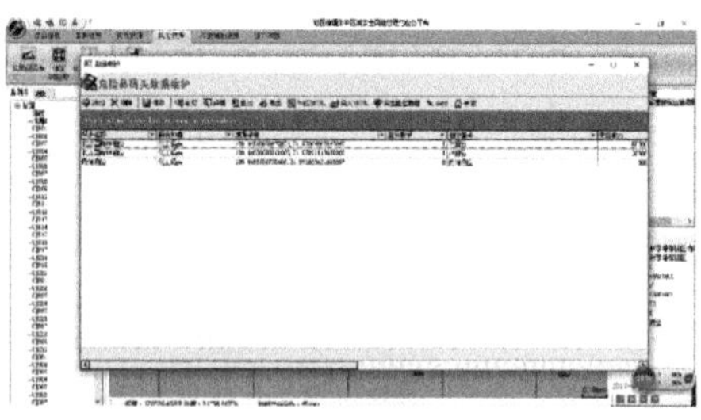

图 5-30　风险源管理

2. 应急资源数据管理

应急资源数据管理用于维护应急设备库基本信息和存放设备信息、维护应急专家库信息和应急队伍信息。

应急设备库信息如图 5-31 所示，应急专家库信息与应急队伍信息如图 5-32、图 5-33 所示。

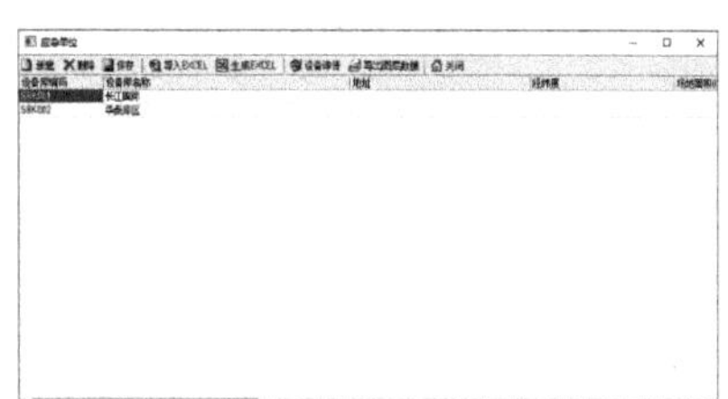

图 5-31　应急设备库信息

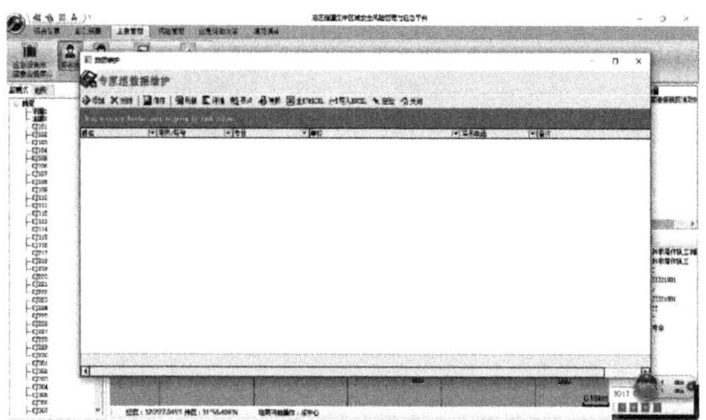

图 5-32　应急专家库信息

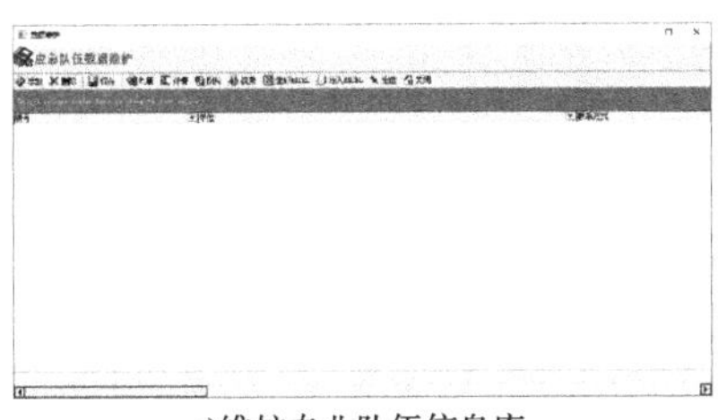

a)维护专业队伍信息库

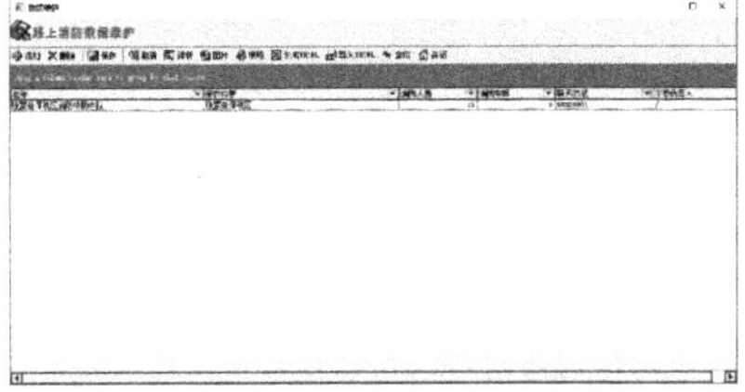

b)消防力量信息库

图 5-33　应急队伍信息

3. 模拟演习演练

点击二级菜单演习演练中的方案管理按钮,将自动打开当前选择事故场景的演习演练方案,可进行桌面模拟演练。演练界面如图 5-34 所示。

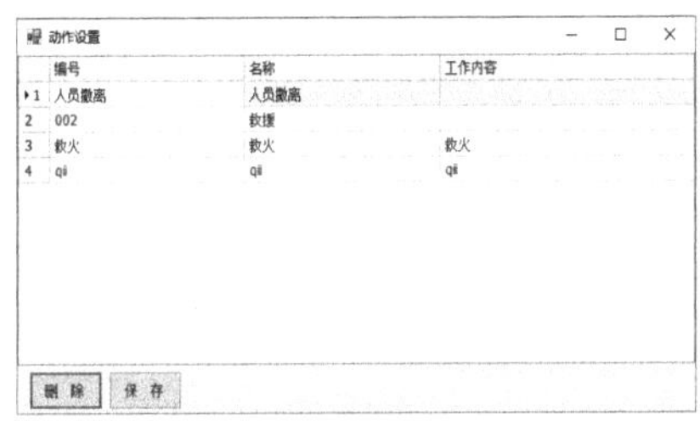

a)方案选择界面

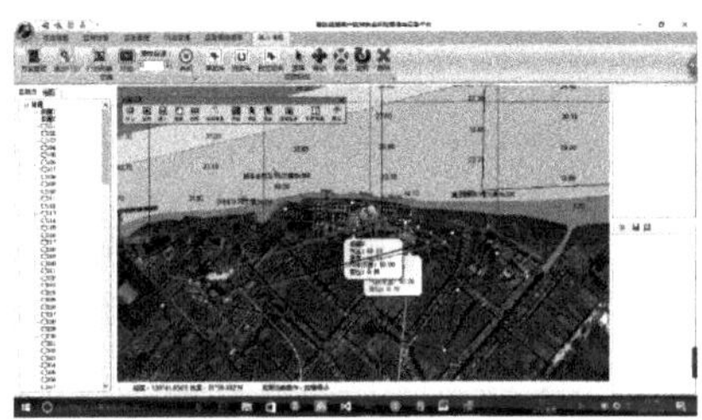

b)演练界面

图 5-34　模拟演习演练界面

五、应急辅助决策

1. 事故模拟

点击二级菜单应急辅助决策中的事故模拟按钮,在地图上确定事故发生点并点击,弹出模拟事故类型选择对话框,如图 5-35 所示。

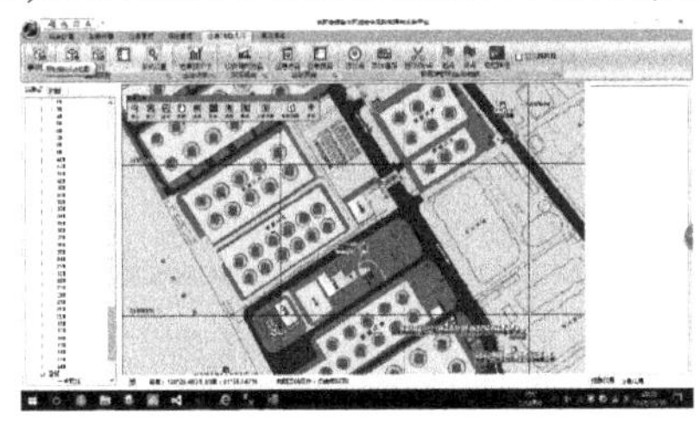

a)操作菜单

b)模型选择窗口

图　5-35

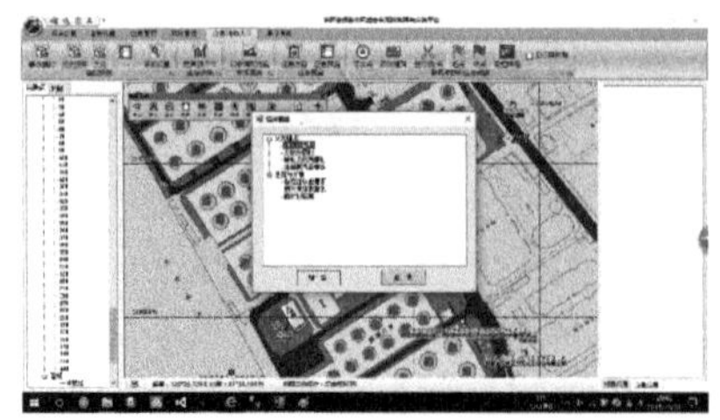

c)选择要模拟的模型

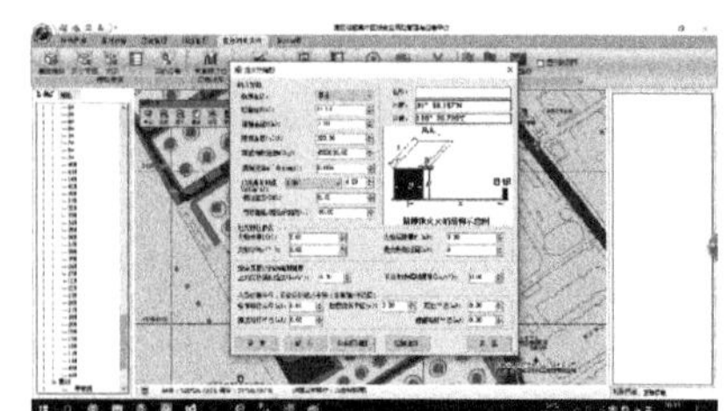

d)选择模型弹出窗口

图 5-35　模拟事故类型选择对话框

1)危险货物泄漏

点击按钮下拉显示各泄漏计算选择界面,如图 5-36 所示。

液体危险货物流出导致储罐中液压下降,液压对质量流率的作用取决于容器中的液位。因此泄漏口位置将对泄漏流率产生很大影响,其模拟界面如图 5-37 所示。

图 5-36　各泄漏计算选择界面

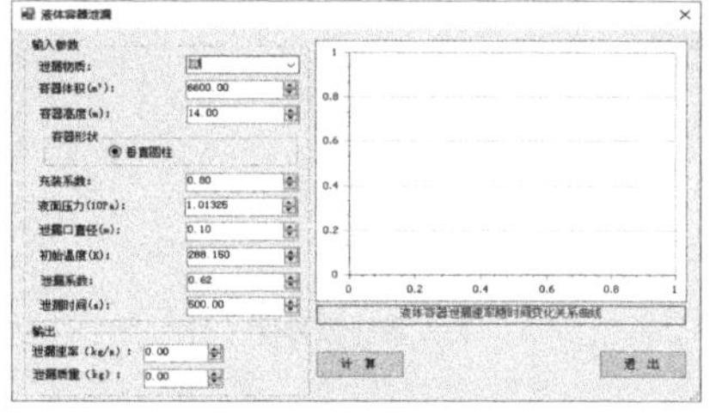

图 5-37　液体泄漏模拟界面

加压液化气储罐小孔泄漏十分复杂,可能是纯蒸气或纯液体的泄漏,也可能发生两相流泄漏。压缩液化气体泄漏模拟界面如图 5-38 所示。连续稳定气体泄漏设置和影响范围如图 5-39 所示。

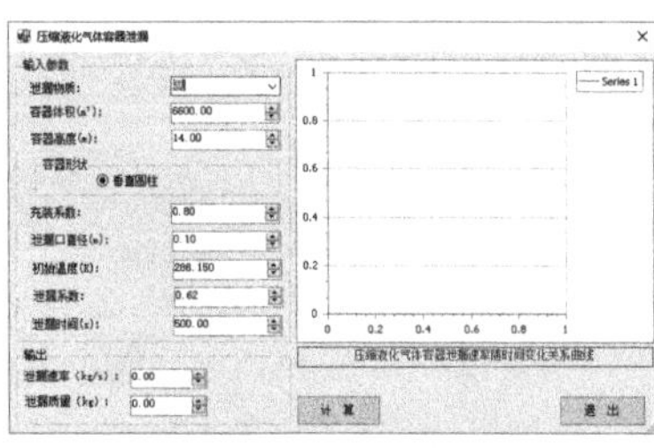

图 5-38　压缩液化气体泄漏模拟界面

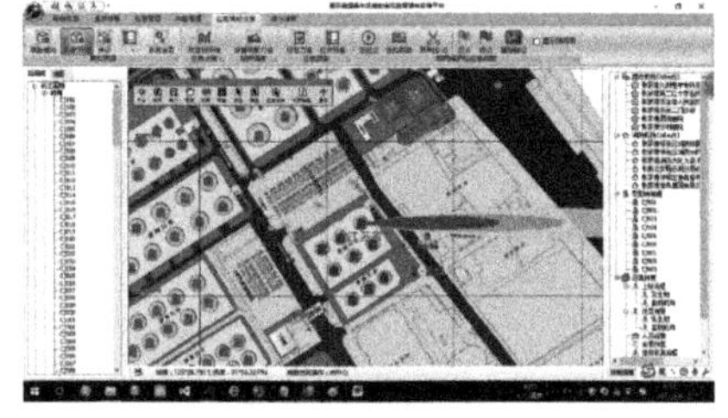

图 5-39　气体泄漏影响范围

2)危险货物泄漏后扩散

危险货物泄漏扩散后的浓度变量是空间坐标、时间、源强、气象条件、大气湍流、地表特征各变量的相关函数,油气成分及其性质、扩散环境条件均会影响油气运移规律及其浓度分布。危险货物泄漏扩散影响范围如图5-40～图5-42所示。

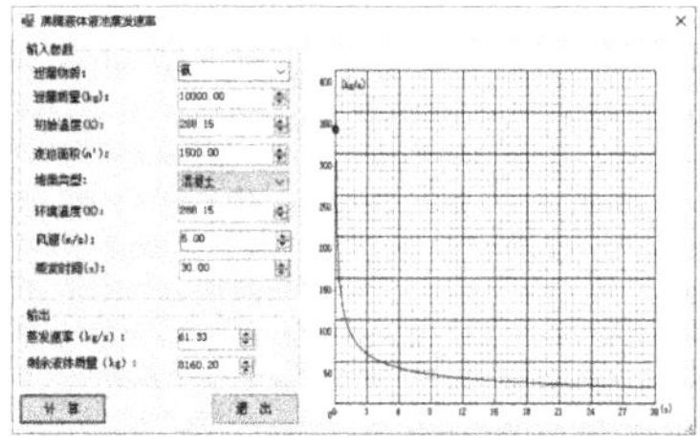

图5-40 沸腾液体蒸发扩散

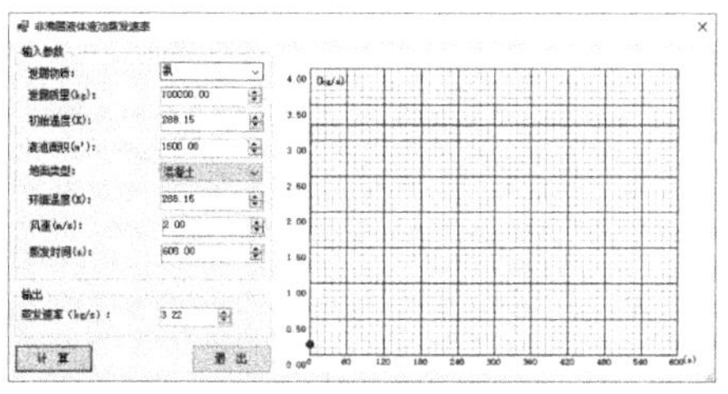

图5-41 非沸腾液体蒸发扩散

图5-42 扩散伤害分布图

3)火灾模拟

由于危险货物储罐火灾爆炸实验存在危险性较大、实验数据获取难度高的问题,大部分研究停留在数据拟合的半经验水平上或者半物理仿真上,存在一定的局限性。本书中火灾模拟情况如图5-43～图5-45所示。

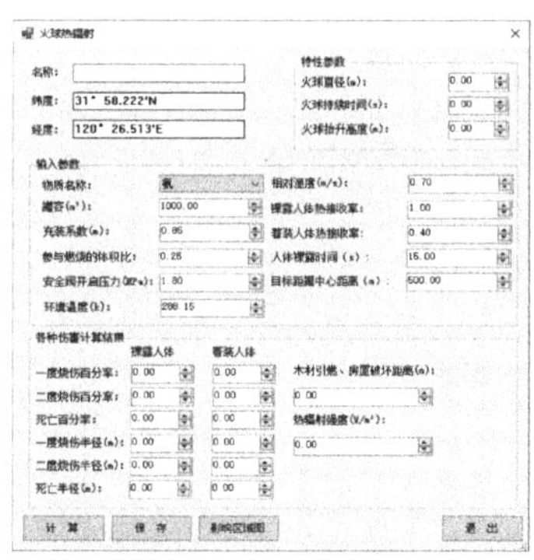

图5-43 火球热辐射

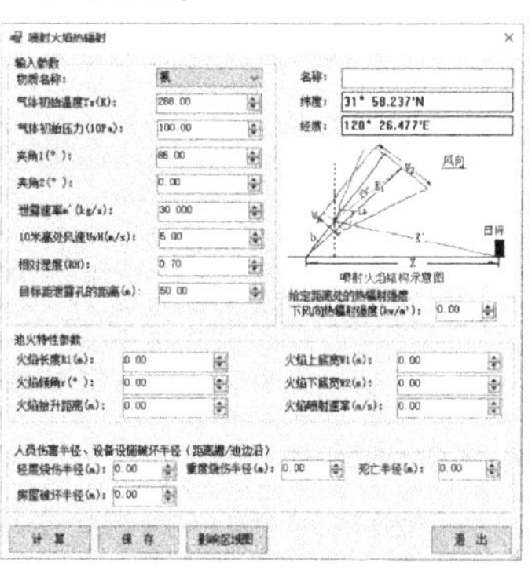

图5-44 喷射火焰热辐射

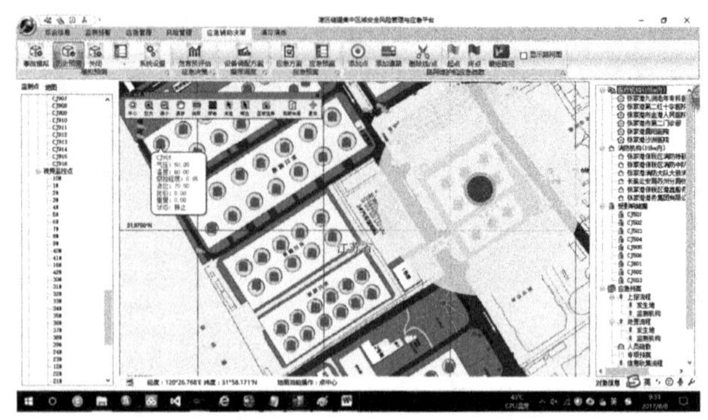

图 5-45　池火热辐射影响区域图

4）蒸气云爆炸

蒸气云爆炸发生后，由于爆炸波和云雾区外冲击波作用，高温燃烧和热辐射以及缺氧导致窒息，造成周围人员、设备等的伤害、破坏。模拟情况如图 5-46 所示。

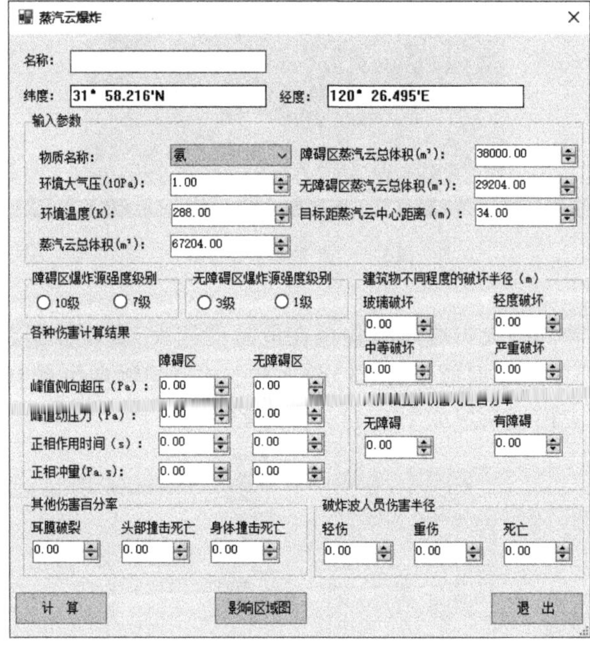

图 5-46　蒸气云爆炸

2. 应急设备调配

根据事故发生情况和计算的事故影响范围，以及空间算法检索出事故周边可调用的应急物资装备，点击二级菜单应急辅助决策中的设备调配方案按钮，弹出设备选择对话框,点击上面选择设备按钮,弹出设备选择框来选择设备。确定后即增加到选择方案中,形成应急设备调配方案,如图5-47所示。

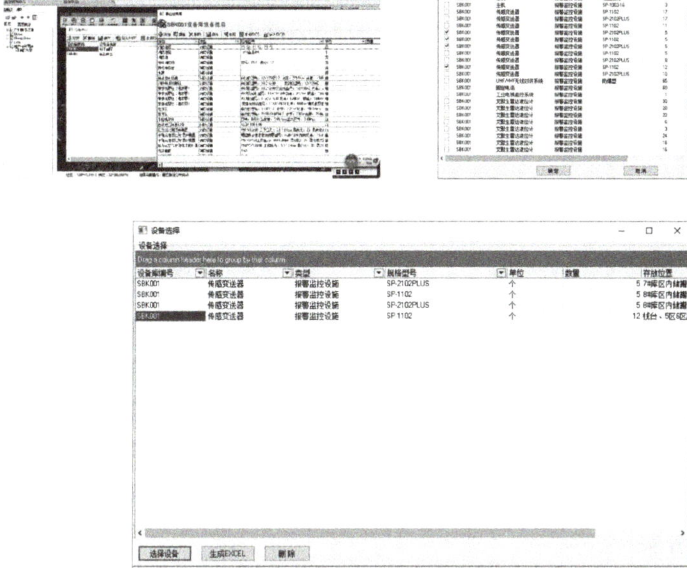

图5-47　应急设备选择方案

3.路网维护和人员疏散

1)路网维护

(1)添加点:点击添加点按钮,在地图上点击道路节点,即可增加节点数据。

(2)添加道路:点击添加道路按钮,在地图上选择两个节点,即可生成一条道路。

(3)删除道路和节点:点击该按钮,在地图上点击道路或节点,即可删除。

路网维护如图5-48所示。

图5-48　路网维护

2)人员疏散路径规划

对人员撤离进行路径优化,可避免其受危险货物泄漏、火灾、爆炸事故危害。当有事故发生时,根据预测能选择最佳路径。点击起点(在地图上选择一点,作为起点),同样操作再点击终点(地图上选择一点作为终点)。点击最短路径按钮即可自动生成一条最短路径。

对人员撤离进行路径优化,避免其受污染。当有事故发生时,根据预测自动避开受影响路段选择最佳路径。

最短路径规划和事故状态下的最佳路径选择如图 5-49、图 5-50 所示。

图 5-49 最短撤离路径

图 5-50 最佳路径选择

3)风险管理方案

依据风险辨识、分析情况,对风险源导致事故发生的可能性和严重程度进行定性和定量评价,根椐后果的严重程度和发生事故的可能性来进行风险评价,其结果从高到低分为:1 级、2 级、3 级、4 级、5 级。对不同风险级别的风险源,采取不同的管理办法,形成风险管理方案,实现对风险的管理决策并采取相应措施控制风险。

第九节 平台示范应用

港口危险货物储罐区安全风险管理与应急平台是基于基础信息数据库、储罐及管线检测监测信息,以 GIS 平台来存储电子地图、卫星遥感影像等空间数据库,采用 XML 和 Web Service 技术,实现港区应急资源信息共享和数据交换、重大危险源的动态数据采集和实时视频监控以及对重点危险源的预警功能。该平台集成储罐及管线检测监测信息,通过事故模型进行风险评估预测,具有储罐及管线安全风险预警、预测、防控和应急处置功能的管理,并实现平台的可视化显示。

一、平台技术特点

平台可以为事故发生时应急反应人员准确把握储罐危险货物状态和动向,应急资源和应急队伍、设备情况达到应急处置方案要求等提供技术支持;有助于提高危险货物泄漏扩散、火灾、爆炸事故的应急效率,避免泄漏量和事故影响范围的扩大,从而有效降低应急成本。平台具有用户界面友好、扩展性高、数据交互操作性良好、安全性高和稳定性高等技术特点。

1. 用户界面友好

平台采用图形化用户界面,可以管理部门/企业两种身份多用户同时登录使用,充分考虑了港口行政管理部门的需求特色和用户的使用习惯,平台操作方便快捷、性能优越,操作界面友好。

2. 扩展性高

平台采用层次结构和标准化接口设计,充分考虑易扩展性,在业务、技术、系统功能上具有扩展性,能做到系统扩展的平滑过渡,具有外部数据接口的扩展性。平台各部分采用模块化的设计思想,系统各模块可灵活配置、增减,充分考虑以后可能的系统互连互通及系统的兼容性和可能的功能扩充。各部分遵循标准的规范接口,支持各部分之间灵活的沟通与联系,在统一的安全控制下,实现信息数据的充分共享与灵活集成。

3. 数据交互操作性良好

平台具备完整的文档和清晰风格,具有很好的可维护性。平台具备输出、打印等关键信息的功能,如货物种类、数量、特性、应急处置方案、应急物资,可根据不同的需要,实现对应急资源调配方案、风险管理方案、应急处置方案的输出和打印,具有良好的用户交互操作性。

4. 安全性高

平台特别强调安全性,杜绝非法入侵,系统对使用过程中可能出现的灾难,具有很强的容错能力;平台的管理系统与维护系统设置了用户管理权限,对管理员采取有效的管理,最大限度降低内部管理、操作失误带来的不必要损失。

平台对数据库采取实时热备份或定时备份的策略,并通过培训系统管理员定期将系统数据库备份文件备份至光盘介质等方式,最大限度地保证系统数据的安全、完备性。

5. 稳定性高

平台运行具有较高的稳定性,能适应港口行政管理部门可能出现的各种环境下的运行要求,在多用户同时登录使用的情况下能够稳定运行,具有很好的稳定性。

二、平台示范应用

该平台已在港口行政管理部门电子信息化系统和危险货物港口企业开展了示范应用,对预防、减少港口储罐危险货物储运事故、控制和减轻事故所造成的损害十分有益,有效提升了港口储罐区安全风险与应急管理能力,对港口储罐区安全风险管控与应急管理工作支持作用显著,效果良好。

该平台以GIS平台来存储电子地图、电子江图、卫星遥感影像等空间数据库,采用XML和Web Service技术,实现港口管理部门与危险港口企业用户之间的应急资源信息共享和数据交换、重大危险源的动态数据采集和实时视频监控、与港口管理信息系统的集成以及对重点危险源的预警功能。平台集成储罐及管线检测监测信息,通过事故模型进行风险评估预测,具有储罐及管线安全风险预警、预测、防控和应急处置功能的管理,并实现平台的可视化显示。

平台应用主要实现了港口资源信息共享、危险源可视化监测、事故模拟演练、事故后果模拟预测等功能。

1.实现港口资源信息共享

系统有效整合港区资源,提供了强大的数据处理功能,包括地图、江图、卫星遥感影像等空间数据,综合了危险货物港口企业、危险货物货种、消防、医疗、交通、应急队伍等数据并在此基础上开发了人员疏散的路径规划、事故救援等应急决策分析功能。

采用XML和Web Service技术,打通了监管部门与危险源企业之间的数据"孤岛",实现港口管理部门与企业用户之间的应急资源信息共享和数据交换。为港口行政管理部门与港口危险货物企业之间应急快速联动提供了重要数据支撑。

2.危险源可视化监测

平台实现了与港口管理信息系统的集成,采用基于GIS的可视化技术,实现了重大危险源的动态数据采集、实时视频监控和实时在线的可视化展示。在一张图上实现危险源监测数据与各种应急资源的统一显示,一目了然;结合事故危险性分析研究,实现了对重点危险源的预警功能。

3.事故模拟演练

传统应急管理部门和港口企业应急处置更多依赖于电子文档的应急预案,按照流程进行演练,缺少专业模型对风险源的事故模拟预测与评估。平台以应急预案为支持,为企业和相关部门日常的模拟演练提供的丰富的功能,平台应用后,对港口储罐区危险货物事故应急演练、应急处置与应急决策、应急资源和队伍配置优

化均有巨大帮助，储罐区安全风险隐患排查效率大幅提高，有效预防和减少了储罐危险货物储运事故，对于控制和减轻事故危害十分有益，促进了安全风险与应急能力的提升。

4.事故后果模拟预测

平台开发与集成了事故模拟与评估模型，实现了GIS平台基础上的储罐区危险货物事故应急系统模型接入与开发、储罐危险货物事故应急模拟演练和储罐区资源的有效整合，系统里含有火灾爆炸、油品蒸气云爆炸、泄漏与扩散、液池蒸发、油气扩散等多种模拟预测模型，实现了对危险源事故的模拟预测、预警、防控和应急处理功能的管理，模拟预测结果与港区应急资源数据进行叠加分析可以为应急决策提供有力的技术依据。

附　录

常见发生事故的储罐存储物质　　附表1

年份（年）	原油	油类产品[a]	汽油/石脑油	石油化工产品	LPG[b]	废油水	氨	盐酸	烧碱	熔硫	总计
1960—1969	6	3	0	3	3	2	0	0	0	0	17
1970—1979	8	7	13	3	3	2	0	0	0	0	36
1980—1989	17	14	17	4	1	0	0	0	0	0	53
1990—1999	23	19	21	11	5	4	0	0	0	0	85
2000—2009	26	39	8	8	2	1	3	2	3	1	93
小计	80	82	59	29	14	9	3	2	3	1	284

注：[a] 燃油，柴油，煤油，润滑剂。

[b] 包括丙烷和丁烷。

危险货物储罐区事故统计表　　附表2

编号	时　间	事故介绍	事故原因	事故类型
1	1970年5月4日	江苏太仓化肥厂发生泄漏、爆炸事故	因操作不当遇明火造成液化气泄漏爆炸	火灾爆炸
2	1979年12月18日	吉林省吉林市煤气公司液化气罐站发生爆炸燃烧事件	因球罐安装组焊质量不好断裂遇明火，导致爆炸燃烧	火灾爆炸
3	1981年8月1日	辽宁省海城市化工厂“8·1”硫化氢中毒事故	氯化钡车间3名工人在进入硫氢化钙储罐前未经置换和分析，也未佩戴防护面具就进罐作业，导致1人中毒晕倒罐内，现场其他人员发现后盲目施救，最终导致5人中毒死亡	人员中毒

续上表

编号	时　间	事故介绍	事故原因	事故类型
4	1981年9月10日	辽宁彰武县石油公司“9・10”油罐爆炸事故	事故的直接原因是:向1号油罐注水时,将原输油管路中沉积的汽油随水注入罐中,使罐内产生可燃气体,在安装“U形压力计”开孔时,可燃气体遇到电焊明火发生爆炸	火灾爆炸
5	1985年5月9日	山东德州石油化工厂“5・9”液氯钢瓶爆炸事故	爆炸的气瓶是工厂1984年购入的旧气瓶,在一次充装液氯前,操作工曾发现由瓶内流出无色透明的黏稠液体,即将气瓶推到液氯充装平台上放置。在本次充装中被误充入液氯。由于瓶内残存的芳香烃(事故后查明无色透明的黏稠液体为芳香烃)与液氯发生剧烈化学反应,产生高温高压,导致气瓶超压爆炸	火灾爆炸
6	1987年5月4日	辽宁某厂山洞油库“5・4”爆炸事故	该厂储存的原油闪点为10℃左右,是易燃液体,应按甲级管理,但在该厂却按丙级进行管理。洞库内原油蒸气与空气混合物达到爆炸极限范围,被火花点燃引起爆炸	火灾爆炸
7	1988年4月21日	吉林省辽源市石油化工厂发生爆炸事故	女工严重违章操作造成三塔釜残罐开裂,环氧丙烷罐爆炸	火灾爆炸
8	1988年9月20日	河南开封化工二厂“9・20”盐酸储槽爆炸事故	作业人员在盐酸储槽顶部进行焊接作业时,没有办理动火作业手续,盐酸储槽的顶部没有排气口,使氢气在顶部聚集,动火后引起爆炸	火灾爆炸
9	1989年7月17日	福建厦门电化厂“7・17”甲苯罐爆炸事故	储罐与生产系统连通,焊接前没有按要求与生产系统有效隔绝,物料流入施焊的储罐引发爆炸	火灾爆炸
10	1989年8月12日	山东黄岛油库“8・12”重大火灾事故	黄岛油库23000m^3原油储量的5号混凝土油罐由于本身存在缺陷,遭受雷击,引起油气爆燃着火,导致附近储罐的爆燃。随后火焰席卷了整个库区并波及附近的其他单位。外溢的原油流入了胶州湾,造成了海洋污染	火灾爆炸

续上表

编号	时　　间	事故介绍	事故原因	事故类型
11	1992年2月19日	四川省自贡釜江化工厂人员中毒事故	未采取任何防护措施就在包装车间女工休息室门口，排放HCFC-22专用钢瓶内的剩余物	泄漏
12	1993年5月5日	江苏省南京东方化工有限公司“5·5”中毒窒息事故	动力车间工人在处理煤仓内被卡住的浮标时，没有分析仓内的气体成分就贸然进入，作业人员在仓内吸入大量二氧化碳、一氧化碳，导致作业人员中毒窒息死亡	人员中毒
13	1993年8月23日	山东莘县炼油厂“8·23”油罐爆炸事故	事发时，承包商施工队对原油罐进行保温施工。当施工至油罐的上部时，因施工队队长违规在罐旁吸烟，点燃从油罐气孔排出的油气，导致油罐起火爆炸	火灾爆炸
14	1994年2月17日	湖南省岳阳市氮肥厂甲胺分厂发生泄漏和人员中毒、死亡事故	工人操作不当导致大量液氨携带部分甲醇、甲胺喷出	泄漏
15	1994年7月12日	黑龙江化工厂“7·12”储罐着火事故	没有严格控制注入的焦油、蒽油混合液的温度，注入储罐的焦油、蒽油混合液因温度高导致气化量增大，并将罐顶撕裂，致使热油喷出起火	火灾爆炸
16	1996年7月30日	山东瑞星化工集团“7·30”精甲醇计量槽爆炸事故	事发时，作业工人在对精甲醇计量槽溢流管实施焊接，精甲醇计量槽溢流管与计量槽上部空间相连但没有加盲板，进料管下部的进料阀拆除，使槽内甲醇挥发气体与进料敞口处的空气汇流，形成爆炸混合气体，焊接火花引燃槽内混合气体发生爆炸	火灾爆炸
17	1997年4月29日	天津市渤海化工集团公司大沽化工厂二氯乙烷喷出	储罐破裂	泄漏

续上表

编号	时　间	事故介绍	事故原因	事故类型
18	1997年5月16日	辽宁省抚顺石化乙烯化工公司“5·16”爆炸事故	该公司环氧乙烷装置发生故障，排出大量可燃工艺循环气顺风飘向空气分离装置。空气分离装置吸入口没有实行严格的介质质量监控，致使大量甲烷、乙烯气体被压缩机吸入空气分离装置，导致乙烯与液氧发生反应引起爆炸	火灾爆炸
19	1997年6月27日	北京东方化工厂“6·27”罐区特大火灾爆炸事故	事发时，操作人员正在进行卸轻柴油作业。从铁路罐车向储罐卸轻柴油时，操作工开错阀门，使轻柴油进入了满载的轻柴油罐，导致轻柴油从罐顶大量溢出，溢出的轻柴油油气在扩散过程中遇到明火爆炸，继而引起罐区内乙烯球罐和其他储罐的爆炸和燃烧	火灾爆炸
20	1997年7月24日	山东青岛广益化工厂“7·24”氯气泄漏事故	液氯储罐罐体腐蚀严重，上部走台边缘和罐体接触部分锈蚀导致破裂，致使罐内氯气外泄	泄漏
21	1998年8月5日	安徽芜湖山江化学集团公司“8·5”泄漏爆炸事故	聚合工段在对两台用于进料的氯乙烯单体泵的密封组件拆卜维修，下班时2号泵的进料口短接凸缘没有连接，也未设置“禁止启用”安全警示标志；交接班时，对于未维修完的2号泵交代不清，当班操作工误开，造成氯乙烯外泄，又未及时进行应急处置，导致氯乙烯大量外泄，引发爆炸燃烧	火灾爆炸
22	2000年7月2日	山东青州潍坊弘润石化助剂总厂“7·2”油罐爆炸事故	动火作业时以关闭阀门代替插入盲板，动火点没有与生产系统有效隔绝，罐内爆炸性混合气体漏入正在焊接的管道内，电焊明火引起管内气体爆炸，进而引发油罐内混合气体爆炸	火灾爆炸

续上表

编号	时　间	事 故 介 绍	事 故 原 因	事故类型
23	2001年7月23日	河南郑州标准石化有限公司商城路加油站"7·23"爆炸事故	加油站的加油机下方输油竖管环形焊缝裂缝存在漏油,渗入地下室内,产生大量汽油蒸气与空气混合,混合气体达到爆炸极限。因地下室设备是普通非防爆型,操作人员进入地下室内,操作电灯开关时产生电火花引发爆炸	火灾爆炸
24	2004年3月3日	山西阳泉市晋东化工集团公司发生爆炸事故	在返修"两节"期间未燃烟花弹时发生意外	火灾爆炸
25	2004年3月22日	山东淄博市淄川区富兴化工厂发生人员中毒、死亡事故	一名职工在修复阀门时,二硫化碳等有害气体泄漏,导致其中毒,厂长等3人盲目施救又造成中毒,造成4人死亡	泄漏
26	2004年4月16日	重庆市江北区天原化工厂氯氢分厂发生爆炸事故	暂无	火灾爆炸
27	2004年10月27日	黑龙江大庆石油化工总厂"10·27"爆炸事故	该厂承包商在生产单位的指导配合下,气焊工在酸性水气体装置原料水罐顶排气线0.8m处动火切割。在作业过程中,原料水罐内的爆炸性混合气体(氢气、烃类)从与其连接的DN200管线根部焊缝或与罐顶板连接焊缝开裂处泄漏,遇到气割明火或飞溅的熔渣,引起爆炸	火灾爆炸
28	2005年10月15日	山东省青岛东方化工股份有限公司"10·15"硫酸泄漏事故	该公司在无设计和施工资质、不具备设计和施工能力的情况下,自行设计、制造硫酸储罐。施工中不按照规范施工,随意变更设计,粗制滥造,不执行检查、检验和验收规范,造成壁板结构形式不合理。一个1750 m^3硫酸储罐在正常使用过程中突然发生上下贯穿性破裂,罐内2800多t硫酸顷刻泄漏,导致事故的发生	泄漏

续上表

编号	时　　间	事故介绍	事故原因	事故类型
29	2006年4月6日	浙江省宁波市象山县增荣化工有限公司(已停止生产)发生爆炸事故	在使用切割机拆除管道时,引燃管道内硝基苯残留物发生爆炸	火灾爆炸
30	2006年5月29日	甘肃兰州市中国石油天然气集团公司兰州石油化工公司有机厂发生火灾事故	检修作业人员在苯胺装置废酸回收单元内进行粉刷作业过程中,废酸回收单元的苯泄漏,遇现场动火引发火灾	火灾爆炸
31	2007年4月26日	山东青岛市恒源化工有限公司	工人在焊接废硫酸管线时发生爆炸事故	火灾爆炸
32	2007年7月11日	山东德齐龙化工集团有限公司"7·11"爆炸事故	压缩机出口管线强度不够、焊接质量差、管线使用前没有试压	火灾爆炸
33	2007年7月14日	河南洛阳润方特油有限公司"7·14"中毒事故	作业人员违反操作规程,未对罐内气体进行分析检测,未采取安全防护措施,直接进入储罐作业;救援人员在未采取任何安全防护措施的情况下,盲目施救,导致事故扩大	人员中毒
34	2007年7月27日	重庆万州索特盐化工厂"7·27"中毒事故	事发时,5名工人在对一个曾储存过氯酸钠电解液的闲置槽罐进行防腐处理,氯酸钠发生燃烧产生毒气,导致5人烧伤并窒息死亡	人员中毒
35	2008年2月23日	河南濮阳市中原大化集团有限责任公司发生人员中毒、死亡事件	因容器管道中进入氮气,容器内2人中毒,2人进容器抢救,造成3人死亡、1人受伤	泄漏

续上表

编号	时　　间	事故介绍	事故原因	事故类型
36	2008 年 8 月 2 日	贵州兴化化工有限责任公司“8·2”甲醇储罐爆炸事故	在甲醇罐惰性气体保护设施施工过程中，施工单位将精甲醇储罐顶部备用短节打开，与二氧化碳管道进行连接配管，管道另一端则延伸至罐外下部，造成罐体通过管道与大气连通，致使空气进入罐内。罐内甲醇-空气混合气体通过配管外泄，遇精甲醇罐旁违章动火作业的电焊火花，引起管口区域爆炸燃烧，并通过连通管道引发罐内甲醇-空气混合气体爆炸，罐底部被冲开，大量甲醇外泄、燃烧，致使附近 5 个储罐相继爆炸	火灾爆炸
37	2009 年 4 月 23 日	辽宁沈阳市铁西区沈阳化工股份有限公司乙烯分厂发生爆炸事故	暂无	火灾爆炸
38	2009 年 8 月 10 日	丰原（宿州）生物化工有限责任公司“8·10”中毒死亡事故	承建单位施工人员在未办理进入受限空间作业票、未采取任何防护措施的情况下进入分子筛罐内作业，吸入乙醇蒸气中毒晕倒。2 名监护人员发现后，未采取防护措施进入罐内救人，最终导致 3 人死亡	人员中毒
39	2009 年 12 月 16 日	北京广众源气体有限责任公司发生管线爆燃事故	因工人在未开动火票的情况下切除工艺管线引发爆燃事故	火灾爆炸
40	2010 年 1 月 7 日	甘肃兰州市石化公司石油化工厂烃类罐区发生爆炸着火事故	暂无	火灾爆炸

续上表

编号	时　　间	事故介绍	事故原因	事故类型
41	2010年6月29日	中石油辽阳石化分公司“6·29”原油罐爆燃事故	事发时,作业人员正在对原油输转站1个30000 m^3的原油罐进行现场清罐作业。作业过程中,产生的油气与空气混合,形成了爆炸性气体环境,遇到非防爆照明灯具发生闪灭打火,或铁质清罐工具作业时撞击罐底产生的火花,导致发生爆燃事故	火灾爆炸
42	2010年7月16日	大连中石油国际储运有限公司“7·16”输油管道爆炸火灾事故	在油轮暂停卸油作业的情况下,继续加入大量脱硫化氢剂(含85%双氧水),造成双氧水在加剂口附近输油管段内局部富集;输油管内高浓度的双氧水与原油和水接触发生放热反应,引起输油管道发生爆炸,原油泄漏,引发火灾	火灾爆炸
43	2010年7月28日	江苏南京“7·28”地下丙烯管道泄漏爆燃事故	在原塑料厂旧址上平整拆迁土地过程中,挖掘机挖穿了地下丙烯管道,造成管道内存有的液态丙烯泄漏,泄漏的丙烯蒸发扩散后,遇到明火发生爆燃	火灾爆炸
44	2011年8月4日	银川市永宁县宁夏多维泰瑞制药有限公司“8·4”中毒事故	泵房污水管道阀门突然破裂,当班班长听到异响后下去查看时昏倒,两名当班工人进入现场施救时昏倒,随后参与施救的人员分别出现不适反应。由于盲目施救,最终导致3人死亡	泄漏
45	2011年8月5日	哈尔滨凯乐化学制品厂“8·5”爆炸事故	事发时,4名工作人员正在对亚氯酸钠及柠檬酸进行分装操作。分装过程中,亚氯酸钠固体遇到明火或其他点火源引起着火和爆燃,最终导致库内存放的桶装亚氯酸钠爆燃	火灾爆炸

续上表

编号	时　　间	事 故 介 绍	事 故 原 因	事故类型
46	2013年3月11日	贵州省六盘水市盘县境内,支架发生倒塌,造成5人死亡,4人受伤	工程质量不合格	装置失效
47	2013年6月2日	中国石油天然气股份有限公司大连石化分公司第一联合车间三苯罐区在动火作业过程中发生爆炸着火事故	大连石化分公司的承包商作业人员在第一联合车间三苯罐区小罐区杂料罐罐顶违规违章进行气割动火作业,切割火焰引燃泄漏的甲苯等易燃易爆气体,回火至罐内引起储罐爆炸,并引起附近其他三个储罐相继爆炸着火	火灾爆炸
48	2013年9月14日	辽宁抚顺顺特化工有限公司"9·14"爆炸火灾事故	顺特公司作业人员在罐顶违章进行电焊作业产生的火花引爆了作业罐顶采样孔外溢的原甲酸三甲酯蒸气,并回火至罐内,造成罐内的爆炸性气体爆炸	火灾爆炸
49	2013年10月3日	湖北省保康县红岩湾化工厂"10·3"中毒事故	事发时,作业人员正在对5号循环槽进行清理作业,因搅动淤泥使滞留的硫化氢气体逸出,造成作业人员吸入中毒。施救人员在未穿戴合适的个体防护用品条件下,盲目入槽施救,相继中毒	人员中毒
50	2014年1月9日	安徽省亳州市谯城区安徽康达化工有限责任公司在维修公司地下管道时,人员中毒	1名技术人员发生中毒,另有5名工人盲目施救,造成4人死亡、2人受伤	泄漏
51	2014年7月1日	宁夏瑞泰科技股份有限公司"7·1"甲胺储罐爆炸事故	储罐内的N-(6-氯-3-吡啶甲基)甲胺处于长时间保温状态,发生了缩聚反应,产生的大量热量和气体不能及时排出,导致容器超压发生爆炸	火灾爆炸

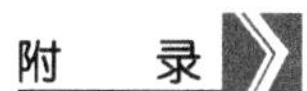

续上表

编号	时　　间	事故介绍	事故原因	事故类型
52	2014年7月31日	台湾高雄华运仓储公司"7·31"管线泄漏爆炸事故	管道长年腐蚀变薄,在压力作用下管道破裂,致使丙烯泄漏,遇点火源发生爆炸	火灾爆炸
53	2014年11月15日	杜邦公司美国德克萨斯州La Porte化工厂发生泄漏事故	甲硫醇储存容器的1只阀门破裂,导致甲硫醇持续泄漏约2h	泄漏
54	2015年4月6日	位于漳州古雷的腾龙芳烃(漳州)有限公司二甲苯装置发生重大爆炸着火事故	暂无	火灾爆炸
55	2015年7月16日	山东日照市山东石大科技石化有限公司"7·16"爆炸事故	该公司在进行倒罐作业过程中,违规采取注水倒罐置换的方法,且在切水过程中现场无人值守,致使液化石油气在水排完后从排水口泄出,泄漏过程中产生的静电或因消防水带剧烈舞动,金属接口及捆绑铁丝与设备或管道撞击产生火花引起爆燃	火灾爆炸
56	2015年10月13日	湖北省浠水县蓝天联合气体有限公司"10·13"窒息事故	钻孔作业需要用水,2名施工人员带来抽水泵,擅自抬开了密封储罐基础槽水坑入口处的两块水泥盖板,准备到储罐底部水坑内取水。此时,设备运行排放出大量氮气通过暗沟到达储罐基础槽(氮气含量达95%),二人吸入高浓度氮气晕倒窒息。公司设备部长发现两人发生事故后盲目施救,导致事故扩大	泄漏
57	2015年10月19日	江苏省索普化工建设工程有限公司"10·19"中毒窒息事故	作业人员在用工具翻动罐体下部较厚灰渣过程中,引起其中的硫化亚铁发生链式自热反应,产生的热量又引发灰渣中的煤粉氧化产生一氧化碳,同时释放出灰渣中残存的硫化物,造成施工人员中毒窒息死亡	人员中毒

续上表

编号	时　　间	事 故 介 绍	事 故 原 因	事故类型
58	2016年4月22日	江苏省靖江市德桥仓储有限公司油罐区发生火灾事故	该公司承包商在交换泵房进行管道焊接作业时，违反动火作业管理要求，未对作业现场易燃物清理，未进行可燃气体分析，焊接明火引燃现场地沟内的燃油，导致火灾事故发生	火灾爆炸
59	2016年6月5日	山东潍坊华浩农化公司“6·5”中毒窒息事故	工作人员未进行氧浓度及有毒气体浓度检测，未佩戴个体防护用品，贸然入罐，因罐内缺氧、一氧化碳超标，致其中毒窒息；另两名工人未佩戴个体防护用品，盲目进入罐内施救，相继中毒窒息，导致事故后果扩大	人员中毒
60	2016年6月12日	甘肃省天水利鑫石化公司“6·12”中毒事故	沥青在搅拌混合罐中加热熔化并加入各种添加剂过程中，产生的有毒有害气体聚集在罐内，2名员工进入罐内后中毒，后盲目施救，导致事故扩大	人员中毒
61	2016年8月15日	内蒙古多伦煤化工公司甲醇储罐泡沫发生器改造过程中发生爆燃事故	事故发生前，去甲醇罐区的氮气压力长时间过低，导致甲醇储罐氮气保护失效，空气通过呼吸阀进入储罐，同时作业人员在作业过程中拆除泡沫管道作业盲板时，空气通过泡沫管线进入储罐，形成爆炸性混合气体，遇到动火、焊接线打火或非防爆工具作业产生的火花发生爆炸。事故暴露出该公司存在动火等特殊作业管控不到位的问题	火灾爆炸

参 考 文 献

[1] 王浩. 重大事故后果分析的可视化研究[D]. 沈阳:东北大学,2006.

[2] 温丽敏,陈宝智,等. 毒气泄漏时的最佳疏散路径[J]. 东北大学学报(自然科学版),2001,6(22):674-676.

[3] 刘根生,苏飞,赵娣. 基于 Dijkstra 算法的两点间多目标最优路径问题建模和优化[J]. 池州师专学报,2007,21(3): 17-22.

[4] 张体荣,姜兴,陈胜权. 灾害事故应急救援的最短路径分析[J]. 桂林航天工业高等专科学校学报,2007,17(2): 19-22.

[5] 李小龙. 基于情景分析的应急路径选择研究[D]. 大连: 大连理工大学,2011.

[6] 陈玉. 城市道路阻抗函数模型研究[D]. 西安: 长安大学,2008.

[7] 王元庆,周伟,吕连恩. 道路阻抗函数理论与应用研究[J]. 公路交通科技,2004,21(9): 82-85.

[8] 张水舰,李永树,张友挺. 基于 GIS 和最小交通阻抗的公交出行最佳路径算法[J]. 测绘科学技术学报,2008,25(5): 359-362,371.

[9] 杨佩昆,钱林波. 交通分配中路段行程时间函数研究[J]. 同济大学学报(自然科学版),1994,22(1): 27-32.

[10] 李良,邹志云. 城市道路路段和交叉口阻抗函数探讨[J]. 交通与运输,2006,(7): 24-26.

[11] Nam D H, Drew D R. Automatic measurement of traffic variables for intelligent transportation systems applications[J]. Transportation Research Part B: Methodological,1999,33(6): 437-457.

[12] Vanajakshi L D. Estimation and prediction of travel time from loop detector data for intelligent transportation systems applications[D]. Texas: Texas A&M University,2005.

[13] Spiess H. Technical note—Conical volume-delay functions[J]. Transportation Science,1990,24(2): 153-158.

[14] Bureau of Public Roads. Traffic Assignment Manual[M]. US Department of Commerce,1964.

[15] 姜桂艳,李继伟,张春勤. 城市主干路路段行程时间估计的 BPR 修正模型[J]. 西南交通大学学报,2010,45(1):124-129.
[16] 张卫华,陈学武,黄艳君. 公交车与社会车辆混合行驶下的交通流模型研究[J]. 公路交通科技,2014,21(4):85-89.
[17] 王锐. 基于智能交通的路阻函数的改进研究[J]. 计算机光盘软件与应用,2012,(21):75-76.
[18] 郭中华,王炜. 一种实用的混合交通流 BPR 模型[J]. 河海大学学报:自然科学版,2007,35(1):113-117.
[19] 孟样海,李士莲. 大城市快速路及主干路路阻函数的研究[J]. 交通运输系统工程与信息,2005,5(4):31-34.
[20] 郑远,杜豫川,孙立军,等. 美国联邦公路局路阻函数探讨[J]. 交通与运输,2007,(7):24-26.
[21] 肖秋生,郭占全. 行程时间随交通流量变化规律的研究[J]. 中国公路学报,1991,4(3):41-46.
[22] 刘宁. 城市道路阻抗模型的研究与应用[D]. 大连:大连理工大学,2012.
[23] 胡尧,韦维,王登梅,等. 信号交叉口随机控制延误模型研究[J]. 数学的实践与认识,2010,40(18):153-158.
[24] Manual H C. Highway capacity manual[R]. Washington,DC,2000.
[25] Webster F V. Traffic signal settings[R]. 1958.
[26] 沈旅欧,刘好德. 信号交叉口控制延误算法的适应性研究[J]. 同济大学学报:自然科学版,2012,40(4):559-563.
[27] 潘全如,朱翼隽. 信号交叉口车辆的延误分析[J]. 系统科学与数学,2009,29(6):728-734.
[28] 庄焰,曾文佳. 信号交叉口延误计算模型研究[J]. 深圳大学学报:理工版,2006,23(4):309-313.
[29] 姚裔虎,赵跃萍. 信号交叉口延误分析几种常用方法的比较[J]. 武汉理工大学学报:交通科学与工程版,2009,33(4):687-690.
[30] 董希琳. 常见有毒化学品泄漏事故模型及救援警戒区的确定[J]. 武警学院学报,2001,17(6):25-28.
[31] 郭冰. 大型常压储罐群风险评估技术研究[D]. 保定:河北大学,2010.
[32] 刘玉恒,郭俊圻. 输油管道安全生产运行控制措施[J]. 建筑工程技术与设计,2017(12).
[33] 杨大龙. 浅析石油管道焊接接头的腐蚀与防护[J]. 中小企业管理与科技(下

旬刊),2016(11):175-176.
[34] 郭禄浩.输油管道的事故分析及处理策略研究[J].中国化工贸易,2013(12):462-462.
[35] 吕广宇,夏庆,郭健,等.港口危险化学品储罐无损检测初探[J].中国水运(下半月),2013(11):183-184.
[36] 魏科技,王毅力,宋永会,等.突发性环境污染事故防范与应急研究进展及体系构建[J].安全与环境学报,2008,8(6):64-70.
[37] 刘晅亚,张清林,秘义行,等.大型石油储罐区火灾风险预测预警技术研究[J].消防科学与技术,2012(2):192-196.
[38] 曲艳东,李瑞勇,翟诚,等.国内外危险化学品安全管理体系探讨[J].中国安全生产科学技术,2009,5(5):42-45.
[39] 刘富君,孔帅,胡东明,等.常压储罐综合检测与评价技术[J].无损检测,2009,31(9):669-672.
[40] 戴树和.工程风险分析技术[M].北京:化学工业出版社,2007.
[41] 中国石油化工股份有限公司.石化装置定量风险评估指南[M].北京:中国石化出版社,2007.
[42] 陈宝智.系统安全评价与预测[M].北京:冶金工业出版社,2005.
[43] 梁冰.英国邦斯菲尔德油库爆炸事件[J].现代班组,2015,27(10):24-24.
[44] 蒋国辉,张晓明,闫春晖,等.国内外储罐事故案例及储罐标准修改建议[J].油气储运,2013,32(6):633-637.
[45] 徐建军.违规注水倒罐引发爆炸事故[J].劳动保护,2016(1):71-73.
[46] 贾志慧.石油储运过程罐区风险分析与储罐油气蒸发损耗量估算研究[D].徐州:中国矿业大学,2014.
[47] 辛颖,王岩.预先危险性分析在加油站经营过程中的应用[J].石油库与加油站,2012,21(6):15-16.
[48] 宋剑伟,王冬,郝小丽. 石化码头和储罐区的风险分析及安全生产对策[J].山西建筑,2012,38(22):271-273.
[49] 赵安超.浅谈罐区安全隐患的排查与治理[J].化工管理,2015,7:254.
[50] 黄勇.企业应急预案的编制与实施[J].中国管理信息化,2013,16(18):77-78.